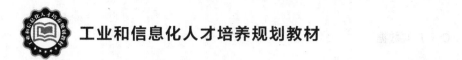

工业和信息化人才培养规划教材

HTML5+CSS3 网站设计基础教程

传智播客高教产品研发部 编著

人民邮电出版社

北京

图书在版编目（CIP）数据

HTML5+CSS3网站设计基础教程 / 传智播客高教产品研发部编著. -- 北京：人民邮电出版社，2016.3（2022.1重印）
工业和信息化人才培养规划教材
ISBN 978-7-115-41064-1

Ⅰ. ①H… Ⅱ. ①传… Ⅲ. ①超文本标记语言－程序设计－教材②网页制作工具－教材 Ⅳ. ①TP312 ②TP393.092

中国版本图书馆CIP数据核字(2016)第012023号

内 容 提 要

HTML5 与 CSS3 是下一代 Web 应用技术的基础，使互联网进入了一个崭新的时代。本书从 HTML5 和 CSS3 的基础知识入手，重点讲解 HTML5 和 CSS3 新增功能和最新前端技术，通过大量实例对 HTML5 和 CSS3 进行深入浅出的分析，使读者在学习技术的同时，掌握 Web 开发和设计的精髓，提高综合应用能力。

本书共 10 章，第 1～2 章主要讲解 HTML5 的基础知识，包括 HTML5 的发展历史、HTML5 的优势及浏览器支持情况、HTML5 语法及文档基本格式、HTML5 的页面元素及属性等。第 3～4 章主要讲解 CSS3 入门及 CSS3 选择器，包括 CSS3 发展历史、CSS3 浏览器支持情况、文本样式属性、属性选择器、关系选择器、伪类选择器等。第 5～7 章分别讲解盒子模型、元素的浮动与定位、表单的应用，它们是学习网页布局的核心。第 8 章主要讲解多媒体技术，包括 HTML5 多媒体的特性、多媒体的支持条件，以及如何在 HTML 5 中创建音频和视频。第 9 章讲解 CSS3 的高级应用，包括变形、过渡和动画等。第 10 章为实训项目，带领读者使用 HTML5 和 CSS3 等新技术制作一个炫丽的网页。

本书附有配套视频、源代码、习题、教学课件等资源，而且为了帮助初学者更好地学习本书讲解的内容，还提供了在线答疑，希望得到更多读者的关注。

本书系统地讲解了 HTML5 和 CSS3 的基础理论和实际应用技术，适合没有基础的读者进行学习。本书既可作为高等院校本、专科相关专业的网页设计与制作课程的教材，也可作为前端与移动开发的培训教材，对于广大网站开发人员来说，更是一本不可多得的阅读与参考的优秀读物。

◆ 编　　著　传智播客高教产品研发部
　　责任编辑　范博涛
　　责任印制　杨林杰

◆ 人民邮电出版社出版发行　北京市丰台区成寿寺路 11 号
　　邮编　100164　电子邮件　315@ptpress.com.cn
　　网址　https://www.ptpress.com.cn
　　三河市祥达印刷包装有限公司印刷

◆ 开本：787×1092　1/16
　　印张：22　　　　　　　　　2016 年 3 月第 1 版
　　字数：566 千字　　　　　　2022 年 1 月河北第 30 次印刷

定价：45.00 元

读者服务热线：(010)81055256　印装质量热线：(010)81055316
反盗版热线：(010)81055315
广告经营许可证：京东市监广登字 20170147 号

序言 FOREWORD

江苏传智播客教育科技股份有限公司（简称传智播客）是一家致力于培养高素质软件开发人才的科技公司。经过多年探索，传智播客的战略逐步完善，从 IT 教育培训发展到高等教育，从根本上解决以"人"为单位的系统教育培训问题，实现新的系统教育形态，构建出前后衔接、相互呼应的分层次教育培训模式。

一、"黑马程序员"——高端 IT 教育品牌

"黑马程序员"的学员多为大学毕业后，想从事 IT 行业，但各方面条件还不成熟的年轻人。"黑马程序员"的学员筛选制度非常严格，包括了严格的技术测试、自学能力测试，还包括性格测试、压力测试、品德测试等。百里挑一的残酷筛选制度既确保了学员质量，也降低了企业的用人风险。

自"黑马程序员"成立以来，教学研发团队一直致力于打造精品课程资源，不断在产、学、研 3 个层面创新自己的执教理念与教学方针，并集中"黑马程序员"的优势力量，有针对性地出版了计算机系列教材 90 多种，制作教学视频数十套，发表各类技术文章数百篇。

"黑马程序员"不仅斥资研发 IT 系列教材，还为高校师生提供以下配套学习资源与服务。

为大学生提供的配套服务

1. 请同学们登录"高校学习平台"，免费获取海量学习资源。平台可以帮助高校学生解决各类学习问题。

高校学习平台

2. 针对高校学生在学习过程中的压力等问题，我们还面向大学生量身打造了 IT 技术"女神"——"播妞学姐"，可提供教材配套源代码、习题答案及更多学习资源。同学们快来关注"播妞学姐"的微信公众号。

"播妞学姐"微信公众号

为教师提供的配套服务

针对高校教学，"黑马程序员"为 IT 系列教材精心设计了"教案+授课资源+考试系统+题库+教学辅助案例"的系列教学资源。高校教师请进入"高校教辅平台"免费使用。

同时，高校教师还可以关注专为 IT 教师打造的师资服务平台——"传智播客院校邦"，获取最新的教学辅助资源。

高校教辅平台

"传智播客院校邦"微信公众号

二、传智专修学院——高等教育机构

传智专修学院是一所由江苏省宿迁市教育局批准、江苏传智播客教育科技股份有限公司投资创办的四年制应用型院校。学校致力于为互联网、智能制造等新兴行业培养高精尖科技人才，聚焦人工智能、大数据、机器人、物联网等前沿技术，开设软件工程专业，招收的学生入校后将接受系统化培养，毕业时学生的专业水平和技术能力可满足大型互联网企业的用人要求。

传智专修学院借鉴卡内基梅隆大学、斯坦福大学等世界著名大学的办学模式，采用"申请入学，自主选拔"的招生方式，通过深入调研企业需求，以校企合作、专业共建等方式构建专业的课程体系。传智专修学院拥有顶级的教研团队、完善的班级管理体系、匠人精神的现代学徒制和敢为人先的质保服务。

传智专修学院突出的办学特色如下。

（1）立足"高精尖"人才培养。传智专修学院以国家重大战略和国际科学技术前沿为导向，致力于为社会培养具有创新精神和实践能力的应用型人才。

（2）项目式教学，培养学生自主学习能力。传智专修学院打破传统高校理论式教学模式，将项目实战式教学模式融入课堂，通过分组实战，模拟企业项目开发过程，让学生拥有较强的工作能力，并持续培养学生的自主学习能力。

（3）创新模式，就业无忧。传智专修学院为学生提供"1年工作式学习"，学生能够进入企业边工作边学习。与此同时，传智专修学院还提供专业老师指导学生参加企业面试，并且开设了技术服务窗口为学生解答工作中遇到的各种问题，帮助学生顺利就业。

如果想了解传智专修学院更多的精彩内容，请关注微信公众号"传智专修学院"。

"传智专修学院"微信公众号

前言

HTML5 和 CSS3 是 HTML 和 CSS 的最新版本，现在它们仍处于发展阶段，但大部分浏览器已经支持大多数的 HTML5 和 CSS3 技术。现阶段 Web 新技术虽然还存在缺陷，但一切都在发展完善中。对于电子商务来说，HTMI5 和 CSS3 不只是新奇的技术，更重要的是这些全新概念的 Web 应用给电子商务带来更多无限的可能性。Web 新技术的创新应用，势必为电子商务带来一片新天地。

作为一种技术的入门教程，最重要也最难的一件事情就是要将一些非常复杂、难以理解的思想和问题简单化，让读者能够轻松理解并快速掌握。本教材对每个知识点都进行了深入分析，并针对每个知识点精心设计了相关案例，然后模拟这些知识点在实际工作中的运用，真正做到了知识的由浅入深、由易到难。

本教材共分为 10 个章节，下面分别对每个章节进行简单的介绍。

第 1 章主要介绍 HTML5 的发展历程、优势、浏览器支持情况，HTML5 语法，文本控制标记，图像标记，超链接标记等。通过本章的学习，读者需要了解 HTML5 文档的基本结构，熟练运用文本、图像及超链接标记。

第 2 章主要介绍 HTML5 页面元素及属性，包括列表元素、结构元素、分组元素、页面交互元素、文本层次语义元素、全局属性。通过本章的学习，读者能够加深对 HMTL5 页面元素的理解，为后面章节的学习打下基础。

第 3 章主要介绍 CSS3 的发展历史、浏览器支持情况，CSS 样式规则、引入 CSS 样式表的方式、CSS 基础选择器，文本样式属性，CSS 高级特性等。通过本章的学习，读者需要充分理解 CSS 所实现的结构与表现的分离以及 CSS 样式的优先级规则，熟练使用 CSS 控制页面中的字体和文本外观样式。

第 4 章主要介绍 CSS3 选择器，包括属性选择器、关系选择器、结构化伪类选择器、伪元素选择器，另外还介绍了链接伪类。通过本章的学习，读者应该能够熟练使用各种选择器选择页面元素。

第 5 章主要介绍 CSS 盒子模型，包括盒子模型概述，盒子模型相关属性，背景属性，另外还介绍了 CSS3 渐变属性。通过本章的学习，读者需要熟悉盒子模型的构成，熟练运用盒子模型相关属性控制网页中的元素。

第 6 章主要介绍元素的浮动与定位，包括设置与清除浮动的方法，overflow 属性，元素的几种定位模式，元素的类型与转换。通过本章的学习，读者应该能够熟练地运用浮动和定位进行网页布局，掌握清除浮动的几种常用方法，理解元素的类型与转换。

第 7 章主要介绍 HTML5 表单，包括表单的构成与创建，表单属性，input 元素及属性，其他表单元素，CSS 控制表单样式。通过本章的学习，读者需要掌握常用的表单控件及其相关属性，并能够熟练地运用表单组织页面元素。

第 8 章主要介绍 HTML5 多媒体技术，包括 HTML5 多媒体特性，多媒体的支持条件，嵌入音频和视频等。通过本章的学习，读者需要了解 HTML5 多媒体文件的特性，熟悉常用的多媒体格式，掌握在页面中嵌入音视频文件的方法。

第 9 章主要介绍 CSS3 高级应用，包括过渡、变形、动画。通过本章的学习，读者应该能够熟练地使用相关属性实现元素的过渡、平移、缩放、倾斜、旋转及动画等特效。

第 10 章为实战开发，结合前面学习的基础知识，带领读者开发一个电商网站首页面。读者可以按照教材中的思路和步骤动手操作，以更好地掌握网页设计与制作的流程和思路。

在上面所提到的 10 个章节中，第 1~9 章主要是针对 HTML5 与 CSS3 基础进行的讲解，每一章的最后一个小节均为本章的阶段案例，在学习这些章节时，初学者可以通过阶段案例加深对本章知识点的理解。第 10 章为实战开发，读者需要仔细体会其中的制作思路和技巧。

在学习本书时，首先要做到对知识点理解透彻，其次一定要亲自动手去练习教材中所提供的案例，因为在学习网页制作的过程中动手实践是非常重要的。对于一些非常难以理解的知识点也可以选择通过案例的练习来学习，如果实在无法理解教材中所讲解的知识，建议初学者不要纠结于某一个知识点，可以先往后学习。通常来讲，看了后面一两个小节的内容后再回来学习之前不懂的知识点一般就都能理解了。

致谢

本教材的编写和整理工作由传智播客教育科技有限公司高教产品研发部完成，主要参与人员有吕春林、张绍娟、王哲、李丽亚、乔婷婷、连蕊蕊、张鹏、李凤辉、恩意、刘志远等，全体人员在这近一年的编写过程中付出了很多辛勤的汗水，在此一并表示衷心的感谢。

意见反馈

尽管我们尽了最大的努力，但教材中难免会有不妥之处，欢迎各界专家和读者朋友们来信来函给予宝贵意见，我们将不胜感激。您在阅读本书时，如发现任何问题或有不认同之处可以通过电子邮件与我们取得联系。

请发送电子邮件至：itcast_book@vip.sina.com

传智播客教育科技有限公司　高教产品研发部
2016-7-11 于北京

目录

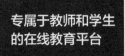

专属于教师和学生的在线教育平台

让 IT 教学更简单

教师获取教材配套资源

扫码添加"码大牛"
获取教学配套资源及教学前沿资讯
添加QQ/微信2011168841

让 IT 学习更有效

扫码关注"播妞学姐"
免费领取配套资源及200元"助学优惠券"

第1章 初识 HTML5 1

1.1 HTML5 概述 1
- 1.1.1 HTML5 发展历程 1
- 1.1.2 HTML5 的优势 2
- 1.1.3 HTML5 浏览器支持情况 3
- 1.1.4 创建第一个 HTML5 页面 4

1.2 HTML5 基础 6
- 1.2.1 HTML5 文档基本格式 6
- 1.2.2 HTML5 语法 7
- 1.2.3 HTML 标记 8
- 1.2.4 标记的属性 10
- 1.2.5 HTML5 文档头部相关标记 12

1.3 文本控制标记 15
- 1.3.1 标题和段落标记 15
- 1.3.2 文本格式化标记 19
- 1.3.3 特殊字符标记 21

1.4 图像标记 21
- 1.4.1 常用图像格式 21
- 1.4.2 图像标记<img /> 22
- 1.4.3 绝对路径和相对路径 26

1.5 超链接标记 27
- 1.5.1 创建超链接 27
- 1.5.2 锚点链接 28

1.6 阶段案例——制作 HTML5 百科页面 ... 30
- 1.6.1 分析效果图 31
- 1.6.2 制作页面 31
- 1.6.3 制作页面链接 34

本章小结 35
动手实践 35

第2章 HTML5 页面元素及属性 37

2.1 列表元素 37
- 2.1.1 ul 元素 37
- 2.1.2 ol 元素 38
- 2.1.3 dl 元素 40
- 2.1.4 列表的嵌套应用 41

2.2 结构元素 42
　2.2.1 header 元素 42
　2.2.2 nav 元素 43
　2.2.3 article 元素 44
　2.2.4 aside 元素 45
　2.2.5 section 元素 46
　2.2.6 footer 元素 47
2.3 分组元素 48
　2.3.1 figure 元素和 figcaption 元素 48
　2.3.2 hgroup 元素 49
2.4 页面交互元素 51
　2.4.1 details 元素和 summary 元素 51
　2.4.2 progress 元素 52
　2.4.3 meter 元素 53
2.5 文本层次语义元素 54
　2.5.1 time 元素 54
　2.5.2 mark 元素 55
　2.5.3 cite 元素 56
2.6 全局属性 57
　2.6.1 draggable 属性 57
　2.6.2 hidden 属性 58
　2.6.3 spellcheck 属性 58
　2.6.4 contenteditable 属性 59
2.7 阶段案例——制作电影影评网 59
　2.7.1 分析效果图 61
　2.7.2 制作页面 61
本章小结 66
动手实践 67

第3章 CSS3 入门 68

3.1 CSS3 简介 68
　3.1.1 CSS 概述 68
　3.1.2 CSS3 发展历史 69
　3.1.3 CSS3 浏览器支持情况 70
3.2 CSS 核心基础 71
　3.2.1 CSS 样式规则 71
　3.2.2 引入 CSS 样式表 72
　3.2.3 CSS 基础选择器 77
3.3 文本样式属性 82

　3.3.1 字体样式属性 82
　3.3.2 文本外观属性 87
3.4 CSS 高级特性 96
　3.4.1 CSS 层叠性和继承性 96
　3.4.2 CSS 优先级 98
3.5 阶段案例——制作服装推广软文 ... 102
　3.5.1 分析效果图 102
　3.5.2 制作页面结构 102
　3.5.3 定义 CSS 样式 103
本章小结 105
动手实践 105

第4章 CSS3 选择器 106

4.1 属性选择器 106
　4.1.1 E[att^=value]属性选择器 106
　4.1.2 E[att$=value]属性选择器 108
　4.1.3 E[att*=value]属性选择器 109
4.2 关系选择器 110
　4.2.1 子代选择器（>） 110
　4.2.2 兄弟选择器（+、~） 111
4.3 结构化伪类选择器 113
　4.3.1 :root 选择器 113
　4.3.2 :not 选择器 115
　4.3.3 :only-child 选择器 116
　4.3.4 :first-child 和:last-child 选择器 117
　4.3.5 :nth-child(n)和:nth-last-child(n)
　　　　选择器 118
　4.3.6 :nth-of-type(n)和:nth-last-of-type(n)
　　　　选择器 119
　4.3.7 :empty 选择器 121
　4.3.8 :target 选择器 122
4.4 伪元素选择器 123
　4.4.1 :before 选择器 123
　4.4.2 :after 选择器 124
4.5 链接伪类 125
4.6 阶段案例——制作网页设计软件
　　列表 126
　4.6.1 分析效果图 127
　4.6.2 制作页面结构 128

| 4.6.3 定义 CSS 样式 130
本章小结 132
动手实践 133

第 5 章　CSS 盒子模型 134

5.1 盒子模型概述 134
　　5.1.1 认识盒子模型 134
　　5.1.2 <div>标记 136
　　5.1.3 盒子的宽与高 138
5.2 盒子模型相关属性 139
　　5.2.1 边框属性 139
　　5.2.2 边距属性 148
　　5.2.3 box-shadow 属性 152
　　5.2.4 box-sizing 属性 153
5.3 背景属性 155
　　5.3.1 设置背景颜色 155
　　5.3.2 设置背景图像 156
　　5.3.3 背景与图片不透明度的设置 156
　　5.3.4 设置背景图像平铺 158
　　5.3.5 设置背景图像的位置 158
　　5.3.6 设置背景图像固定 160
　　5.3.7 设置背景图像的大小 161
　　5.3.8 设置背景的显示区域 163
　　5.3.9 设置背景图像的裁剪区域 164
　　5.3.10 设置多重背景图像 166
　　5.3.11 背景复合属性 167
5.4 CSS3 渐变属性 169
　　5.4.1 线性渐变 169
　　5.4.2 径向渐变 171
　　5.4.3 重复渐变 172
5.5 阶段案例——制作音乐排行榜 174
　　5.5.1 分析效果图 175
　　5.5.2 制作页面结构 175
　　5.5.3 定义 CSS 样式 176
本章小结 178
动手实践 178

第 6 章　浮动与定位 180

6.1 元素的浮动 180
　　6.1.1 元素的浮动属性 float 180
　　6.1.2 清除浮动 184
6.2 overflow 属性 190
6.3 元素的定位 192
　　6.3.1 元素的定位属性 192
　　6.3.2 静态定位 static 193
　　6.3.3 相对定位 relative 193
　　6.3.4 绝对定位 absolute 195
　　6.3.5 固定定位 fixed 198
　　6.3.6 z-index 层叠等级属性 198
6.4 元素的类型与转换 198
　　6.4.1 元素的类型 198
　　6.4.2 <span>标记 201
　　6.4.3 元素的转换 202
6.5 阶段案例——制作网页焦点图 204
　　6.5.1 分析效果图 205
　　6.5.2 制作页面结构 205
　　6.5.3 定义 CSS 样式 206
本章小结 209
动手实践 209

第 7 章　表单的应用 211

7.1 认识表单 211
　　7.1.1 表单的构成 211
　　7.1.2 创建表单 212
7.2 表单属性 213
7.3 input 元素及属性 215
　　7.3.1 input 元素的 type 属性 216
　　7.3.2 input 元素的其他属性 224
7.4 其他表单元素 231
　　7.4.1 textarea 元素 231
　　7.4.2 select 元素 232
　　7.4.3 datalist 元素 236
　　7.4.4 keygen 元素 237
　　7.4.5 output 元素 238
7.5 CSS 控制表单样式 239
7.6 阶段案例——制作信息登记表 241
　　7.6.1 分析效果图 242
　　7.6.2 制作页面结构 243

  7.6.3 定义 CSS 样式 245
本章小结 247
动手实践 247

第8章　多媒体技术 249

8.1 HTML5 多媒体的特性 249
8.2 多媒体的支持条件 250
  8.2.1 视频和音频编解码器 250
  8.2.2 多媒体的格式 251
  8.2.3 支持视频和音频的浏览器 251
8.3 嵌入视频和音频 252
  8.3.1 在 HTML5 中嵌入视频 252
  8.3.2 在 HTML5 中嵌入音频 254
  8.3.3 音、视频中的 source 元素 255
  8.3.4 调用网页多媒体文件 257
8.4 CSS 控制视频的宽高 258
8.5 视频和音频的方法和事件 260
8.6 HTML5 音、视频发展趋势 262
8.7 阶段案例——制作音乐播放界面 ... 262
  8.7.1 分析效果图 263
  8.7.2 制作页面结构 263
  8.7.3 定义 CSS 样式 264
本章小结 267
动手实践 267

第9章　CSS3 高级应用 269

9.1 过渡 269
  9.1.1 transition-property 属性 269
  9.1.2 transition-duration 属性 271
  9.1.3 transition-timing-function 属性 272
  9.1.4 transition-delay 属性 274
  9.1.5 transition 属性 274
9.2 变形 274
  9.2.1 认识 transform 274
  9.2.2 2D 转换 275
  9.2.3 3D 转换 282
9.3 动画 287
  9.3.1 @keyframes 287
  9.3.2 animation-name 属性 288
  9.3.3 animation-duration 属性 288
  9.3.4 animation-timing-function 属性 290
  9.3.5 animation-delay 属性 292
  9.3.6 animation-iteration-count 属性 292
  9.3.7 animation-direction 属性 292
  9.3.8 animation 属性 294
9.4 阶段案例——制作工作日天气预报 ... 294
  9.4.1 分析效果图 295
  9.4.2 制作页面结构 296
  9.4.3 定义 CSS 样式 297
  9.4.4 制作 CSS3 动画 301
本章小结 306
动手实践 306

第10章　实战开发——制作电商网站首页 308

10.1 准备工作 309
10.2 首页面详细制作 314
本章小结 340
动手实践 340

第 1 章 初识 HTML5

学习目标

- 了解 HTML5 发展历程，熟悉 HTML5 浏览器支持情况。
- 理解 HTML5 基本语法，掌握 HTML5 语法新特性。
- 掌握文本控制标记、图像标记、超链接标记，能够制作简单的网页。

HTML5 是超文本标记语言（HyperText Markup Language）的第 5 代版本，目前还处于推广阶段。经过了 Web2.0 时代，基于互联网的应用已经越来越丰富，同时也对互联网应用提出了更高的要求。HTML5 正在引领时代的潮流，必将开创互联网的新时代。本章将对 HTML5 的基本结构和语法、文本控制标记、图像标记及超链接标记进行详细讲解。

1.1 HTML5 概述

随着时代的发展，统一的互联网通用标准显得尤为重要。在 HTML5 之前，由于各个浏览器之间的标准不统一，给网站开发人员带来了很大的麻烦。HTML5 的目标就是将 Web 带入一个成熟的应用平台。在 HTML5 平台上，视频、音频、图像、动画及同电脑的交互都被标准化。本节将针对 HTML5 发展历程、优势、浏览器支持情况及如何创建 HTML5 页面进行讲解。

1.1.1 HTML5 发展历程

HTML 的出现由来已久，1993 年 HTML 首次以因特网的形式发布。20 世纪 90 年代，HTML 快速发展，从 2.0 版到 3.2 版、4.0 版，再到 1999 年的 4.01 版。随着 HTML 的发展，万维网联盟（World Wide Web Consortium，W3C）掌握了对 HTML 规范的控制权，负责后续版本的制定工作。

然而，在快速发布了 HTML 的 4 个版本后，业界普遍认为 HTML 已经穷途末路，对 Web 标准的焦点也开始转移到了 XML 和 XHTML 上，HTML 被放在了次要位置。不过，在此期间 HTML 体现了顽强的生命力，主要的网站内容还是基于 HTML 的。为了支持新的 Web 应用，克服现有的缺点，HTML 迫切需要添加新的功能，制定新规范。

为了能继续深入发展 HTML 规范，在 2004 年，一些浏览器厂商联合成立了 WHATWG 工作组。它们创立了 HTML5 规范，并开始专门针对 Web 应用开发新功能。Web 2.0 也是在那个时候被提出来的。

2006 年，W3C 组建了新的 HTML 工作组，明智地采纳了 WHATWG 的意见，并于 2008

年发布了 HTML5 的工作草案。由于 HTML5 能解决实际的问题，所以在规范还未定稿的情况下，各大浏览器厂家已经开始对旗下产品进行升级以支持 HTML5 的新功能。这样，得益于浏览器的实验性反馈，HTML5 规范也得到了持续地完善，并以这种方式迅速融入到了对 Web 平台的实质性改进中。

2014 年 10 月 29 日，万维网联盟宣布，经过 8 年的艰辛努力，HTML5 标准规范终于制定完成，并公开发布。HTML5 将会逐渐取代 HTML 4.01、XHTML 1.0 标准，以期能在互联网应用迅速发展的同时，使网络标准达到符合当代的网络需求，为桌面和移动平台带来无缝衔接的丰富内容。

1.1.2 HTML5 的优势

从 HTML4.0、XHTML 到 HTML5，从某种意义上讲，这是 HTML 描述性标记语言的一种更加规范的过程。因此，HTML5 并没有给开发者带来多大的冲击。但 HTML5 增加了很多非常实用的新功能和新特性，下面具体介绍 HTML5 的一些优势。

1. 解决了跨浏览器问题

在 HTML5 之前，各大浏览器厂商为了争夺市场占有率，会在各自的浏览器中增加各种各样的功能，并且不具有统一的标准。使用不同的浏览器，常常看到不同的页面效果。在 HTML5 中，纳入了所有合理的扩展功能，具备良好的跨平台性能。针对不支持新标签的老式 IE 浏览器，只需简单地添加 JavaScript 代码就可以使用新的元素。

2. 新增了多个新特性

HTML 语言从 1.0 到 5.0 经历了巨大的变化，从单一的文本显示功能到图文并茂的多媒体显示功能，许多特性经过多年的完善，已经发展成为一种非常重要的标记语言。HTML5 新增的特性如下。

- 新的特殊内容元素，比如 header、nav、section、article、footer。
- 新的表单控件，比如 calendar、date、time、email、url、search。
- 用于绘画的 canvas 元素。
- 用于媒介回放的 video 和 audio 元素。
- 对本地离线存储的更好支持。
- 地理位置、拖曳、摄像头等 API。

3. 用户优先的原则

HTML5 标准的制定是以用户优先为原则的，一旦遇到无法解决的冲突时，规范会把用户放在第一位。另外，为了增强 HTML5 的使用体验，还加强了以下两方面的设计。

- 安全机制的设计

为确保 HTML5 的安全，在设计 HTML5 时做了很多针对安全的设计。HTML5 引入了一种新的基于来源的安全模型，该模型不仅易用，而且对不同的 API（Application Programming Interface，应用程序编程接口）都通用。使用这个安全模型，不需要借助于任何不安全的 hack 就能跨域进行安全对话。

- 表现和内容分离

表现和内容分离是 HTML5 设计中的另一个重要内容。实际上，表现和内容的分离早在 HTML4.0 中就有设计，但是分离的并不彻底。为了避免可访问性差、代码高复杂度、文件过大等问题，HTML5 规范中更细致、清晰地分离了表现和内容。但是考虑到 HTML5 的兼容性问题，一些陈旧的表现和内容的代码还是可以兼容使用的。

4. 化繁为简的优势

作为当下流行的通用标记语言，HTML5尽可能地简化，严格遵循了"简单至上"的原则，主要体现在这几个方面：

- 新的简化的字符集声明；
- 新的简化的DOCTYPE；
- 简单而强大的HTML5 API；
- 以浏览器原生能力替代复杂的JavaScript代码。

为了实现这些简化操作，HTML5规范需要比以前更加细致、精确。为了避免造成误解，HTML5对每一个细节都有着非常明确的规范说明，不允许有任何的歧义和模糊出现。

1.1.3　HTML5浏览器支持情况

现今浏览器的许多新功能都是从HTML5标准中发展而来的。目前常用的浏览器有IE、火狐（Firefox）、谷歌（Chrome）、Safari和Opera等，如图1-1所示。通过对这些主流Web浏览器的发展策略的调查，发现它们都在支持HTML5上采取了措施。

图1-1　常见浏览器图标

1. IE浏览器

2010年3月16日，微软于MIX10技术大会上宣布，其推出的IE9浏览器已经支持HTML5。同时还声称，随后将更多地支持HTML5新标准和CSS3新特性。

2. 火狐浏览器

2010年7月，Mozilla基金会发布了即将推出的Firefox4浏览器的第一个早期测试版。该版本中的Firefox浏览器中进行了大幅改进，包括新的HTML5语法分析器，以及支持更多HTML5形式的控制等。从官方文档来看，Firefox4对HTML5是完全级别的支持。目前，包括在线视频、在线音频在内的多种应用都已在该版本中实现。

3. Google浏览器

2010年2月19日，谷歌Gears项目经理伊安·费特通过微博宣布，谷歌将放弃对Gears浏览器插件项目的支持，以重点开发HTML5项目。据费特表示，目前在谷歌看来，Gears应用与HTML5的诸多创新非常相似，并且谷歌一直积极发展HTML5项目。因此，只要谷歌不断以加强新网络标准的应用功能为工作重点，那么为Gears增加新功能就无太大意义了。另外，Gears面临的需求也在日益下降，这也是谷歌做出调整的重要原因。

4. Safari浏览器

2010年6月7日，苹果在开发者大会的会后发布了Safari5，这款浏览器支持10个以上的HTML5新技术，包括全屏幕播放、HTML5视频、HTML5地理位置、HTML5切片元素、HTML5的可拖动属性、HTML5的形式验证、HTML5的Ruby、HTML5的Ajax历史和WebSocket字幕。

5. Opera浏览器

2010年5月5日，Opera软件公司首席技术官，号称"CSS之父"的Hakon Wium Lie认为，HTML5和CSS3将是全球互联网发展的未来趋势，目前包括Opera在内的诸多浏览器厂商，纷纷研发 HTML5 相关产品，Web 的未来属于 HTML5。

综上所述，目前这些浏览器纷纷朝着 HTML5 的方向迈进，HTML5 的时代即将来临。

1.1.4 创建第一个 HTML5 页面

网页制作过程中，为了开发方便，通常我们会选择一些较便捷的工具，如 Editplus、notepad++、sublime、Dreamweaver 等。实际工作中，最常用的网页制作工具是 Dreamweaver。本书中的案例将全部使用 Adobe Dreamweaver CS6。接下来使用 Dreamweaver CS6 来创建一个 HTML5 页面，具体步骤如下。

（1）打开 Dreamweaver CS6，选择菜单栏中的"文件"→"新建"命令，弹出"新建文档"对话框，如图 1-2 所示。在"页面类型"列表中选择"HTML"选项，并在右下角的"文档类型"下拉菜单中选择"HTML5"，如图 1-3 所示。

图 1-2 执行"文件"→"新建"命令

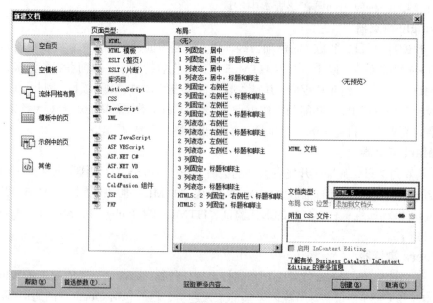

图 1-3 新建 HTML5 默认文档

（2）单击"创建"按钮，将会新建一个 HTML5 默认文档。切换到"代码"视图，这时在文档窗口中会出现 Dreamweaver 自带的代码，如图 1-4 所示。

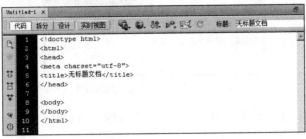

图 1-4　HTML5 文档代码视图窗口

（3）修改 HTML5 文档标题，将代码<title>与<title>标记中的"无标题文档"，修改为"第一个网页"。然后，在<body>与</body>标记之间添加一段文本"这是我的第一个 HTML5 页面哦"，具体代码如例 1-1 所示。

例 1-1　example01.html

```
1    <!doctype html>
2    <html>
3    <head>
4    <meta charset="utf-8">
5    <title>第一个网页</title>
6    </head>
7    <body>
8        这是我的第一个 HTML5 页面哦
9    </body>
10   </html>
```

（4）在菜单栏中选择【文件】→【保存】选项，其快捷键为 Ctrl+S。接着，在弹出来的"另存为"对话框中选择文件的保存地址并输入文件名即可保存文件。例如，本书将文件命名为 example01.html，保存在 D 盘"HTML5+CSS3"文件夹下"教材案例"的"chapter01"文件夹中，如图 1-5 所示。

图 1-5　"另存为"对话框

（5）在谷歌浏览器中运行 example01.html，效果如图 1-6 所示。

图 1-6　第一个 HTML5 页面效果

此时，浏览器窗口中将显示一段文本，第一个简单的 HTML5 页面创建完成。

注意：

由于谷歌浏览器对 HTML5 及 CSS3 的兼容性支持较好，而且调试网页非常方便，所以在 HTML5 网页制作过程中谷歌浏览器是最常用的浏览器。本书涉及的案例将全部在谷歌浏览器中运行。

1.2　HTML5 基础

HTML5 是新的 HTML 标准，是对 HTML 及 XHTML 的继承与发展，越来越多的网站开发者开始使用 HTML5 构建网站。学习 HTML5 首先需要了解 HTML5 的语法基础。本节将针对 HTML5 文档基本格式、HTML5 语法、HTML 标记及其属性、HTML5 文档头部相关标记进行讲解。

1.2.1　HTML5 文档基本格式

学习任何一门语言，都要首先掌握它的基本格式，就像写信需要符合书信的格式要求一样。HTML5 标记语言也不例外，同样需要遵从一定的规范。接下来将具体讲解 HTML5 文档的基本格式。

使用 Dreamweaver 新建 HTML5 默认文档时，会自带一些源代码，如例 1-2 所示。

例 1-2　example02.html

```
1    <!doctype html>
2    <html>
3    <head>
4    <meta charset="utf-8">
5    <title>无标题文档</title>
6    </head>
7    <body>
8    </body>
9    </html>
```

这些自带的源代码构成了 HTML5 文档的基本格式，主要包括<!doctype>文档类型声明、<html>根标记、<head>头部标记、<body>主体标记，具体介绍如下。

1.<!doctype>标记

<!doctype>标记标记位于文档的最前面，用于向浏览器说明当前文档使用哪种 HTML 标

准规范，HTML5 文档中的 DOCTYPE 声明非常简单，代码如下：

```
<!doctype html>
```

只有在开头处使用<!doctype>声明，浏览器才能将该网页作为有效的 HTML 文档，并按指定的文档类型进行解析。使用 HTML5 的 DOCTYPE 声明，会触发浏览器以标准兼容模式来显示页面。

2. <html>标记

<html>标记位于<!doctype>标记之后，也称为根标记，用于告知浏览器其自身是一个 HTML 文档，<html>标记标志着 HTML 文档的开始，</html>标记标志着 HTML 文档的结束，在它们之间的是文档的头部和主体内容。

3. <head>标记

<head>标记用于定义 HTML 文档的头部信息，也称为头部标记，紧跟在<html>标记之后，主要用来封装其他位于文档头部的标记，例如<title>、<meta>、<link>及<style>等，用来描述文档的标题、作者，以及与其他文档的关系等。

一个 HTML 文档只能含有一对<head>标记，绝大多数文档头部包含的数据都不会真正作为内容显示在页面中。

4. <body>标记

<body>标记用于定义 HTML 文档所要显示的内容，也称为主体标记。浏览器中显示的所有文本、图像、音频和视频等信息都必须位于<body>标记内，<body>标记中的信息才是最终展示给用户看的。

一个 HTML 文档只能含有一对<body>标记，且<body>标记必须在<html>标记内，位于<head>头部标记之后，与<head>标记是并列关系。

1.2.2 HTML5 语法

为了兼容各个浏览器，HTML5 采用宽松的语法格式，在设计和语法方面做了一些变化。具体如下：

1. 标签不区分大小写

HTML5 采用宽松的语法格式，标签可以不区分大小写，这是 HTML5 语法变化的重要体现。例如：

```
<p>这里的 p 标签大小写不一致</P>
```

在上面的代码中，虽然 p 标记的开始标记与结束标记大小写并不匹配，但是在 HTML5 语法中是完全合法的。

2. 允许属性值不使用引号

在 HTML5 语法中，属性值不放在引号中也是正确的。例如：

```
<input checked=a type=checkbox/>
<input readonly=readonly type=text />
```

以上代码都是完全符合 HTML5 规范的，等价于：

```
<input checked="a" type="checkbox"/>
<input readonly="readonly" type="text" />
```

3. 允许部分属性值的属性省略

在 HTML5 中，部分标志性属性的属性值可以省略。例如：

```
<input checked="checked" type="checkbox"/>
<input readonly="readonly" type="text" />
```

可以省略为：

```
<input checked type="checkbox"/>
<input readonly type="text" />
```

从上述代码可以看出，checked="checked"可以省略为 checked，而 readonly="readonly"可以省略为 readonly。

在 HTML5 中，可以省略属性值的属性如表 1-1 所示。

表 1-1　HTML5 可以省略属性值的属性

属性	描述
checked	省略属性值后，等价于 checked="checked"
readonly	省略属性值后，等价于 readonly="readonly"
defer	省略属性值后，等价于 defer="defer"
ismap	省略属性值后，等价于 ismap="ismap"
nohref	省略属性值后，等价于 nohref="nohref "
noshade	省略属性值后，等价于 noshade="noshade"
nowrap	省略属性值后，等价于 nowrap="nowrap"
selected	省略属性值后，等价于 selected="selected"
disabled	省略属性值后，等价于 disabled="disabled"
multiple	省略属性值后，等价于 multiple="multiple"
noresize	省略属性值后，等价于 noresize="noresize"

注意：

虽然 HTML5 采用比较宽松的语法格式，简化了代码。但是为了代码的完整性及严谨性，建议网站开发人员采用严谨的代码编写模式，这样更有利于团队合作及后期代码的维护。

1.2.3　HTML 标记

在 HTML 页面中，带有"＜＞"符号的元素被称为 HTML 标记，如上面提到的<html>、<head>、<body>都是 HTML 标记。所谓标记就是放在"＜＞"标记符中表示某个功能的编码命令，也称为 HTML 标签或 HTML 元素，本书统一称作 HTML 标记。

1. 单标记和双标记

为了方便学习和理解，通常将 HTML 标记分为两大类，分别是"双标记"与"单标记"。对它们的具体介绍如下。

（1）双标记

双标记是指由开始和结束两个标记符组成的标记。其基本语法格式为：

```
<标记名>内容</标记名>
```

该语法中"<标记名>"表示该标记的作用开始，一般称为"开始标记"，"</标记名>"表示该标记的作用结束，一般称为"结束标记"。和开始标记相比，结束标记只是在前面加了一个关闭符"/"。

例如：

<h2>传智播客网页平面设计免费公开课</h2>

其中<h2>表示一个标题标记的开始，而</h2>表示一个标题标记的结束，在它们之间是标题内容。

（2）单标记

单标记也称空标记，是指用一个标记符号即可完整地描述某个功能的标记。其基本语法格式为：

< 标记名 />

例如：

<hr />

其中<hr />为单标记，用于定义一条水平线。

通过上面的学习，已经了解 HTML 文档中的单标记和双标记。下面通过一个案例进一步演示 HTML 标记的使用，如例 1-3 所示。

例 1-3　　example03.html

```
1   <!doctype html>
2   <html>
3   <head>
4   <meta charset="utf-8">
5   <title>传智播客云课堂</title>
6   </head>
7   <body>
8   <h2>传智播客云课堂上线了</h2>
9   <p>更新时间：2015年07月28日14时08分 来源：传智播客</p>
10  <hr />
11  <p>传智云课堂是传智播客在线教育平台，可以实现晚上在家学习、在线直播教学、实时互动辅导等多种功能，专注于网页、平面、UI 设计以及 Web 前端的培训。</p>
12  </body>
13  </html>
```

在例 1-3 中，使用了不同的标记来定义网页，如标题标记<h2>、水平线标记<hr />、段落标记<p>。

运行例 1-3，效果如图 1-7 所示。

2.注释标记

在 HTML 中还有一种特殊的标记——注释标记。如果需要在 HTML 文档中添加一些便于阅读和理解但又不需要显示在页面中的注释文字，就需要使用注释标记。其基本语法格式为：

<!-- 注释语句 -->

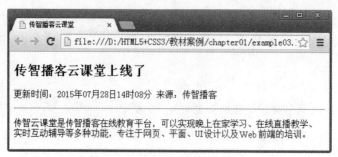

图 1-7 标记的使用

例如，下面为\<p>标记添加一段注释：

\<p>这是一段普通的段落。\</p>　　\<!--这是一段注释，不会在浏览器中显示。-->

需要说明的是，注释内容不会显示在浏览器窗口中，但是作为 HTML 文档内容的一部分，可以被下载到用户的计算机上，查看源代码时就可以看到。

1.2.4 标记的属性

使用 HTML 制作网页时，如果想让 HTML 标记提供更多的信息，例如，希望标题文本的字体为"微软雅黑"且居中显示，段落文本中的某些名词显示为其他颜色加以突出。此时仅仅依靠 HTML 标记的默认显示样式已经不能满足要求，需要使用 HTML 标记的属性加以设置。其基本语法格式为：

\<标记名 属性1="属性值1" 属性2="属性值2" …> 内容 \</标记名>

在上面的语法中，标记可以拥有多个属性，必须写在开始标记中，位于标记名后面。属性之间不分先后顺序，标记名与属性、属性与属性之间均以空格分开。任何标记的属性都有默认值，省略该属性则取默认值。例如：

\<h1 align="center">标题文本\<h1>

其中 align 为属性名，center 为属性值，表示标题文本居中对齐，对于标题标记还可以设置文本左对齐或右对齐，对应的属性值分别为 left 和 right。如果省略 align 属性，标题文本则按默认值左对齐显示，也就是说\<h1>\</h1>等价于\<h1 align="left">\</h1>。

了解了标记的属性，下面在例 1-3 的基础上通过标记的属性对网页进一步修饰，如例 1-4 所示。

例 1-4 example04.html

```
1   <!doctype html>
2   <html>
3   <head>
4   <meta charset="utf-8">
5   <title>传智播客云课堂</title>
6   </head>
7   <body>
8   <h2 align="center">传智播客云课堂上线了</h2>
9   <p align="center">更新时间：2015年07月28日14时08分  来源：传智播客
</p>
```

```
10   <hr size="2" color="#CCCCCC" />
11   <p>传智云课堂是<strong>传智播客</strong>在线教育平台,可以实现晚上在家学
习、在线直播教学、实时互动辅导等多种功能,专注于网页、平面、UI 设计以及 Web 前端的培训。
</p>
12   </body>
13   </html>
```

在例 1-4 的第 8 行代码,将标题标记<h2>的 align 属性设置为 center,使标题文本居中对齐,第 9 行代码中同样使用 align 属性使段落文本居中对齐。另外,第 10 行代码使用水平线标记的 size 和 color 属性设置水平线为特定的粗细和颜色。

运行例 1-4,效果如图 1-8 所示。

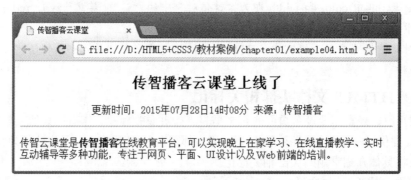

图 1-8 使用标记的属性

通过例 1-4 可以看出,在页面中使用标记时,想控制哪部分内容,就用相应的标记选择它,然后利用标记的属性进行设置。

书写 HTML 页面时,经常会在一对标记之间再定义其他的标记,如例 1-4 中的第 11 行代码,在<p>标记中包含了<strong>标记。在 HTML 中,把这种标记间的包含关系称为标记的嵌套。例 1-4 中第 11 行代码的嵌套结构为:

```
<p>传智云课堂是
    <strong>传智播客</strong>
    在线教育平台,可以实现晚上在家学习、在线直播教学、实时互动辅导等多种功能,
专注于网页、平面、UI 设计以及 Web 前端的培训。
</p>
```

需要注意的是,在标记的嵌套过程中,必须先结束最靠近内容的标记,再按照由内及外的顺序依次关闭标记。例如要想使段落文本加粗倾斜,可以将加粗标记<strong>和倾斜标记<em>嵌套在段落标记<p>中,示例如下。

```
    <p> <strong> <em>我们正在学习标记的嵌套。</strong> </em> </p>   <!--
错误的嵌套顺序-->
    <p> <em> <strong>我们正在学习标记的嵌套。</strong> </em> </p>   <!--
正确的嵌套顺序-->
```

需要说明的是,不合理的嵌套可能在一个甚至所有浏览器中通过,但是如果浏览器升级,新的版本不再允许这种违反标准的做法,那么修改源代码就会非常烦琐。

注意:

本书在描述标记时,经常会用到"嵌套"一词,所谓标记的嵌套其实就是一种包含关系。其实网页中所显示的内容都嵌套在<body></body>标记中,而<body></body>又嵌套在<html></html>标记中。

多学一招: 何为键值对?

在 HTML 开始标记中,可以通过"属性="属性值""的方式为标记添加属性,其中"属性"和"属性值"是以"键值对"的形式出现的。

所谓"键值对",简单地说即为对"属性"设置"值"。它有多种表现形式,如 color="red"、width:200px;等,其中 color 和 width 即为"键值对"中的"键"(英文 key),red 和 200px 为"键值对"中的"值"(英文 value)。

"键值对"广泛地应用于编程中,HTML 属性的定义形式"属性="属性值""只是"键值对"中的一种。

1.2.5 HTML5 文档头部相关标记

制作网页时,经常需要设置页面的基本信息,如页面的标题、作者和其他文档的关系等。为此 HTML 提供了一系列的标记,这些标记通常都写在 head 标记内,因此被称为头部相关标记。接下来将具体介绍常用的头部相关标记。

1. 设置页面标题标记<title>

<title>标记用于定义 HTML 页面的标题,即给网页取一个名字,必须位于<head>标记之内。一个 HTML 文档只能包含一对<title></title>标记,<title></title>之间的内容将显示在浏览器窗口的标题栏中。其基本语法格式为:

```
<title>网页标题名称</title>
```

了解了页面标题标记<title>,下面通过一个简单的案例来演示<title>标记的用法,如例 1-5 所示。

例 1-5 example05.html

```
1   <!doctype html>
2   <html>
3   <head>
4   <meta charset="utf-8">
5   <title>标题标记 title</title>
6   </head>
7   <body>
8   <p>标题标记 title 用于显示网页标题名称,HTML 文档的标题将显示在浏览器的标题栏里。</p>
9   </body>
10  </html>
```

在例 1-5 的第 5 行代码中,使用<title>标记设置 HTML5 页面的标题。

运行例 1-5,效果如图 1-9 所示。

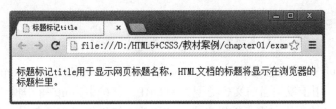

图 1-9 设置页面标题标记<title>

在图 1-9 中，线框内显示的文本即为标题标记里的内容。

2. 定义页面元信息标记<meta />

<meta />标记用于定义页面的元信息，可重复出现在<head>头部标记中，在 HTML 中是一个单标记。<meta />标记本身不包含任何内容，通过"名称/值"的形式成对的使用其属性可定义页面的相关参数，如为搜索引擎提供网页的关键字、作者姓名、内容描述，以及定义网页的刷新时间等。

下面介绍<meta />标记常用的几组设置，具体如下。

（1）<meta name="名称" content="值" />

在<meta>标记中使用 name/content 属性可以为搜索引擎提供信息，其中 name 属性提供搜索内容名称，content 属性提供对应的搜索内容值。具体应用如下。

- 设置网页关键字，如传智播客官网关键字的设置：

<meta name="keywords" content="Java 培训,.NET 培训,PHP 培训,C/C++培训,iOS 培训,网页设计培训,平面设计培训,UI 设计培训" />

其中 name 属性的值为 keywords，用于定义搜索内容名称为网页关键字，content 属性的值用于定义关键字的具体内容，多个关键字内容之间可以用","分隔。

- 设置网页描述，如传智播客官网描述信息的设置：

<meta name="description" content="IT 培训的龙头老大，口碑最好的 Java 培训、.NET 培训、PHP 培训、C/C++培训,iOS 培训，网页设计培训，平面设计培训，UI 设计培训机构，问天下 Java 培训、.NET 培训、PHP 培训、C/C++培训、iOS 培训、网页设计培训、平面设计培训，UI 设计培训机构谁与争锋？" />

其中 name 属性的值为 description，用于定义搜索内容名称为网页描述，content 属性的值用于定义描述的具体内容。需要注意的是网页描述的文字不必过多。

- 设置网页作者，如可以为传智播客官网增加作者信息：

<meta name="author" content="传智播客网络部" />

其中 name 属性的值为 author，用于定义搜索内容名称为网页作者，content 属性的值用于定义具体的作者信息。

（2）<meta http-equiv="名称" content="值" />

在<meta>标记中使用 http-equiv/content 属性可以设置服务器发送给浏览器的 HTTP 头部信息，为浏览器显示该页面提供相关的参数。其中，http-equiv 属性提供参数类型，content 属性提供对应的参数值。默认会发送<meta http-equiv="Content-Type" content="text/html" />，通知浏览器发送的文件类型是 HTML，具体应用如下。

- 设置字符集，如传智播客官网字符集的设置：

```
<meta http-equiv="Content-Type" content="text/html; charset=utf-8" />
```

其中 http-equiv 属性的值为 Content-Type，content 属性的值为 text/html 和 charset=utf-8，中间用";"隔开，用于说明当前文档类型为 HTML，字符集为 utf-8 (国际化编码)。

utf-8 是目前最常用的字符集编码方式，常用的字符集编码方式还有 gbk 和 gb2312。

● 设置页面自动刷新与跳转，如定义某个页面 10 秒后跳转至传智播客官网：

```
<meta http-equiv="refresh" content="10;url=http://www.itcast.cn" />
```

其中 http-equiv 属性的值为 refresh，content 属性的值为数值和 url 地址，中间用";"隔开，用于指定在特定的时间后跳转至目标页面，该时间默认以秒为单位。

3. 引用外部文件标记 \<link\>

一个页面往往需要多个外部文件的配合，在\<head\>中使用\<link\>标记可引用外部文件，一个页面允许使用多个\<link\>标记引用多个外部文件。其基本语法格式为：

```
<link 属性="属性值" />
```

该语法中，\<link\>标记的几个常用属性如表 1-2 所示。

表 1-2　link 标记的常用属性

属性名	常用属性值	描述
href	URL	指定引用外部文档的地址
rel	stylesheet	指定当前文档与引用外部文档的关系，该属性值通常为 stylesheet，表示定义一个外部样式表
type	text/css	引用外部文档的类型为 CSS 样式表
	text/javascript	引用外部文档的类型为 JavaScript 脚本

例如，使用\<link\>标记引用外部 CSS 样式表：

```
<link rel="stylesheet" type="text/css" href="style.css" />
```

上面的代码，表示引用当前 HTML 页面所在文件夹中，文件名为"style.css"的 CSS 样式表文件。

4. 内嵌样式标记 \<style\>

\<style\>标记用于为 HTML 文档定义样式信息，位于\<head\>头部标记中，其基本语法格式为：

```
<style 属性="属性值">样式内容</style>
```

在 HTML 中使用 style 标记时，常常定义其属性为 type，相应的属性值为 text/css，表示使用内嵌式的 CSS 样式。

下面通过一个案例来演示\<style\>标记的用法，如例 1-6 所示。

例 1-6　example06.html

```
1    <!doctype html>
2    <html>
```

```
3    <head>
4    <meta charset="utf-8">
5    <title>style 标记的使用</title>
6    <style type="text/css">
7    h2{color:red;}
8    p{color:blue;}
9    </style>
10   </head>
11   <body>
12   <h2>设置 h2 标题为红色字体</h2>
13   <p>设置 p 段落为蓝色字体</p>
14   </body>
15   </html>
```

在例 1-6 中，使用 style 标记定义内嵌式的 CSS 样式，控制网页中文本的颜色。
运行例 1-6，效果如图 1-10 所示。

图 1-10　内嵌标记 style 的应用

1.3　文本控制标记

在一个网页中文字往往占有较大的篇幅，为了让文字能够排版整齐、结构清晰，HTML 提供了一系列的文本控制标记，如标题标记<h1>~<h6>、段落标记<p>等。本节将对这些标记进行详细讲解。

1.3.1　标题和段落标记

一篇结构清晰的文章通常都有标题和段落，HTML 网页也不例外。为了使网页中的文字有条理地显示出来，HTML 提供了相应的标记，对它们的具体介绍如下。

1. 标题标记

为了使网页更具有语义化，我们经常会在页面中用到标题标记，HTML 提供了 6 个等级的标题，即<h1>、<h2>、<h3>、<h4>、<h5>和<h6>，从<h1>到<h6>重要性递减。其基本语法格式为：

```
<hn align="对齐方式">标题文本</hn>
```

该语法中 n 的取值为 1 到 6，align 属性为可选属性，用于指定标题的对齐方式。下面通过一个案例说明标题标记的使用，如例 1-7 所示。

例 1-7　example07.html

```
1   <!doctype html>
2   <html>
3   <head>
4   <meta charset="utf-8">
5   <title>标题标记的使用</title>
6   </head>
7   <body>
8   <h1>1 级标题</h1>
9   <h2>2 级标题</h2>
10  <h3>3 级标题</h3>
11  <h4>4 级标题</h4>
12  <h5>5 级标题</h5>
13  <h6>6 级标题</h6>
14  </body>
15  </html>
```

在例 1-7 中，使用<h1>到<h6>标记设置 6 种不同级别的标题。

运行例 1-7，效果如图 1-11 所示。

从图 1-11 可以看出，默认情况下标题文字是加粗左对齐的，并且从<h1>到<h6>字号递减。如果想让标题文字右对齐或居中对齐，就需要使用 align 属性设置对齐方式，其取值如下。

- left：设置标题文字左对齐（默认值）。
- center：设置标题文字居中对齐。
- right：设置标题文字右对齐。

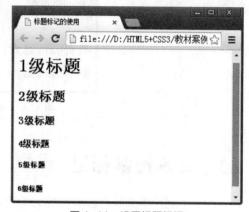

图 1-11　设置标题标记

注意：

（1）一个页面中只能使用一个<h1>标记，常常被用在网站的 Logo 部分。

（2）由于 h 元素拥有确切的语义，请慎重选择恰当的标记来构建文档结构。禁止仅仅使用 h 标记设置文字加粗或更改文字的大小。

2. 段落标记

在网页中要把文字有条理地显示出来，离不开段落标记，就如同我们平常写文章一样，整个网页也可以分为若干个段落，而段落的标记就是<p>。默认情况下，文本在段落中会根据浏览器窗口的大小自动换行。<p>是 HTML 文档中最常见的标记，其基本语法格式为：

```
<p align="对齐方式">段落文本</p>
```

该语法中 align 属性为<p>标记的可选属性，和标题标记<h1>~<h6>一样，同样可以使用

align 属性设置段落文本的对齐方式。

下面通过一个案例来演示段落标记<p>的用法和其对齐方式，如例 1-8 所示。

例 1-8　example08.html

```
1   <!doctype html>
2   <html>
3   <head>
4   <meta charset="utf-8">
5   <title>段落标记的用法和对齐方式</title>
6   </head>
7   <body>
8   <p>"IT 问答精灵"为计算机爱好者提供 Java、.NET、PHP、C/C++、网页设计、
    平面设计、UI 设计、iOS、Android 方面的技术问题互助问答,由传智播客专业 IT 讲师在
    线答疑,致力做最专业的 IT 学习互助平台。</p>
9   <p align="left">Java 学院</p>
10  <p align="center">网页平面设计学院</p>
11  <p align="right">PHP 学院</p>
12  </body>
13  </html>
```

在例 1-8 中第一个<p>标记为段落标记的默认对齐方式，第二、三、四个<p>标记分别使用 align="left"、align="center"和 align="right"设置了段落左对齐、居中对齐和右对齐。

运行例 1-8，效果如图 1-12 所示。

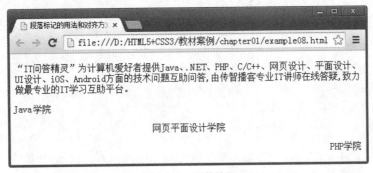

图 1-12　段落效果

从图 1-12 容易看出，通过使用<p>标记，每个段落都会独占一行，并且段落之间拉开了一定的间隔距离。

3. 水平线标记<hr />

在网页中常常看到一些水平线将段落与段落之间隔开，使得文档结构清晰，层次分明。这些水平线可以通过插入图片实现，也可以简单地通过标记来完成，<hr />就是创建横跨网页水平线的标记。其基本语法格式为：

```
<hr 属性="属性值" />
```

<hr />是单标记，在网页中输入一个<hr />，就添加了一条默认样式的水平线，<hr />标记几个常用的属性如表 1-3 所示。

表 1-3 <hr />标记的常用属性

属性名	含义	属性值
align	设置水平线的对齐方式	可选择 left、right、center 三种值，默认为 center，居中对齐
size	设置水平线的粗细	以像素为单位，默认为 2 像素
color	设置水平线的颜色	可用颜色名称、十六进制#RGB、rgb(r, g, b)
width	设置水平线的宽度	可以是确定的像素值，也可以是浏览器窗口的百分比，默认为 100%

下面通过使用水平线分割段落文本来演示<hr />标记的用法和属性，如例 1-9 所示。

例 1-9 example09.html

```
1   <!doctype html>
2   <html>
3   <head>
4   <meta charset="utf-8">
5   <title>水平线标记的用法和属性</title>
6   </head>
7   <body>
8   <p>传智播客专业于 Java、.NET、PHP、C/C++、网页设计、平面设计、UI 设计。从菜鸟到职场达人的转变就在这里，你还等什么？</p>
9   <hr />
10  <p align="left">Java 学院</p>
11  <hr color="red" align="left" size="5" width="600"/>
12  <p align="center">网页平面设计学院</p>
13  <hr color="#0066FF" align="right" size="2" width="50%"/>
14  <p align="right">PHP 学院</p>
15  </body>
16  </html>
```

在例 1-9 中，第一个<hr />标记为水平线的默认样式，第二、三个<hr />标记分别设置了不同的颜色、对齐方式、粗细和宽度值。

运行例 1-9，效果如图 1-13 所示。

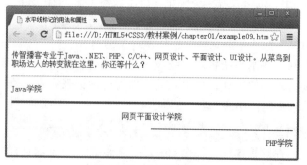

图 1-13 水平线的样式

注意：
在实际工作中，不赞成使用<hr />的所有外观属性，可通过 CSS 样式进行设置。

**4. 换行标记
**

在 HTML 中，一个段落中的文字会从左到右依次排列，直到浏览器窗口的右端，然后自动换行。如果希望某段文本强制换行显示，就需要使用换行标记
，这时如果还像在 Word 中直接敲回车键换行就不起作用了，如例 1-10 所示。

例 1-10   example10.html

```
1   <!doctype html>
2   <html>
3   <head>
4   <meta charset="utf-8">
5   <title>使用 br 标记换行</title>
6   </head>
7   <body>
8   <p>使用 HTML 制作网页时通过 br 标记<br />可以实现换行效果</p>
9   <p>如果像在 Word 中一样
10  敲回车换行就不起作用了</p>
11  </body>
12  </html>
```

在例 1-10 中，分别使用换行标记
和回车键两种方式进行换行。

运行例 1-10，效果如图 1-14 所示。

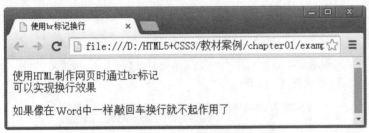

图 1-14   换行标记的使用

从图 1-14 容易看出，使用回车键换行的段落在浏览器实际显示效果中并没有换行，只是多出了一个字符的空白，而使用换行标记
的段落却实现了强制换行的效果。

注意：

标记虽然可以实现换行的效果，但并不能取代结构标记<h>、<p>等。

1.3.2 文本格式化标记

在网页中，有时需要为文字设置粗体、斜体或下划线效果，为此 HTML 准备了专门的文本格式化标记，使文字以特殊的方式显示，常用的文本格式化标记如表 1-4 所示。

表 1-4 常用文本格式化标记

标记	显示效果
<b></b>和<strong></strong>	文字以粗体方式显示（b 定义文本粗体，strong 定义强调文本）
<i></i>和<em></em>	文字以斜体方式显示（i 定义斜体字，em 定义强调文本）
<s></s>和<del></del>	文字以加删除线方式显示（HTML5 不赞成使用 s）
<u></u>和<ins></ins>	文字以加下划线方式显示（HTML5 不赞成使用 u）

下面通过一个案例来演示其中某些标记的效果，如例 1-11 所示。

例 1-11　example11.html

```
1   <!doctype html>
2   <html>
3   <head>
4   <meta charset="utf-8">
5   <title>文本格式化标记的使用</title>
6   </head>
7   <body>
8   <p>我是正常显示的文本</p>
9   <p><b>我是使用 b 标记定义的加粗文本</b></p>
10  <p><strong>我是使用 strong 标记定义的强调文本</strong></p>
11  <p><i>我是使用 i 标记定义的倾斜文本</i></p>
12  <p><em>我是使用 em 标记定义的强调文本</em></p>
13  <p><del>我是使用 del 标记定义的删除线文本</del></p>
14  <p><ins>我是使用 ins 标记定义的下划线文本</ins></p>
15  </body>
16  </html>
```

在例 1-11 中，为段落文本分别应用不同的文本格式化标记，从而使文字产生特殊的显示效果。运行例 1-11，效果如图 1-15 所示。

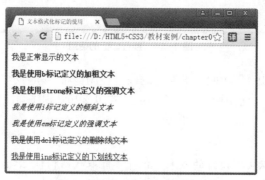

图 1-15　使用文本格式化标记

注意：

以上文本格式化标记均可使用<span>标记配合 CSS 样式替代，关于<span>标记将在第 6 章具体讲解。

1.3.3 特殊字符标记

浏览网页时常常会看到一些包含特殊字符的文本，如数学公式、版权信息等。那么如何在网页上显示这些包含特殊字符的文本呢？其实 HTML 早想到了这一点，并为这些特殊字符准备了专门的替代代码，如表 1-5 所示。

表 1-5 常用特殊字符的表示

特殊字符	描述	字符的代码
	空格符	
<	小于号	&lt;
>	大于号	&gt;
&	和号	&amp;
¥	人民币	&yen;
©	版权	&copy;
®	注册商标	&reg;
°	摄氏度	&deg;
±	正负号	&plusmn;
×	乘号	&times;
÷	除号	&divide;
²	平方 2（上标 2）	&sup2;
³	立方 3（上标 3）	&sup3;

1.4 图像标记

1.4.1 常用图像格式

网页中图像太大会造成载入速度缓慢，太小又会影响图像的质量，那么哪种图像格式能够让图像更小，却拥有更好的质量呢？接下来将为大家介绍几种常用的图像格式，以及如何选择合适的图像格式应用于网页。

目前网页上常用的图像格式主要有 GIF、JPG 和 PNG 三种，具体区别如下。

1. GIF 格式

GIF 格式最突出的地方就是它支持动画，同时 GIF 格式也是一种无损的图像格式，也就是说修改图片之后，图片质量几乎没有损失。再加上 GIF 格式支持透明（全透明或全不透明），因此很适合在互联网上使用。但 GIF 格式只能处理 256 种颜色。在网页制作中，GIF 格式常常用于 Logo、小图标及其他色彩相对单一的图像。

2. PNG 格式

PNG 包括 PNG-8 和真色彩 PNG（PNG-24 和 PNG-32）。相对于 GIF，PNG 最大的优势是体积更小，支持 alpha 透明（全透明，半透明，全不透明），并且颜色过渡更平滑，但 PNG 不支持动画。其中 PNG-8 和 GIF 类似，只能支持 256 中颜色，如果做静态图可以取代 GIF，而真色彩 PNG 可以支持更多的颜色，同时真色彩 PNG（PNG-32）支持半透明效果的处理。

3. JPG 格式

JPG 格式所能显示的颜色比 GIF 格式和 PNG 格式要多得多，可以用来保存超过 256 种颜色的图像，但是 JPG 格式是一种有损压缩的图像格式，这就意味着每修改一次图片都会造成一些图像数据的丢失。JPG 格式是特别为照片图像设计的文件格式，网页制作过程中类似于照片的图像比如横幅广告（banner）、商品图片、较大的插图等都可以保存为 JPG 格式。

简而言之，在网页中小图片如图标、按钮等建议使用 GIF 或 PNG 格式，透明图片建议使用 PNG 格式，类似照片的图片则建议使用 JPG 格式，动态图片建议使用 GIF 格式。

1.4.2 图像标记 <img />

HTML 网页中任何元素的实现都要依靠 HTML 标记，要想在网页中显示图像就需要使用图像标记，接下来将详细介绍图像标记 <img /> 及和它相关的属性。其基本语法格式为：

```
<img src="图像URL" />
```

该语法中 src 属性用于指定图像文件的路径和文件名，它是 img 标记的必需属性。

要想在网页中灵活地应用图像，仅仅靠 src 属性是不能够实现的。当然 HTML 还为 <img /> 标记准备了很多其他的属性，具体如表 1-6 所示。

表 1-6 <img />标记的属性

属性	属性值		描述
src	URL		图像的路径
alt	文本		图像不能显示时的替换文本
title	文本		鼠标悬停时显示的内容
width	像素		设置图像的宽度
height	像素		设置图像的高度
border	数字		设置图像边框的宽度
vspace	像素		设置图像顶部和底部的空白（垂直边距）
hspace	像素		设置图像左侧和右侧的空白（水平边距）
align		left	将图像对齐到左边
		right	将图像对齐到右边
		top	将图像的顶端和文本的第一行文字对齐，其他文字居图像下方
		middle	将图像的水平中线和文本的第一行文字对齐，其他文字居图像下方
		bottom	将图像的底部和文本的第一行文字对齐，其他文字居图像下方

表 1-6 对 <img /> 标记的常用属性做了简要的描述，下面对它们进行详细讲解。

1. 图像的替换文本属性 alt

由于一些原因图像可能无法正常显示，比如图片加载错误，浏览器版本过低等。因此为页面上的图像加上替换文本是个很好的习惯，在图像无法显示时告诉用户该图片的信息，这就需要使用图像的 alt 属性。

下面通过一个案例来演示 alt 属性的用法，如例 1-12 所示。

例 1-12 example12.html

```
1   <!doctype html>
2   <html>
3   <head>
4   <meta charset="utf-8">
5   <title>图像标记 img 的 alt 属性</title>
6   </head>
7   <body>
8   <img src="logo.gif" alt="传智播客-专业的 Java 培训, .NET 培训,PHP 培训,网页培训,平面培训,iOS 培训机构"/>
9   </body>
10  </html>
```

例 1-12 中，在当前 HTML 网页文件所在的文件夹中放入文件名为 logo.gif 的图像，并且通过 src 属性插入图像，通过 alt 属性指定图像不能显示时的替代文本。

运行例 1-12，正常情况下，效果如图 1-16 所示。如果图像不能显示，在火狐浏览器中就会出现图 1-17 所示的效果。

　　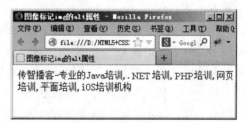

图 1-16　正常显示的图片　　　　　　　　图 1-17　图片不能显示效果

在过去网速比较慢的时候，alt 属性主要用于使看不到图像的用户了解图像内容。随着互联网的发展，现在显示不了图像的情况已经很少见了，alt 属性又有了新的作用。Google 和百度等搜索引擎在收录页面时，会通过 alt 属性的内容来分析网页的内容。因此，如果在制作网页时，能够为图像都设置清晰明确的替换文本，就可以帮助搜索引擎更好地理解网页内容，从而更有利于搜索引擎的优化。

注意：

各浏览器对 alt 属性的解析不同，由于 Firefox 对 alt 属性支持情况良好，所以这里使用的是 Firefox。如果使用其他的浏览器如 IE、谷歌等，显示效果可能存在一定的差异。

 多学一招：使用 title 属性设置提示文字

图像标记<img/>有一个和 alt 属性十分类似的属性 title，title 属性用于设置鼠标悬停时图像的提示文字。下面通过一个案例来演示 title 属性的使用，如例 1-13 所示。

例 1-13 example13.html

```
1    <!doctype html>
2    <html>
3    <head>
4    <meta charset="utf-8">
5    <title>图像标记 img 的 title 属性</title>
6    </head>
7    <body>
8    <img src="logo.gif" alt="传智播客-专业的 Java 培训, .NET 培训,PHP 培训,网页培训,平面培训,iOS 培训机构" title="传智播客 Logo"/>
9    </body>
10   </html>
```

运行例 1-13，效果如图 1-18 所示。

在图 1-18 所示的页面中，当鼠标移动到图像上时就会出现提示文本。

其实，title 属性除了用于图像标记<img/>外，还常常和超链接标记<a>及表单元素一起使用，以提供输入格式和链接目标的信息。关于超链接标记<a>及表单元素在后面的学习中将会详细讲解。

图 1-18　图像标记的 title 属性

2. 图像的宽度、高度属性 width、height

通常情况下，如果不给<img />标记设置宽和高，图片就会按照它的原始尺寸显示，当然也可以手动更改图片的大小。width 和 height 属性用来定义图片的宽度和高度，通常我们只设置其中的一个，另一个会按原图等比例显示。如果同时设置两个属性，且其比例和原图大小的比例不一致，显示的图像就会变形或失真。

3. 图像的边框属性 border

默认情况下图像是没有边框的，通过 border 属性可以为图像添加边框、设置边框的宽度，但边框颜色的调整仅仅通过 HTML 属性是不能够实现的。

了解了图像的宽度、高度以及边框属性，下面使用这些属性对图像进行一些修饰，如例 1-14 所示。

例 1-14 example14.html

```
1    <!doctype html>
2    <html>
3    <head>
4    <meta charset="utf-8">
5    <title>图像的宽高和边框属性</title>
6    </head>
7    <body>
8    <img src="logo.gif" alt="传智播客-专业的Java 培训, .NET 培训, PHP 培训, 网页培训, 平面
```

```
培训, iOS 培训机构" border="2" />
 9  <img src="logo.gif" alt="传智播客-专业的 Java 培训, .NET 培训, PHP 培
训, 网页培训, 平面培训, iOS 培训机构" width="120" />
 10 <img src="logo.gif" alt="传智播客-专业的 Java 培训, .NET 培训, PHP 培
训, 网页培训, 平面培训, iOS 培训机构" width="120" height="100" />
 11 </body>
 12 </html>
```

在例 1-14 中,使用了三个<img />标记,对第一个<img />标记设置 2 像素的边框,对第二个<img />标记仅设置宽度,对第三个<img />标记设置不等比例的宽度和高度。

运行例 1-14,效果如图 1-19 所示。

图 1-19 图像标记的宽高和边框属性

从图 1-19 可容易看出,第一个图像显示为原尺寸大小,并添加了边框效果,第二个 img 标记由于仅设置了宽度按原图像等比例显示,第三个 img 标记则由于设置了不等比例的宽度和高度导致图片变形了。

4. 图像的边距属性 vspace 和 hspace

在网页中,由于排版需要,有时候还需要调整图像的边距。HTML 中通过 vspace 和 hspace 属性可以分别调整图像的垂直边距和水平边距。

5. 图像的对齐属性 align

图文混排是网页中很常见的效果,默认情况下图像的底部会相对于文本的第一行文字对齐。但是在制作网页时经常需要实现其他的图像和文字环绕效果,如图像居左文字居右等,这就需要使用图像的对齐属性 align。

下面来实现网页中常见的图像居左文字居右的效果,如例 1-15 所示。

例 1-15   example15.html

```
 1  <!doctype html>
 2  <html>
 3  <head>
 4  <meta charset="utf-8">
 5  <title>图像的边距和对齐属性</title>
 6  </head>
 7  <body>
 8  <img src="logo.gif" alt="传智播客-专业的 Java 培训, .NET 培训, PHP 培
训, 网页培训, 平面培训, iOS 培训机构" border="1" hspace="50" vspace="20"
align="left" />
```

9   传智播客专业于 Java、.NET、PHP、C/C++、网页设计、平面设计、UI 设计、iOS
培训——最专业的培训机构，花一分钱掌握多种技能。改变中国 IT 教育我们正在行动！
10   </body>
11   </html>

在例 1-15 中，使用 hspace 和 vspace 属性为图像设置了水平边距和垂直边距。为了使水平边距和垂直边距的显示效果更加明显，同时给图像添加了 1 像素的边框，并且使用 align="left" 使图像左对齐。

运行例 1-15，效果如图 1-20 所示。

图 1-20　图像标记的边距和对齐属性

注意：

（1）HTML 不赞成图像标记<img />使用 border、vspace、hspace 及 align 属性，可用 CSS 样式替代。

（2）网页制作中，装饰性的图像都不要直接插入<img />标记，而是通过 CSS 设置背景图像来实现。

1.4.3　绝对路径和相对路径

我们都知道，在使用计算机查找需要的文件时，需要知道文件的位置；而表示文件位置的方式就是路径。网页中的路径通常分为绝对路径和相对路径两种。具体介绍如下。

1．绝对路径

绝对路径就是网页上的文件或目录在硬盘上的真正路径，如 "D:\HTML5+CSS3\images\logo.gif"，或完整的网络地址，如 "http://www.itcast.cn/images/logo.gif"。

网页中不推荐使用绝对路径，因为网页制作完成之后我们需要将所有的文件上传到服务器。这时图像文件可能在服务器的 C 盘，也有可能在 D 盘、E 盘，可能在 aa 文件夹中，也有可能在 bb 文件夹中。也就是说，很有可能不存在 "D:\HTML5+CSS3\images\logo.gif" 这样一个路径。

2．相对路径

相对路径就是相对于当前文件的路径，相对路径不带有盘符，通常是以 HTML 网页文件为起点，通过层级关系描述目标图像的位置。

总结起来，相对路径的设置分为以下 3 种。

（1）图像文件和 html 文件位于同一文件夹：只需输入图像文件的名称即可，如<img src="logo.gif" />。

（2）图像文件位于 html 文件的下一级文件夹：输入文件夹名和文件名，之间用 "/" 隔开，如<img src="images/logo.gif" />。

（3）图像文件位于 html 文件的上一级文件夹：在文件名之前加入"../"，如果是上两级，则需要使用"../../"，以此类推，如<img src="../logo.gif" />。

1.5 超链接标记

一个网站通常由多个页面构成。以传智播客官网为例，登录传智播客官网时，首先看到的是其首页，当单击导航栏中的"网页平面"时，会跳转到"网页平面设计学院"页面，这是因为导航栏中的"网页平面"添加了超链接功能。本节将对超链接标记进行详细地讲解。

1.5.1 创建超链接

超链接虽然在网页中占有不可替代的地位，但是在 HTML 中创建超链接非常简单，只需用<a></a>标记环绕需要被链接的对象即可，其基本语法格式为：

```
<a href="跳转目标" target="目标窗口的弹出方式">文本或图像</a>
```

在上面的语法中，<a>标记用于定义超链接，href 和 target 为其常用属性，具体解释如下。

（1）href：用于指定链接目标的 url 地址，当为<a>标记应用 href 属性时，它就具有了超链接的功能。

（2）target：用于指定链接页面的打开方式，其取值有_self 和_blank 两种，其中_self 为默认值，意为在原窗口中打开，_blank 为在新窗口中打开。

下面来创建一个带有超链接功能的简单页面，如例 1-16 所示。

例 1-16　example16.html

```
1   <!doctype html>
2   <html>
3   <head>
4   <meta charset="utf-8">
5   <title>创建超链接</title>
6   </head>
7   <body>
8     <a href="http://www.itcast.cn/" target="_self">传智播客</a> target="_self"原窗口打开<br />
9     <a href="http://www.baidu.com/" target="_blank">百度</a> target="_blank"新窗口打开
10  </body>
11  </html>
```

在例 1-16 中，创建了两个超链接，通过 href 属性将它们的链接目标分别指定为"传智播客官网"和"百度"。同时，通过 target 属性定义第一个链接页面在原窗口打开，第二个链接页面在新窗口打开。

图 1-21　带有超链接的页面

运行例1-16，效果如图1-21所示。

在图1-21中，被超链接标记<a></a>环绕的文本"传智播客"和"百度"颜色特殊且带有下划线效果，这是因为超链接标记本身有默认的显示样式。当鼠标移上链接文本时，光标变为" "的形状，同时，页面的左下方会显示链接页面的地址。当单击链接文本"传智播客"和"百度"时，分别会在原窗口和新窗口中打开链接页面，如图1-22和1-23所示。

图1-22 链接页面在原窗口打开

图1-23 链接页面在新窗口打开

注意：

（1）暂时没有确定链接目标时，通常将<a>标记的href属性值定义为"#"（即href="#"），表示该链接暂时为一个空链接。

（2）不仅可以在文本中创建超链接，还可以在各种网页元素中，如图像、音频、视频等添加超链接。

（3）链接图像在低版本的IE浏览器中会添加边框效果，去掉链接图像的边框只需将边框定义为0即可。

1.5.2 锚点链接

如果网页内容较多，页面过长，浏览网页时就需要不断地拖动滚动条，来查看所需要的内容，这样效率较低且不方便。为了提高信息的检索速度，HTML语言提供了一种特殊的链接——锚点链接，通过创建锚点链接，用户能够快速定位到目标内容。

下面，通过一个具体的案例来演示页面中创建锚点链接的方法，如例1-17所示。

例1-17 example17.html

```
1   <!doctype html>
2   <html>
3   <head>
4   <meta charset="utf-8">
5   <title>锚点链接</title>
6   </head>
7   <body>
8   课程介绍：
9   <ul>
10      <li><a href="#one">平面广告设计</a></li>
11      <li><a href="#two">网页设计与制作</a></li>
12      <li><a href="#three">Flash互动广告动画设计</a></li>
13      <li><a href="#four">用户界面（UI）设计</a></li>
```

```
14      <li><a href="#five">JavaScript 与 jQuery 网页特效</a></li>
15    </ul>
16    <h3 id="one">平面广告设计</h3>
17    <p>课程涵盖 Photoshop 图像处理、Illustrator 图形设计、平面广告创意设计、字体设计与标志设计。</p>
18    <br /><br /><br /><br /><br /><br /><br /><br /><br /><br /><br />
19    <h3 id="two">网页设计与制作</h3>
20    <p>课程涵盖 DIV+CSS 实现 Web 标准布局、Dreamweaver 快速网站建设、网页版式构图与设计技巧、网页配色理论与技巧。</p>
21    <br /><br /><br /><br /><br /><br /><br /><br /><br /><br /><br />
22    <h3 id="three">Flash 互动广告动画设计</h3>
23    <p>课程涵盖 Flash 动画基础、Flash 高级动画、Flash 互动广告设计、Flash 商业网站设计。</p>
24    <br /><br /><br /><br /><br /><br /><br /><br /><br /><br /><br />
25    <h3 id="four">用户界面（UI）设计</h3>
26    <p>课程涵盖实用美术基础、手绘基础造型、图标设计与实战演练、界面设计与实战演练。</p>
27    <br /><br /><br /><br /><br /><br /><br /><br /><br /><br /><br />
28    <h3 id="five">JavaScript 与 jQuery 网页特效</h3>
29    <p>课程涵盖 JavaScript 编程基础、JavaScript 网页特效制作、jQuery 编程基础、jQuery 网页特效制作。</p>
30    </body>
31    </html>
```

在例 1-17 中，首先使用"<a href="#id 名">链接文本</a>"创建链接文本，其中 href="#id 名"用于指定链接目标的 id 名称，如第 10~14 行代码所示。然后，使用相应的 id 名称标注跳转目标的位置。

运行例 1-17，效果如图 1-24 所示。

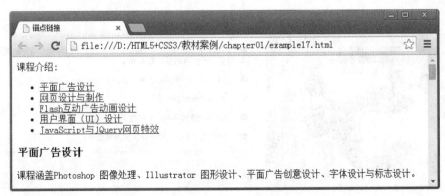

图 1-24　创建锚点链接

图 1-24 所示即为一个较长的网页页面。当鼠标单击"课程介绍"下的链接时，页面会自动定位到相应的内容介绍部分。如单击"Flash 互动广告动画设计"时，页面效果如图 1-25 所示。

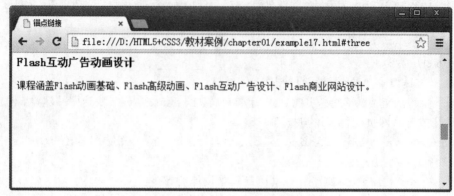

图 1-25 页面定位到相应的位置

总结例 1-17 可以得出，创建锚点链接分为两步：
（1）使用"<a href="#id 名">链接文本</a>"创建链接文本；
（2）使用相应的 id 名标注跳转目标的位置。

1.6 阶段案例——制作 HTML5 百科页面

本章前几节重点讲解了 HTML5 语法及标记、文本控制标记及图像标记等。为了使读者能够更好地认识 HTML5，本节将通过案例的形式分步骤制作一个 HTML5 百科页面，默认效果如图 1-26 所示。

当在图 1-26 所示的页面区域单击时，跳转至"HTML5 百科——page01.html"页面，效果如图 1-27 所示。

单击图 1-27 所示页面中的"返回"按钮时，返回至首页面；单击"下一页"按钮时，跳转至"HTML5 百科——page02.html"页面，效果如图 1-28 所示。

图 1-26 HTML5 百科页面默认效果

图 1-27 page01.html 页面

 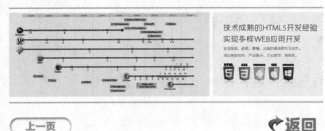

图 1-28　page02.html 页面

单击图 1-28 所示页面中的"返回"按钮时,返回至首页面;单击"上一页"按钮时,跳转至"HTML5 百科——page01.html"页面。

1.6.1 分析效果图

为了提高网页制作的效率,每拿到一个页面的效果图时,都应当对其结构和样式进行分析。下面,将分别针对首页面、page01 页面及 page02 页面进行分析。

1. 首页面效果分析

观察首页面效果图 1-26 可以看出,页面中只有一张图像,单击图像可以跳转到 "page01.html" 页面,可以使用<a>标记嵌套<img>标记布局,使用<img />标记插入图像,并通过<a>标记设置超链接。

2. page01 页面效果分析

观察效果图 1-27 可以看出,page01 页面中既有文字又有图片。文字由标题和段落文本组成,并且水平线将标题与段落隔开,它们的字体和字号不同。同时,标题居中对齐,段落文本中的某些文字加粗显示。所以,可以使用<h2>标记设置标题,<p>标记设置段落,<strong>标记加粗文本。另外,使用水平线标记<hr />将标题与内容隔开,并设置水平线的粗细及颜色。

此外,需要使用<img />标记插入图像,通过<a>标记设置超链接,并且对<img />标记应用 align 属性和 hspace 属性控制图像的对齐方式和水平距离。

3. page02 页面效果分析

观察图 1-28 可以看出,page02 页面中主要包括标题和图片两部分,可以使用<h2>标记设置标题,<img />标记插入图像。另外,图片需要应用 align 属性和 hspace 属性设置对齐方式和垂直距离,并通过<a>标记设置超链接。

1.6.2 制作页面

通过对页面效果的分析,我们已经熟悉了各个页面的结构。下面将通过 HTML5 标记及其属性来分别制作首页面、page01 页面及 page02 页面。

1. 制作首页面

根据对首页面效果的分析,使用相应的 HTML5 标记来制作首页面,如例 1-18 所示。

例 1-18　example18.html

```
1   <!doctype html>
2   <html>
3   <head>
```

```
4    <meta charset="utf-8">
5    <title>HTML5 百科</title>
6    </head>
7    <body>
8    <p align="center">
9        <a>
10         <img src="images/html5.jpg" alt="传智播客设计学院 UI 设计师"/>
11       </a>
12   </p>
13   </body>
14   </html>
```

在例 1-18 中，通过 src 属性插入图像，并使用 alt 属性指定图像不能显示时的替代文本。另外，为了使图片居中对齐，需要通过<p>标记进行嵌套，并使用 align 属性设置段落中的内容居中对齐。

运行例 1-18，效果如图 1-29 所示。

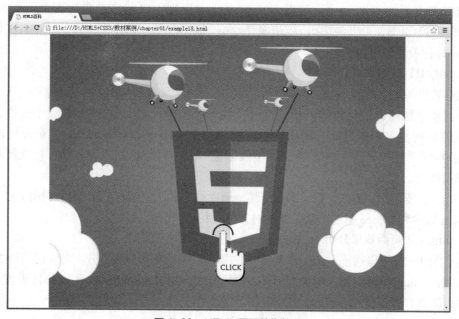

图 1-29　HTML 页面结构效果

2. 制作 page01 页面

根据对 page01 页面的效果分析，使用相应的 HTML5 标记来制作 page01 页面，具体如下。

```
1   <!doctype html>
2   <html>
3   <head>
4   <meta charset="utf-8">
5   <title>HTML5 百科</title>
6   </head>
```

```
7    <body>
8    <h2 align="center">HTML5 百科</h2>
9    <img src="images/a.jpg" alt="传智播客设计学院 UI 设计师" align="left" hspace="30"/>
10   <hr size="3" color="#CCCCCC" >
11    <p>●   <strong>HTML5</strong>是<strong>HTML</strong>即超文本标记语言或超文本链接标示语言的第五个版本，目前广泛使用的是<strong>HTML4.01</strong>。</p>
12    <p>●   <strong>HTML5</strong>草案的前身名为<strong>Web Applications 1.0</strong>。</p>
13   <p>●  <em>2004</em>年被<strong>WHATWG</strong>提出。</p>
14   <p>●  <em>2007</em>年被<strong>W3C</strong>接纳，并成立了新的<strong> HTML</strong>工作团队。</p>
15   <p>●  <em>2008 年 1 月 22 日</em>，第一份正式草案公布。</p>
16   <hr size="3" color="#CCCCCC" >
17   <a><img src="images/down.png" alt="下一页" vspace="20"></a>
18    <a><img src="images/return.png" alt="返回" vspace="20" align="right"></a>
19   </body>
20   </html>
```

在 page01.html 中，通过 align 属性设置<h2>标题居中对齐。其中，第 9 行代码，通过 src 属性插入图像，并使用 alt 属性指定图像不能显示时的替代文本。同时，使用图像的对齐属性 align 和水平边距属性 hspace 拉开图像和文字间的距离。

第 10、16 行代码，通过 size 和 color 属性设置水平线粗细为 3 像素，颜色为灰色。另外，在第 11~15 行代码中，使用<strong>标记加粗某些文字，使用<em>标记倾斜某些文字。同时，在●符号后使用多个空格符 实现留白效果。

第 17、18 行代码，使用图像的垂直边距属性 vspace 设置图像顶部和底部的空白。第 18 行代码，使用图像的对齐属性 align 设置图片居右对齐。

运行 page01.html，效果如图 1-30 所示。

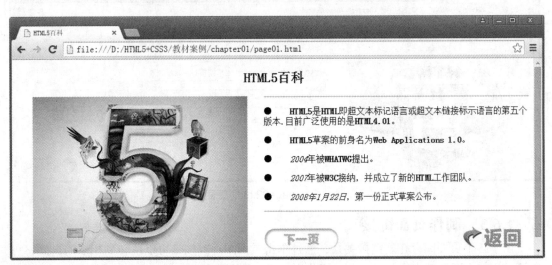

图 1-30　page01.html 页面

3. 制作 page02 页面

根据对 page02 页面的效果分析，使用 HTML5 标记来制作 page02 页面，具体如下。

```
1   <!doctype html>
2   <html>
3   <head>
4   <meta charset="utf-8">
5   <title>HTML5 百科</title>
6   </head>
7   <body>
8   <h2 align="center">HTML5 百科</h2>
9   <img src="images/b.jpg" alt="传智播客设计学院 UI 设计师" align="left" hspace="30"/>
10  <hr size="3" color="#CCCCCC" >
11  <img src="images/pic01.jpg">
12  <img src="images/pic02.jpg">
13  <hr size="3" color="#CCCCCC" >
14  <a><img src="images/up.png" alt="上一页" vspace="20"></a>
15   <a><img src="images/return.png" alt="返回" vspace="20" align="right"></a>
16  </body>
17  </html>
```

在 page02.html 中，通过 align 属性设置 <h2> 标题居中对齐。其中，第 10、13 行代码，通过 size 和 color 属性设置水平线粗细为 3 像素，颜色为灰色。另外，第 14、15 行代码，使用图像的垂直边距属性 vspace 设置图像顶部和底部的空白。第 15 行代码，通过图像的对齐属性 align 设置图片居右对齐。

运行 page02.html，效果如图 1-31 所示。

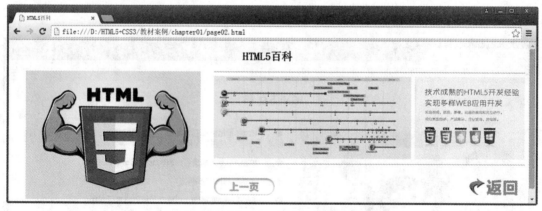

图 1-31　page02.html 页面

1.6.3　制作页面链接

由于各个页面间存在着链接关系，通过单击页面图片或按钮可以跳转到相应的页面，可以通过添加页面链接来实现。下面，将分别对三个页面添加超链接。

1. 制作首页面链接

将首页面结构代码中的第 9~11 行代码替换为：

```
<a href="page01.html" target="_self">
    <img src="images/html5.jpg" alt="传智播客设计学院 UI 设计师"/>
</a>
```

此时，刷新首页面，当单击页面中的图片时，页面将跳转到 page01.html 页面。

2. 制作 page01 页面链接

将 page01.html 页面中的第 17~18 行代码替换为：

```
<a href="page02.html"><img src="images/down.png" alt="下一页" vspace="20"></a>
<a href="example18.html"><img src="images/return.png" alt="返回" vspace="20" align="right"> </a>
```

此时，刷新 page01.html 页面，当单击 page01 页面中的"返回"按钮时，页面将返回到首页面；单击"下一页"按钮时，页面将跳转到 page02.html 页面。

3. 制作 page02 页面链接

同样，对 page02.html 页面添加超链接，将第 14~15 行代码替换为：

```
<a href="page01.html"><img src="images/up.png" alt="上一页" vspace="20"></a>
<a href="example18.html"><img src="images/return.png" alt="返回" vspace="20" align= "right"></a>
```

此时，刷新 page02.html 页面，当单击 page02 页面中的"上一页"按钮时，页面将跳转到 page01.html 页面；单击"返回"按钮时，页面将返回到首页面。

至此，我们就通过 HTML5 标记及其属性实现了 HTML5 百科页面。

本章小结

本章首先概述了 HTML5 的发展情况，然后介绍了 HTML5 文档的基本格式、语法、标记及属性。最后，讲解了文本、图像、超链接相关标记及属性，并且制作了一个 HTML5 百科页面。

通过本章的学习，读者应该能够了解 HTML5 文档的基本结构，熟练运用文本、图像及超链接标记，理解 HTML 属性控制文本和图像的方法。熟练掌握好这些知识，可以为后面章节的学习打下基础。

动手实践

学习完前面的内容，下面来动手实践一下吧。

请结合给出的素材，运用 HTML5 语法、文本控制标记、图像标记及超链接标记实现图 1-32 所示的图文混排效果。其中图片部分需要添加超链接，单击图片会跳转到"传智播客"官网，如图 1-33 所示。

传智播客设计学院简介

更新时间：2015年07月28日14时08分 来源：传智播客

传智播客设计学院专注于平面设计师、网页设计师、UI设计师的培养。我们拥有专业的师资团队，清晰合理的课程架构，4个月的学习循序渐进、充实饱满，结合大量的案例和实战项目，毕业后相当于两年工作经验。

传智播客设计学院教给你的远远不止如何作图，在这里你将学到真正的设计素养和理念，成为平面、网页、UI设计都精通的全能设计师。

迄今为止**传智播客设计学院**已经培养出了上万名设计师，遍布于各个大中型企业，同时，从传智播客走出去的学员也得到了各个企业的一致认可和好评。

图 1-32　图文混排效果

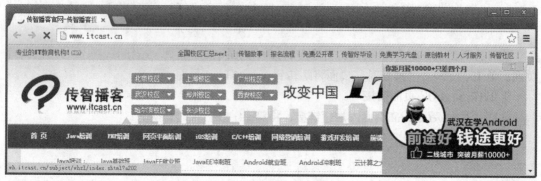

图 1-33　超链接跳转页面

扫描右方二维码，查看动手实践步骤！

第 2 章
HTML5 页面元素及属性

学习目标

- 掌握结构元素的使用，可以使页面分区更明确。
- 理解分组元素的使用，能够建立简单的标题组。
- 掌握页面交互元素的使用，能够实现简单的交互效果。
- 理解文本层次语义元素，能够在页面中突出所标记的文本内容。
- 掌握全局属性的应用，能够使页面元素实现相应的操作。

HTML5 中引入了很多新的标记元素和属性，这是 HTML5 的一大亮点，这些新增元素使文档结构更加清晰明确，属性则使标记的功能更加强大，掌握这些元素和属性是正确使用 HTML5 构建网页的基础。本章将 HTML5 中的新增元素分为结构元素、分组元素、页面交互元素和文本层次语义元素，除了介绍这些元素外，还会介绍 HTML5 中常用的几种标准属性。

2.1 列表元素

为了使网页更易读，经常将网页信息以列表的形式呈现，如淘宝商城首页的商品服务分类，排列有序、条理清晰，呈现为列表的形式。为了满足网页排版的需求，HTML 语言提供了 3 种常用的列表元素，分别为 ul 元素（无序列表）、ol 元素（有序列表）和 dl 元素（定义列表），本节将对这 3 种元素进行详细讲解。

2.1.1 ul 元素

无序列表是网页中最常用的列表，之所以称为"无序列表"，是因为其各个列表项之间没有顺序级别之分，通常是并列的。例如传智播客官网的导航栏结构清晰，各项之间（如"网页平面"与"Java 培训"）排序不分先后，这个导航栏就可以看做一个无序列表。定义无序列表的基本语法格式为：

```
<ul>
    <li>列表项 1</li>
    <li>列表项 2</li>
    <li>列表项 3</li>
```

```
    ......
</ul>
```

在上面的语法中，<ul></ul>标记用于定义无序列表，<li></li>标记嵌套在<ul></ul>标记中，用于描述具体的列表项，每对<ul></ul>中至少应包含一对<li></li>。

下面通过一个案例对无序列表的用法进行演示，如例 2-1 所示。

例 2-1   example01.html

```
1   <!doctype html>
2   <html>
3   <head>
4   <meta charset="utf-8">
5   <title>ul 元素的使用</title>
6   </head>
7   <body>
8       <ul>
9           <li>春</li>
10          <li>夏</li>
11          <li>秋</li>
12          <li>冬</li>
13      </ul>
14  </body>
15  </html>
```

运行例 2-1，效果如图 2-1 所示。

注意：

（1）在 HTML5 中不再支持该元素的 type 属性。

（2）<li>与</li>之间相当于一个容器，可以容纳所有的元素。但是<ul></ul>中只能嵌套<li></li>，直接在<ul></ul>标记中输入文字的做法是不被允许的。

图 2-1   ul 元素使用效果展示

2.1.2   ol 元素

有序列表即为有排列顺序的列表，其各个列表项按照一定的顺序排列，如网页中常见的歌曲排行榜、游戏排行榜等都可以通过有序列表来定义。定义有序列表的基本语法格式为：

```
<ol>
    <li>列表项 1</li>
    <li>列表项 2</li>
    <li>列表项 3</li>
    ......
</ol>
```

在上面的语法中，<ol></ol>标记用于定义有序列表，<li></li>为具体的列表项，和无序列表类似，每对<ol></ol>中也至少应包含一对<li></li>。

在 HTML5 中该元素还拥有 start 属性和 reversed 属性，其中 start 属性可以更改列表编号的起始值，reversed 属性表示是否对列表进行反向排序，默认值为 ture。

下面通过一个案例对有序列表的用法进行演示，如例 2-2 所示。

例 2-2 example02.html

```
1   <!doctype html>
2   <html>
3   <head>
4   <meta charset="utf-8">
5   <title>ol 元素的使用</title>
6   </head>
7   <body>
8       <ol>
9           <li>苹果</li>
10          <li>香蕉</li>
11          <li>橘子</li>
12          <li>柠檬</li>
13      </ol>
14  </body>
15  </html>
```

运行例 2-2，效果如图 2-2 所示。

如果需要更改列表编号的起始值，可修改第 8 行代码，例如：

`<ol start="2">`

保存后刷新页面，效果如图 2-3 所示。

图 2-2　有序列表效果展示 1

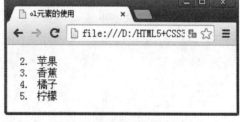
图 2-3　有序列表效果展示 2

从图 2-3 中可以看出，列表编号的起始值更改为了所设置的数字 2。

如果希望列表进行反向排序，可继续修改第 8 行代码，例如：

`<ol start="2" reversed>`

保存后刷新页面，效果如图 2-4 所示。

从图 2-4 中可以看出，列表编号从 2 开始进行反向排序。

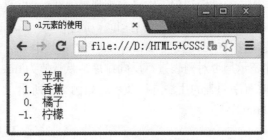

图 2-4　ol 元素使用效果展示 3

2.1.3　dl 元素

定义列表常用于对术语或名词进行解释和描述，与无序和有序列表不同，定义列表的列表项前没有任何项目符号。其基本语法为：

```
<dl>
<dt>名词 1</dt>
    <dd>名词 1 解释 1</dd>
    <dd>名词 1 解释 2</dd>
    ...
    <dt>名词 2</dt>
    <dd>名词 2 解释 1</dd>
    <dd>名词 2 解释 2</dd>
    ...
</dl>
```

在上面的语法中，<dl></dl>标记用于指定定义列表，<dt></dt>和<dd></dd>并列嵌套于<dl></dl>中，其中，<dt></dt>标记用于指定术语名词，<dd></dd>标记用于对名词进行解释和描述。一对<dt></dt>可以对应多对<dd></dd>，即可以对一个名词进行多项解释。

下面通过一个案例对定义列表的用法进行演示，如例 2-3 所示。

例 2-3　example03.html

```
1   <!doctype html>
2   <html>
3   <head>
4   <meta charset="utf-8">
5   <title>dl 元素的使用</title>
6   </head>
7   <body>
8   <dl>
9       <dt>计算机</dt>                    <!--定义术语名词-->
10      <dd>用于大型运算的机器</dd>          <!--解释和描述名词-->
11      <dd>可以上网冲浪</dd>
12      <dd>工作效率非常高</dd>
```

```
13    </dl>
14    </body>
15    </html>
```

在例2-3中，定义了一个定义列表，其中<dt></dt>标记内为术语名词"计算机"，其后紧跟着3对<dd></dd>标记，用于对<dt></dt>标记中的名词进行解释和描述。

运行例2-3，效果如图2-5所示。

从图2-5中可以看出，相对于<dt></dt>标记中的术语或名词，<dd></dd>标记中解释和描述性的内容会产生一定的缩进效果。

图2-5 定义列表效果展示

2.1.4 列表的嵌套应用

在网上购物商城中浏览商品时，经常会看到某一类商品被分为若干小类，这些小类通常还包含若干的子类。同样，在使用列表时，列表项中也有可能包含若干子列表项，要想在列表项中定义子列表项就需要将列表进行嵌套。

下面通过一个案例对列表的嵌套进行演示，如例2-4所示。

例2-4   example04.html

```
1    <!doctype html>
2    <html>
3    <head>
4    <meta charset="utf-8">
5    <title>ol元素的使用</title>
6    </head>
7    <body>
8    <h2>饮品</h2>
9    <ul>
10       <li>咖啡
11          <ol>                    <!--有序列表的嵌套-->
12             <li>拿铁</li>
13             <li>摩卡</li>
14          </ol>
15       </li>
16       <li>茶
17          <ul>                    <!--无序列表的嵌套-->
18             <li>碧螺春</li>
19             <li>龙井</li>
20          </ul>
21       </li>
22    </ul>
```

```
23    </body>
24    </html>
```

在例 2-4 中，首先定义了一个包含两个列表项的无序列表，然后在第一个列表项中嵌套一个有序列表，在第二个列表项中嵌套一个无序列表，方法为在 <li></li> 中定义有序或无序列表。

运行例 2-4，效果如图 2-6 所示。

在图 2-6 中，咖啡和茶两种饮品又进行了第二次分类，"咖啡"分类为"拿铁"和"摩卡"，"茶"分类为"龙井"和"碧螺春"。

图 2-6　列表嵌套效果展示

2.2 结构元素

HTML5 中所有的元素都是有结构性的，且这些元素的作用与块元素非常相似。本节将介绍常用的结构元素来帮助读者进一步了解 HTML5，包括 header 元素、nav 元素、article 元素等。

2.2.1 header 元素

HTML5 中的 header 元素是一种具有引导和导航作用的结构元素，该元素可以包含所有通常放在页面头部的内容。header 元素通常用来放置整个页面或页面内的一个内容区块的标题，也可以包含网站 Logo 图片、搜索表单或者其他相关内容。其基本语法格式为：

```
<header>
    <h1>网页主题</h1>
    ...
</header>
```

下面通过一个案例对 header 元素的用法进行演示，如例 2-5 所示。

例 2-5　example05.html

```
1     <!doctype html>
2     <html>
3     <head>
4     <meta charset="utf-8">
5     <title>header 元素的使用</title>
6     </head>
7     <body>
8     <header>
9         <h1>秋天的味道</h1>
10        <h3>你想不想知道秋天的味道？它是甜、是苦、是涩……</h3>
11    </header>
```

```
12    </body>
13  </html>
```

运行例 2-5，效果如图 2-7 所示。

图 2-7 header 元素效果展示

注意:

header 元素并非 head 元素。在 HTML 网页中，并不限制 header 元素的个数，一个网页中可以使用多个 header 元素，也可以为每一个内容块添加 header 元素。

2.2.2 nav 元素

nav 元素用于定义导航链接，是 HTML5 新增的元素，该元素可以将具有导航性质的链接归纳在一个区域中，使页面元素的语义更加明确。其中的导航元素可以链接到站点的其他页面，或者当前页的其他部分。例如下面这段示例代码：

```
<nav>
  <ul>
    <li><a href="#">首页</li>
    <li><a href="#">公司概况</li>
    <li><a href="#">产品展示</li>
    <li><a href="#">联系我们</li>
  </ul>
</nav>
```

在上面这段代码中，通过在 nav 元素内部嵌套无序列表 ul 来搭建导航结构。通常，一个 HTML 页面中可以包含多个 nav 元素，作为页面整体或不同部分的导航。具体来说，nav 元素可以用于以下几种场合。

- 传统导航条：目前主流网站上都有不同层级的导航条，其作用是跳转到网站的其他主页面。
- 侧边栏导航：目前主流博客网站及电商网站都有侧边栏导航，目的是将当前文章或当前商品页面跳转到其他文章或其他商品页面。
- 页内导航：它的作用是在本页面几个主要的组成部分之间进行跳转。
- 翻页操作：翻页操作切换的是网页的内容部分，可以通过单击"上一页"或"下一页"切换，也可以通过单击实际的页数跳转到某一页。

除了以上几点以外，nav 元素也可以用于其他重要的、基本的导航链接组中。

需要注意的是,并不是所有的链接组都要被放进 nav 元素,只需要将主要的和基本的链接放进 nav 元素即可。

2.2.3 article 元素

article 元素代表文档、页面或者应用程序中与上下文不相关的独立部分,该元素经常被用于定义一篇日志、一条新闻或用户评论等。article 元素通常使用多个 section 元素进行划分,一个页面中 article 元素可以出现多次。

下面通过一个案例对 article 元素的用法进行演示,如例 2-6 所示。

例 2-6 example06.html

```
1   <!doctype html>
2   <html>
3   <head>
4   <meta charset="utf-8">
5   <title>article 元素的使用</title>
6   </head>
7   <body>
8   <article>
9     <header>
10      <h2>第一章</h2>
11    </header>
12    <section>
13      <header>
14        <h2>第 1 节</h2>
15      </header>
16    </section>
17    <section>
18      <header>
19        <h2>第 2 节</h2>
20      </header>
21    </section>
22  </article>
23  <article>
24    <header>
25      <h2>第二章</h2>
26    </header>
27  </article>
28  </body>
29  </html>
```

上述代码包含了两个 article 元素,其中,第 1 个 article 元素又包含了一个 header 元素和两个 section 元素。

运行例 2-6，效果如图 2-8 所示。

图 2-8　article 元素使用效果展示

2.2.4　aside 元素

aside 元素用来定义当前页面或者文章的附属信息部分，它可以包含与当前页面或主要内容相关的引用、侧边栏、广告、导航条等其他类似的有别于主要内容的部分。

aside 元素的用法主要分为两种。

- 被包含在 article 元素内作为主要内容的附属信息。
- 在 article 元素之外使用，作为页面或站点全局的附属信息部分。最常用的使用形式是侧边栏，其中的内容可以是友情链接、广告单元等。

下面通过一个案例对 aside 元素的用法进行演示，如例 2-7 所示。

例 2-7　example07.html

```
1   <!doctype html>
2   <html>
3   <head>
4   <meta charset="utf-8">
5   <title>aside 元素的使用</title>
6   </head>
7   <body>
8   <article>
9     <header>
10      <h1>标题</h1>
11    </header>
12    <section>文章主要内容</section>
13    <aside>其他相关文章</aside>
14  </article>
15  <aside>右侧菜单</aside>
16  </body>
17  </html>
```

在例 2-7 中定义了两个 aside 元素，其中第 1 个 aside 元素位于 article 元素中，用于添加文章的其他相关信息。第 2 个 aside 元素用于存放页面的侧边栏内容。

运行例 2-7，效果如图 2-9 所示。

图 2-9　aside 元素使用效果展示

2.2.5　section 元素

section 元素用于对网站或应用程序中页面上的内容进行分块，一个 section 元素通常由内容和标题组成。在使用 section 元素时，需要注意以下 3 点。

- 不要将 section 元素用作设置样式的页面容器，那是 div 的特性。section 元素并非一个普通的容器元素，当一个容器需要被直接定义样式或通过脚本定义行为时，推荐使用 div。
- 如果 article 元素、aside 元素或 nav 元素更符合使用条件，那么不要使用 section 元素。
- 没有标题的内容区块不要使用 section 元素定义。

下面通过一个案例对 section 元素的用法进行演示，如例 2-8 所示。

例 2-8　example08.html

```
1   <!doctype html>
2   <html>
3   <head>
4   <meta charset="utf-8">
5   <title>section 元素的使用</title>
6   </head>
7   <body>
8   <article>
9      <header>
10        <h2>小张的个人介绍</h2>
11     </header>
12     <p>小张是一个好学生，是一个帅哥……</p>
13     <section>
14        <h2>评论</h2>
15        <article>
16           <h3>评论者：A</h3>
17           <p>小张真的很帅</p>
18        </article>
19        <article>
```

```
20            <h3>评论者：B</h3>
21            <p>小张是一个好学生</p>
22         </article>
23      </section>
24  </article>
25  </body>
26  </html>
```

在例2-8中，header元素用来定义文章的标题，section元素用来存放对小张的评论内容，article元素用来划分section元素所定义的内容，将其分为两部分。

运行例2-8，效果如图2-10所示。

图2-10　section元素效果展示

值得一提的是，在HTML5中，article元素可以看作是一种特殊的section元素，它比section元素更具有独立性，即section元素强调分段或分块，而article元素强调独立性。如果一块内容相对来说比较独立、完整时，应该使用article元素；但是如果想要将一块内容分成多段时，应该使用section元素。

2.2.6　footer元素

footer元素用于定义一个页面或者区域的底部，它可以包含所有通常放在页面底部的内容。在HTML5出现之前，一般使用<div id="footer"></div>标记来定义页面底部，而通过HTML5的footer元素可以轻松实现。

与header元素相同，一个页面中可以包含多个footer元素。同时，也可以在article元素或者section元素中添加footer元素。示例代码如下：

```
<article>
    文章内容
    <footer>
        文章分页列表
    </footer>
```

```
    </article>
    <footer>
        页面底部
    </footer>
```

在上述代码中，使用了两对 footer 元素，其中第 1 对 footer 元素用于为 article 元素添加了区域底部，第 2 对 footer 元素用于为页面定义底部。

2.3 分组元素

分组元素用于对页面中的内容进行分组。HTML5 中涉及 3 个与分组有关的元素，分别是 figure 元素、figcaption 元素和 hgroup 元素。本节将对它们进行详细讲解。

2.3.1 figure 元素和 figcaption 元素

在 HTML5 中，figure 元素用于定义独立的流内容（图像、图表、照片、代码等），一般指一个单独的单元。figure 元素的内容应该与主内容相关，但如果被删除，也不会对文档流产生影响。figcaption 元素用于为 figure 元素组添加标题，一个 figure 元素内最多允许使用一个 figcaption 元素，该元素应该放在 figure 元素的第一个或者最后一个子元素的位置。

下面通过一个案例对 figure 和 figcaption 元素的用法进行演示，如例 2-9 所示。

例 2-9 example09.html

```
1  <!doctype html>
2  <html>
3  <head>
4  <meta charset="utf-8">
5  <title>figure 和 figcaption 元素的使用</title>
6  </head>
7  <body>
8  <p>被称作"第四代体育馆"的"鸟巢"国家体育场是 2008 年北京奥运会的标志性建筑，它位于北京北四环边，包含在奥林匹克国家森林公园之中。占地面积 20.4 万平方米，总建筑面积 25.8 万平方米，拥有 9.1 万个固定座位，内设餐厅、运动员休息室、更衣室等。2008 年奥运会期间，承担开幕式、闭幕式、田径比赛、男子足球决赛等赛事活动。</p>
9  <figure>
10    <figcaption>北京鸟巢</figcaption>
11    <p>拍摄者：传智播客内容与资源组，拍摄时间：2015 年 12 月</p>
12    <img src="images/niaochao.jpg" alt="">
13  </figure>
14  </body>
15  </html>
```

在例 2-9 中，figcaption 元素用来定义文章的标题。

运行例 2-9，效果如图 2-11 所示。

图 2-11　figure 元素和 figcaption 元素效果展示

2.3.2　hgroup 元素

hgroup 元素用于将多个标题（主标题和副标题或者子标题）组成一个标题组，通常它与 h1~h6 元素组合使用。通常，将 hgroup 元素放在 header 元素中。

在使用 hgroup 元素时要注意以下几点。

- 如果只有一个标题元素不建议使用 hgroup 元素。
- 当出现一个或者一个以上的标题与元素时，推荐使用 hgroup 元素作为标题元素。
- 当一个标题包含副标题、section 或者 article 元素时，建议将 hgroup 元素和标题相关元素存放到 header 元素容器中。

下面通过一个案例对 hgroup 元素的用法进行演示，如例 2-10 所示。

例 2-10　example10.html

```
1   <!doctype html>
2   <html>
3   <head>
4   <meta charset="utf-8">
5   <title>hgroup 元素的使用</title>
6   </head>
7   <body>
8   <header>
9       <hgroup>
10          <h1>我的个人网站</h1>
```

```
11        <h2>我的个人作品</h2>
12      </hgroup>
13      <p>开心快乐每一天</p>
14    </header>
15  </body>
16  </html>
```

运行例 2-10，效果如图 2-12 所示。

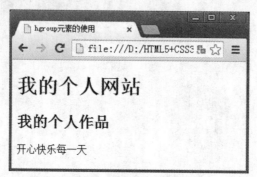

图 2-12 hgroup 元素使用效果展示

为了更好地说明各群组的功能，hgroup 元素常常与 figcaption 结合使用。下面通过一个案例进行演示，如例 2-11 所示。

例 2-11   example11.html

```
1   <!doctype html>
2   <html>
3   <head>
4   <meta charset="utf-8">
5   <title>hgroup 元素与 figcaption 元素的结合使用</title>
6   </head>
7   <body>
8   <hgroup>
9       <figcaption>《致橡树》</figcaption>
10      <p>《致橡树》是舒婷创作于 1977 年 3 月的爱情诗，是朦胧诗派的代表作之一，
作为新时期文学的发轫之作，《致橡树》在文学史上的地位是不言自明的。 作者通过木棉树
对橡树的"告白"，来否定世俗的、不平等的爱情观，呼唤自由，平等独立，风雨同舟的爱
情观，喊出了爱情中男女平等、心心相印的口号，发出新时代女性的独立宣言，表达对爱情
的憧憬与向往。</p>
11      <figcaption>《再别康桥》</figcaption>
12      <p>《再别康桥》是现代诗人徐志摩脍炙人口的诗篇，是新月派诗歌的代表作品。
全诗以离别康桥时感情起伏为线索，抒发了对康桥依依惜别的深情。语言轻盈柔和，形式精
巧圆熟，诗人用虚实相间的手法，描绘了一幅幅流动的画面，构成了一处处美妙的意境，细
致入微地将诗人对康桥的爱恋，对往昔生活的憧憬，对眼前的无可奈何的离愁，表现得真挚、
浓郁、隽永，是徐志摩诗作中的绝唱。</p>
```

```
13    <figcaption>《无怨的青春》</figcaption>
14    <p>《无怨的青春》是台湾著名女诗人席慕蓉的诗,澄明热烈,真挚动人,充满了田园式的牧歌情调和舒缓的音乐风格。她多写爱情、人生、乡愁,写得美极,淡雅剔透,抒情灵动,饱含着对生命的挚爱真情,充满着对人情、爱情、乡情的领悟。</p>
15    </hgroup>
16    </body>
17    </html>
```

运行例 2-11,效果如图 2-13 所示。

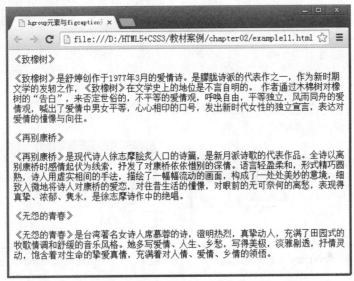

图 2-13 hgroup 元素与 figcaption 元素的结合使用效果展示

2.4 页面交互元素

HTML5 是一些独立特性的集合,它不仅增加了许多 Web 页面特性,而且本身也是一个应用程序。对于应用程序而言,表现最为突出的就是交互操作。HTML5 为操作新增加了对应的交互体验元素,在本节将详细介绍这些元素。

2.4.1 details 元素和 summary 元素

details 元素用于描述文档或文档某个部分的细节。summary 元素经常与 details 元素配合使用,作为 details 元素的第一个子元素,用于为 details 定义标题。标题是可见的,当用户单击标题时,会显示或隐藏 details 中的其他内容。

下面通过一个案例对 details 元素和 summary 元素的用法进行演示,如例 2-12 所示。

例 2-12 example12.html

```
1    <!doctype html>
2    <html>
3    <head>
4    <meta charset="utf-8">
```

```
5    <title>details 和 summary 元素的使用</title>
6    </head>
7    <body>
8    <details>
9        <summary>显示列表</summary>
10       <ul>
11           <li>列表 1</li>
12           <li>列表 2</li>
13       </ul>
14   </details>
15   </body>
16   </html>
```

运行例 2-12，效果如图 2-14 所示。

当单击"显示列表"选项时，效果如图 2-15 所示。

图 2-14 details 和 summary 元素使用效果展示 1

图 2-15 details 和 summary 元素使用效果展示 2

再次单击"显示列表"选项时，又重新回到图 2-14 所示效果。

2.4.2 progress 元素

progress 元素用于表示一个任务的完成进度。这个进度可以是不确定的，只是表示进度正在进行，但是不清楚还有多少工作量没有完成。也可以用 0 到某个最大数字（如 100）之间的数字来表示准确的进度完成情况（如进度百分比）。

progress 元素的常用属性值有两个。

- value：已经完成的工作量。
- max：总共有多少工作量。

需要注意的是 value 和 max 属性的值必须大于 0，且 value 的值要小于或等于 max 属性的值。下面通过一个案例对 progress 元素的用法进行演示，如例 2-13 所示。

例 2-13 example13.html

```
1    <!doctype html>
2    <html>
3    <head>
4    <meta charset="utf-8">
5    <title>progress 元素的使用</title>
```

```
6    </head>
7    <body>
8        <h1>我的工作进展</h1>
9        <p><progress value="50" max="100" ></progress></p>
10   </body>
11   </html>
```

运行例 2-14，效果如图 2-16 所示。

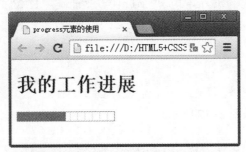

图 2-16 progress 元素效果展示

在上述代码中，value 值设为 50，max 值设为 100，因此进度条显示到 50%。

2.4.3 meter 元素

meter 元素用于表示指定范围内的数值。例如，显示硬盘容量或者对某个后选者的投票人数占投票总人数的比例等，都可以使用 meter 元素。

meter 元素有多个常用的属性，如表 2-1 所示。

表 2-1 meter 元素的常用属性

属性	说明
high	定义度量的值位于哪个点被界定为高的值
low	定义度量的值位于哪个点被界定为低的值
max	定义最大值，默认值是 1
min	定义最小值，默认值是 0
optimum	定义什么样的度量值是最佳的值。如果该值高于 high 属性，则意味着值越高越好。如果该值低于 low 属性的值，则意味着值越低越好
value	定义度量的值

下面通过一个案例对 meter 元素的用法进行演示，如例 2-14 所示。

例 2-14   example14.html

```
1    <!doctype html>
2    <html>
3    <head>
4    <meta charset="utf-8">
5    <title>meter 元素的使用</title>
6    </head>
```

```
 7    <body>
 8        <h1>学生成绩列表</h1>
 9        <p>
10            小红：<meter value="65" min="0" max="100" low="60" high="80" title="65 分" optimum="100">65</meter><br/>
11            小明：<meter value="80" min="0" max="100" low="60" high="80" title="80 分" optimum="100">80</meter><br/>
12            小李：<meter value="75" min="0" max="100" low="60" high="80" title="75 分" optimum="100">75</meter><br/>
13        </p>
14    </body>
15 </html>
```

运行例 2-14，效果如图 2-17 所示。

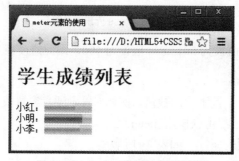

图 2-17　meter 元素使用效果展示

2.5　文本层次语义元素

为了使 HTML 页面中的文本内容更加形象生动，需要使用一些特殊的元素来突出文本之间的层次关系，这样的元素被称为层次语义元素。文本层次语义元素主要包括 time 元素、mark 元素和 cite 元素，本节将详细介绍这些元素。

2.5.1　time 元素

time 元素用于定义时间或日期，可以代表 24 小时中的某一时间。time 元素不会在浏览器中呈现任何特殊效果，但是该元素能以机器可读的方式对日期和时间进行编码，这样，用户能够将生日提醒或其他事件添加到日程表中，搜索引擎也能够生成更智能的搜索结果。

time 元素有两个属性。

- datetime：用于定义相应的时间或日期。取值为具体时间（如 14:00）或具体日期（如 2015—09—01），不定义该属性时，由元素的内容给定日期/时间。
- pubdate：用于定义 time 元素中的日期/时间是文档（或 article 元素）的发布日期。取值一般为"pubdate"。

下面通过一个案例对 time 元素的用法进行演示，如例 2-15 所示。

例 2-15　example15.html

```
1   <!doctype html>
2   <html>
3   <head>
4   <meta charset="utf-8">
5   <title>time 元素的使用</title>
6   </head>
7   <body>
8   <p>我们早上<time>9:00</time>开始上班</p>
9   <p>今年的<time datetime="2015-10-01">十一</time>我们准备去旅游</p>
10  <time datetime="2015-08-15" pubdate="pubdate">
11      本消息发布于 2015 年 8 月 15 日
12  </time>
13  </body>
14  </html>
```

运行例 2-15，效果如图 2-18 所示。

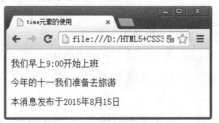

图 2-18　time 元素使用效果展示

2.5.2　mark 元素

mark 元素的主要功能是在文本中高亮显示某些字符，以引起用户注意。该元素的用法与 em 和 strong 有相似之处，但是使用 mark 元素在突出显示样式时更随意灵活。

下面通过一个案例对 mark 元素的用法进行演示，如例 2-16 所示。

例 2-16　example16.html

```
1   <!doctype html>
2   <html>
3   <head>
4   <meta charset="utf-8">
5   <title>mark 元素的使用</title>
6   </head>
7   <body>
8   <h3>小苹果</h3>
9   <p>我种下一颗<mark>种子</mark>，终于长出了<mark>果实</mark>，今天是个
伟大日子。摘下星星送给你，拽下月亮送给你，让太阳每天为你升起。变成蜡烛燃烧自己，
只为照亮你，把我一切都献给你，只要你欢喜。你让我每个明天都变得有意义，生命虽短爱
你永远，不离不弃。你是我的小呀<mark>小苹果儿</mark>怎么爱你都不嫌多。红红的小脸
```

儿温暖我的心窝,点亮我生命的火火火火火。你是我的小呀<mark>小苹果儿</mark>就像天边最美的云朵。春天又来到了花开满山坡 种下希望就会收获。</p>
10   </body>
11 </html>

在例 2-16 中,使用 mark 元素环绕需要突出显示样式的内容。

运行例 2-16,效果如图 2-19 所示。

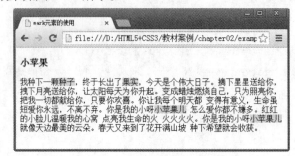

图 2-19 mark 元素使用效果展示

在图 2-19 中,高亮显示的文字就是通过 mark 元素标记的。

2.5.3 cite 元素

cite 元素可以创建一个引用标记,用于对文档参考文献的引用说明,一旦在文档中使用了该标记,被标记的文档内容将以斜体的样式展示在页面中,以区别于段落中的其他字符。

下面通过一个案例对 cite 元素的用法进行演示,如例 2-17 所示。

例 2-17 example17.html

```
1   <!doctype html>
2   <html>
3   <head>
4   <meta charset="utf-8">
5   <title>cite 元素的使用</title>
6   </head>
7   <body>
8   <p>也许愈是美丽就愈是脆弱,就像盛夏的泡沫。</p>
9   <cite>——明晓溪《泡沫之夏》</cite>
10  </body>
11  </html>
```

运行例 2-17,效果如图 2-20 所示。

图 2-20 cite 元素使用效果展示

从图 2-20 中可以看出,被元素 cite 标注的文字,以斜体的样式显示在了网页中。

2.6 全局属性

全局属性是指在任何元素中都可以使用的属性，在 HTML5 中常用的全局属性有 draggable、hidden、spellcheck 和 contenteditable，本节将对它们进行具体讲解。

2.6.1 draggable 属性

draggable 属性用来定义元素是否可以拖动，该属性有两个值：true 和 false，默认为 false，当值为 true 时表示元素选中之后可以进行拖动操作，否则不能拖动。

下面通过一个案例对 draggable 属性的用法进行演示，如例 2-18 所示。

例 2-18　example18.html

```
1   <!doctype html>
2   <html>
3   <head>
4   <meta charset="utf-8">
5   <title>draggable 属性的应用</title>
6   </head>
7   <body>
8   <h3>元素拖动属性</h3>
9   <article draggable="true">这些文字可以被拖动</article>
10  可拖动的图片<img src="images/td.jpg" draggable="true">
11  </body>
12  </html>
```

运行例 2-18，效果如图 2-21 所示。

图 2-21　draggable 属性使用效果展示

注意：

本案例在网页中所实现的效果并不能拖动，如果要想真正实现拖动功能，必须与 JavaScript 结合使用。

2.6.2 hidden 属性

在 HTML5 中，大多数元素都支持 hidden 属性，该属性有两个属性值：true 和 false。当 hidden 属性取值为 true 时，元素将会被隐藏，反之则会显示。元素中的内容是通过浏览器创建的，页面装载后允许使用 JavaScript 脚本将该属性取消，取消后该元素变为可见状态，同时元素中的内容也及时显示出来。

2.6.3 spellcheck 属性

spellcheck 属性主要针对于 Input 元素和 textarea 文本输入框，对用户输入的文本内容进行拼写和语法检查。spellcheck 属性有两个值：true（默认值）和 false，值为 true 时检测输入框中的值，反之不检测。

下面通过一个案例来做具体演示，如例 2-19 所示。

例 2-19　example19.html

```
1   <!doctype html>
2   <html>
3   <head>
4   <meta charset="utf-8">
5   <title>spellcheck 属性的应用</title>
6   </head>
7   <body>
8   <h3>输入框语法检测</h3>
9   <p>spellcheck 属性值为 true<br/>
10      <textarea spellcheck="true">html5</textarea>
11  </p>
12  <p>spellcheck 属性值为 false<br/>
13      <textarea spellcheck="false">html5</textarea>
14  </p>
15  </body>
16  </html>
```

运行例 2-19，当鼠标单击两个文本框后，效果如图 2-22 所示。

图 2-22　spellcheck 属性使用效果展示

从图 2-22 中可以看出，第一个文本框内文字的下面出现红色波浪线，说明检测生效。

2.6.4 contenteditable 属性

contenteditable 属性规定是否可编辑元素的内容，但是前提是该元素必须可以获得鼠标焦点并且其内容不是只读的。在 HTML5 之前的版本中如果直接在页面上编辑文本需要编写比较复杂的 JavaScript 代码，但是在 HTML5 中只要指定该属性的值即可。该属性有两个值，如果为 true 表示可编辑，为 false 表示不可编辑。

下面通过一个案例来做具体演示，如例 2-20 所示。

例 2-20 example20.html

```
1   <!doctype html>
2   <html>
3   <head>
4   <meta charset="utf-8">
5   <title>contenteditable 属性的应用</title>
6   </head>
7   <body>
8   <h3>可编辑列表</h3>
9   <ul contenteditable="true">
10      <li>列表 1</li>
11      <li>列表 2</li>
12      <li>列表 3</li>
13  </ul>
14  </body>
15  </html>
```

运行例 2-20，效果如图 2-23 所示。

直接在浏览器中修改图 2-23 中的列表项内容，效果如图 2-24 所示。

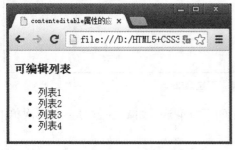
图 2-23 contenteditable 属性使用效果展示 1

图 2-24 contenteditable 属性使用效果展示 2

2.7 阶段案例——制作电影影评网

本章前面讲解了 HTML5 新增的结构元素、分组元素、页面交互元素、文本层次语义元素及常用的标准属性等内容。本节将结合前面所学知识点制作一个"电影影评网"，默认效果如图 2-25 所示。

图 2-25 "电影影评网"默认效果

当单击"动作电影"时，会显示动作电影的下拉菜单，如图 2-26 所示；再次单击，将下拉菜单收缩。

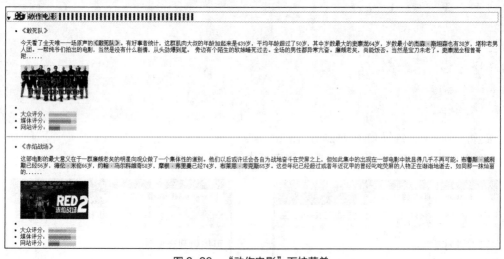

图 2-26 "动作电影"下拉菜单

同样，单击"科幻电影"时，会显示科幻电影的下拉菜单，如图 2-27 所示；再次单击，将下拉菜单收缩。

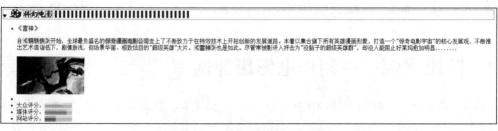

图 2-27 "科幻电影"下拉菜单

2.7.1 分析效果图

本网页可以分为 3 部分：头部、导航和内容，如图 2-28 所示。

图 2-28 结构分析

其中，头部信息通过<header>元素定义，内部由<img/>标记插入图片。导航链接由<nav>元素定义，内部嵌套无序列表<ul>。文章内容由<article>元素定义，内部由<details>元素进行划分，其中动作电影、科幻电影部分均为插入的图片，由<details>元素内部的<summary>元素定义，以实现单击这两个图片时，分别显示<details>元素内部的其他内容。页面中的评分进度条效果由<meter>元素来实现。

2.7.2 制作页面

根据上面的分析，使用相应的 HTML 元素来搭建网页结构，如例 2-21 所示。

例 2-21　example21.html

```
1   <!doctype html>
2   <html>
3   <head>
4   <meta charset="utf-8">
5   <title>电影影评网</title>
6   </head>
7   <body>
8   <!--header begin-->
9   <header></header>
10  <!--header end-->
11  <!--nav begin-->
12  <nav></nav>
13  <!--nav end-->
```

```
14  <!--article begin-->
15  <article></article>
16  <!--article end-->
17  </body>
18  </html>
```

在例 2-21 中，第 9、12、15 行代码分别定义了页面的头部信息、导航链接及文章内容部分。接下来分步来实现页面的制作。

1. 制作头部信息

在网页结构代码 example21.html 中添加 header 模块的结构代码，具体如下。

```
<!--header begin-->
<header>
    <h2 align="center">电影影评网</h2>
    <p align="center">
       <img src="images/44.jpg">
    </p>
</header>
<!--header end-->
```

运行例 2-21，效果如图 2-29 所示。

图 2-29　头部效果展示

2. 制作导航链接

在网页结构代码 example21.html 中添加 nav 模块的结构代码，具体如下。

```
<!--nav begin-->
<nav>
    <p align="center">
       <img src="images/nav1.jpg">
       <img src="images/nav2.jpg">
       <img src="images/nav3.jpg">
```

```
        <img src="images/nav4.jpg">
        <img src="images/nav5.jpg">
    </p>
</nav>
<!--nav end-->
```

保存 example21.html 文件，刷新页面，效果如图 2-30 所示。

图 2-30　导航链接效果展示

3.制作文章内容区域

在网页结构代码 example21.html 中添加 article 模块的结构代码，具体如下。

```
1   <!--article begin-->
2   <article>
3     <details>
4       <summary ><img src="images/111.png"></summary>
5       <ul contenteditable="true" >
6         <li>
7         <figure>
8           <figcaption>《敢死队》</figcaption>
9           <p>今天看了全天唯一一场原声的<mark>《敢死队》</mark>。有好事者统计，这群肌肉大叔的年龄加起来是 439 岁，平均年龄超过了 50 岁，其中岁数最大的<mark>史泰龙</mark>64 岁，岁数最小的<mark>杰森·斯坦森</mark>也有 38 岁，堪称老男人团。一帮纯爷们拍出的电影，当然是没有什么剧情，从头劲爆到尾。旁边有个陌生的软妹睡死过去。全场的男性都异常亢奋。廉颇老矣，尚能饭否。当然是宝刀未老了。<mark>史泰龙</mark>全程曾哥附……</p>
10          <img src="images/444.jpg">
11        </figure>
12       </li>
13       <li></li>
14       <li>
15              大众评分：<meter value="65" min="0" max="100" low="60" high="80" title="65 分" optimum="100">65</meter>
16       </li>
17       <li>
18              媒体评分：<meter value="80" min="0" max="100" low="60" high="80" title="80 分" optimum="100">80</meter>
```

```
19                </li>
20            <li>
21                        网站评分：<meter value="40" min="0" max="100" low="60" high="80" title="40 分" optimum="100">40</meter>
22                </li>
23        </ul>
24        <hr size="3" color="#ccc">
25        <ul contenteditable="true" >
26            <li>
27              <figure>
28                <figcaption>《赤焰战场》</figcaption>
29                    <p>这部电影的最大意义在于一群廉颇老矣的明星向观众做了一个集体性的道别。他们以后或许还会各自为战地奋斗在荧屏之上，但如此集中的出现在一部电影中就显得几乎不再可能。<mark>布鲁斯·威利斯</mark>已经 56 岁，<mark>海伦·米伦</mark>66 岁，<mark>约翰·马尔科维奇</mark>58 岁，<mark>摩根·弗里曼</mark>已经 74 岁，<mark>布莱恩·考克斯</mark>65 岁。这些年纪已经超过或者年近花甲的曾经叱咤荧屏的人物正在渐渐地逝去，如同那一抹灿丽的……</p>
30                    <img src="images/555.jpg">
31              </figure>
32            </li>
33            <li></li>
34            <li>
35                        大众评分：<meter value="65" min="0" max="100" low="60" high="80" title="65 分" optimum="100">65</meter>
36            </li>
37            <li>
38                        媒体评分：<meter value="80" min="0" max="100" low="60" high="80" title="80 分" optimum="100">80</meter>
39            </li>
40            <li>
41                        网站评分:<meter value="40" min="0" max="100" low="60" high="80" title="40 分" optimum="100">40</meter>
42            </li>
43        </ul>
44      </details>
45      <details>
46        <summary><img src="images/222.png"></summary>
47        <ul contenteditable="true" >
48          <li>
49            <figure>
50              <figcaption>《雷神》</figcaption>
51                <p>自<mark>《钢铁侠》</mark>开始，全球最负盛名的<mark>
```

惊奇漫画电影公司</mark>走上了不断致力于在特效技术上开拓创新的发展道路。本着以集合旗下所有英雄漫画形象，打造一个"惊奇电影宇宙"的核心发展观，不断推出艺术造诣低下，剧情肤浅，但场景华丽、极致炫目的"超级英雄"大片。<mark>《雷神》</mark>也是如此。尽管常被影评人抨击为"没脑子的超级英雄群"，却没人能阻止好莱坞愈加明显……</p>

```
52                <img src="images/666.jpg">
53                <figure>
54            </li>
55            <li></li>
56            <li>
57                大众评分：<meter value="65" min="0" max="100" low="60" high="80" title="65 分" optimum="100">65</meter>
58            </li>
59            <li>
60                媒体评分：<meter value="80" min="0" max="100" low="60" high="80" title="80 分" optimum="100">80</meter>
61            </li>
62            <li>
63                网站评分：<meter value="40" min="0" max="100" low="60" high="80" title="40 分" optimum="100">40</meter>
64            </li>
65            </ul>
66            <hr size="3" color="#ccc">
67        </details>
68    </article>
69    <!--article end-->
```

在上面的代码中，共添加了两类电影，分别由<details>元素定义，标题部分由<summary>元素定义。当单击标题时，可实现下拉菜单内容的显示与隐藏效果。

保存 example21.html 文件，刷新页面，效果如图 2-31 所示。

图 2-31　文章内容区域效果

当单击"动作电影"标题时，显示"动作电影"下拉菜单，如图 2-32 所示。

当单击"科幻电影"标题时，显示"科幻电影"下拉菜单，如图 2-33 所示。

截止到这里，本章的阶段案例制作完成。通过对本案例的学习，相信读者已经对 HTML5 的页面元素及属性有了进一步的理解和把握，并能够运用所学知识实现一些简单的页面效果。

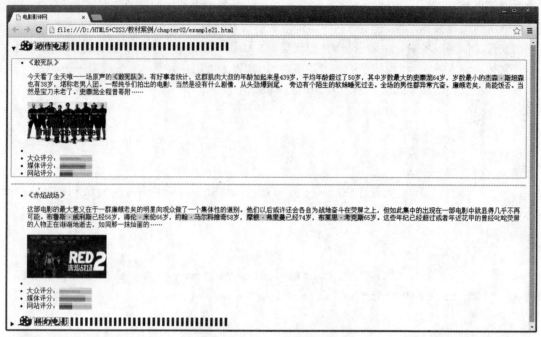

图 2-32 文章内容区域效果

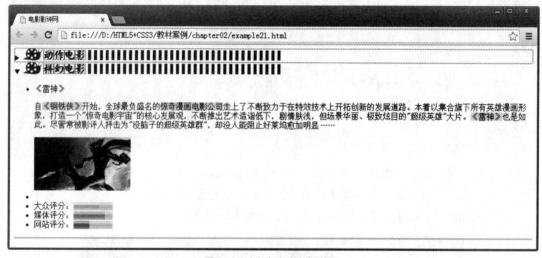

图 2-33 文章内容区域效果

本章小结

本章从页面结构元素开始介绍，然后针对分组元素、页面交互元素、文本层次语义元素等 HTML5 中的重要元素分别进行了讲解，而且针对每个元素设置实例。除了介绍 HTML5 中的相关元素外，本章还对 HTML5 中的全局属性做了详细介绍。最后通过阶段案例剖析 HTML5 元素的实际应用。

HTML5 中的相关元素还有很多，在后面的章节中将会做进一步介绍。希望通过本章的学习，读者能够加深对各元素的理解，为后面章节的学习打下扎实的基础。

动手实践

学习完前面的内容,下面来动手实践一下吧。

请结合给出的素材,运用 HTML5 页面元素及属性实现图 2-34 所示的"心灵小屋美文"效果。

- 文章精选
- 内容收藏
- 心情列表

文章精选

《致橡树》

我如果爱你——绝不像攀援的凌霄花,借你的高枝炫耀自己;我如果爱你——绝不学痴情的鸟儿为绿荫重复单调的歌曲;也不止像泉源长年送来清凉的慰藉;也不止像险峰增加你的高度,衬托你的威仪。甚至日光。甚至春雨。不,这些都还不够!我必须是你近旁的一株木棉,作为树的形象和你站在一起。根,紧握在地下;叶,相触在云里。每一阵风吹过我们都互相致意,但没有人听懂我们的言语。你有你的铜枝铁干,像刀、像剑也像戟;我有我红硕的花朵像沉重的叹息,又像英勇的火炬。我们分担寒潮、风雷、霹雳;我们共享雾霭、流岚、虹霓。仿佛永远分离,却又终身相依。这才是伟大的爱情,坚贞就在这里;不仅爱你伟岸的身躯,也爱你坚持的位置,脚下的土地。

▶ 显示更多

心灵成长值

今日: ▇▇▇▇░░ 80%

图 2-34 "心灵小屋美文"效果展示

扫描右方二维码,查看动手实践步骤!

第 3 章 CSS3 入门

学习目标

- 了解 CSS3 的发展历史及主流浏览器的支持情况。
- 掌握 CSS 基础选择器，能够运用 CSS 选择器选择页面元素。
- 熟悉 CSS 文本样式属性，能够运用相应的属性定义文本样式。
- 理解 CSS 优先级，能够区分复合选择器权重的大小。

随着网页制作技术的不断发展，陈旧的 CSS 特性和标准已经无法满足现今的交互设计需求，开发者往往需要更多的字体选择、更方便的样式效果、更绚丽的图形动画。CSS3 的出现，在不需要改变原有设计结构的情况下，增加了许多新特性，极大地满足了开发者的需求。本章将对 CSS3 的发展史、浏览器的支持情况及相关文本样式属性进行详细讲解。

3.1 CSS3 简介

在网页设计中，运用 CSS3 技术能够让原有的网站变得趣味盎然，很多站点都为自己的页面添加了各种炫酷的 CSS3 效果。但是 CSS3 技术是怎样发展起来的？哪些浏览器能够很好地兼容 CSS3？本节将对 CSS 的发展史及浏览器兼容情况进行介绍。

3.1.1 CSS 概述

使用 HTML 标记属性对网页进行修饰的方式存在很大的局限和不足，如网站维护困难、不利于代码阅读等。如果希望网页美观、大方，并且升级轻松维护方便，就需要使用 CSS 实现结构与表现的分离。

CSS 以 HTML 为基础，提供了丰富的功能，如字体、颜色、背景的控制及整体排版等，而且还可以针对不同的浏览器设置不同的样式。如图 3-1 所示，图中文字的颜色、粗体、背景、行间距和左右两列的排版等，都是通过 CSS 控制的。

同时 CSS 非常灵活，既可以嵌入在 HTML 文档中，也可以是一个单独的外部文件，如果是独立的文件，则必须以.css 为后缀名。图 3-2 所示的代码片段，CSS 采用的是内嵌方式，虽然与 HTML 在同一个文件中，但 CSS 集中写在 HTML 文档的头部，也是符合结构与表现相分离的。

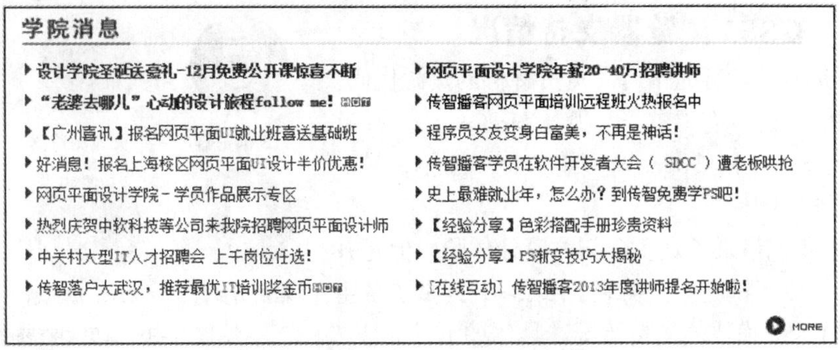

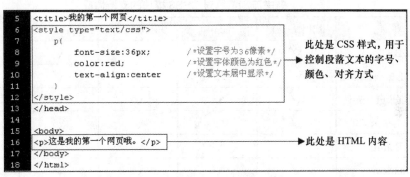

图 3-1　使用 CSS 设置的部分网页展示

```
<title>我的第一个网页</title>
<style type="text/css">
    p{
        font-size:36px;        /*设置字号为36像素*/
        color:red;             /*设置字体颜色为红色*/
        text-align:center      /*设置文本居中显示*/
    }
</style>
</head>

<body>
<p>这是我的第一个网页哦。</p>
</body>
</html>
```

此处是 CSS 样式，用于控制段落文本的字号、颜色、对齐方式

此处是 HTML 内容

图 3-2　HTML 和 CSS 代码片段

如今大多数网页都是遵循 Web 标准开发的，即用 HTML 编写网页结构和内容，而相关版面布局、文本或图片的显示样式都使用 CSS 控制。HTML 与 CSS 的关系就像人的骨骼与衣服，通过更改 CSS 样式，可以轻松控制网页的表现样式。

3.1.2　CSS3 发展历史

20 世纪 90 年代初，HTML 语言诞生，各种形式的样式表也随之出现。但随着 HTML 功能的增加，外来定义样式的语言变得越来越没有意义了。1994 年哈坤・利提出了 CSS 的最初建议，伯特・波斯（Bert Bos）当时正在设计一个叫作 Argo 的浏览器，它们决定一起合作设计 CSS。CSS 发展至今出现了 4 个版本，对它们的具体介绍如下。

● CSS1

1996 年 12 月 W3C 发布了第一个有关样式的标准 CSS1。这个版本中，已经包含了 font 的相关属性、颜色与背景的相关属性、文字的相关属性、box 的相关属性等。

● CSS2

1998 年 5 月，CSS2 正式推出，这个版本开始使用样式表结构，该版本也是目前正在使用的版本。

● CSS2.1

2004 年 2 月，CSS2.1 正式推出。它在 CSS2 的基础上略微做了改动，删除了许多不被浏览器支持的属性。

● CSS3

早在 2001 年，W3C 就着手开始准备开发 CSS 第三版规范。虽然完整的、规范权威的 CSS3 标准还没有尘埃落定，但是各主流浏览器已经开始支持其中的绝大部分特性。

3.1.3 CSS3 浏览器支持情况

浏览器是网页运行的平台，负责解析网页源代码。目前常用的浏览器有 IE、火狐（Firefox）、谷歌（Chrome）、Safari 和 Opera 等，如图 3-3 所示，是一些常见浏览器的图标。

CSS3 给我们带来了众多全新的设计体验，但是并不是所有的浏览器都完全支持它。表 3-1 列举了各主流浏览器对 CSS3 模块的支持情况，具体如下。

IE 浏览器　　　　火狐浏览器　　　　谷歌浏览器

猎豹浏览器　　　Safari 浏览器　　　Opera 浏览器

图 3-3　常见浏览器图标

表 3-1　各主流浏览器对 CSS3 模块的支持情况

CSS3 模块	Chrome4	Safari4	Firefox3.6	Opera10.5	IE10
RGBA	√	√	√	√	√
HSLA	√	√	√	√	√
Multiple Background	√	√	√	√	√
Border Image	√	√	√	√	×
Border Radius	√	√	√	√	√
Box Shadow	√	√	√	√	√
Opacity	√	√	√	√	√
CSS Animations	√	√	×	×	√
CSS Columns	√	√	√	×	√
CSS Gradients	√	√	√	×	√
CSS Reflections	√	√	×	×	×
CSS Transforms	√	√	√	√	√
CSS Transforms 3D	√	√	×	×	√
CSS Transitions	√	√	√	√	√
CSS FontFace	√	√	√	√	√

由于各浏览器厂商对 CSS3 各属性的支持程度不一样，因此在标准尚未明确的情况下，会用厂商的前缀加以区分，通常把这些加上私有前缀的属性称之为"私有属性"。各主流浏览器都定义了自己的私有属性，以便让用户更好的体验 CSS 的新特性，表 3-2 中列举了各主流浏览器的私有前缀，具体如下。

表 3-2　主流浏览器私有属性

内核类型	相关浏览器	私有前缀
Trident	IE8/ IE9/ IE10	-ms
Webkit	谷歌（Chrome）/Safari	-webkit
Gecko	火狐（Firefox）	-moz
Blink	Opera	-o

注意：

（1）运用 CSS3 私有属性时，要遵从一定的书写顺序，即先写私有的 CSS3 属性，再写标准的 CSS3 属性。

（2）当一个 CSS3 属性成为标准属性，并且被主流浏览器的最新版普遍兼容的时候，就可以省略私有的 CSS3 属性。

3.2 CSS 核心基础

3.2.1 CSS 样式规则

使用 HTML 时，需要遵从一定的规范，CSS 亦如此。要想熟练地使用 CSS 对网页进行修饰，首先需要了解 CSS 样式规则，具体格式如下。

选择器{属性1:属性值1; 属性2:属性值2; 属性3:属性值3;}

在上面的样式规则中，选择器用于指定 CSS 样式作用的 HTML 对象，大括号内是对该对象设置的具体样式。其中属性和属性值以"键值对"的形式出现，属性是对指定的对象设置的样式属性，如字体大小、文本颜色等。属性和属性值之间用英文":"连接，多个"键值对"之间用英文";"进行区分。

为了使读者更好地理解 CSS 样式规则，接下来通过 CSS 对标题标记<h2>进行控制，具体如下。

```
h2{font-size:20px; color:red; }
```

上面的代码就是一个完整的 CSS 样式。其中 h2 为选择器，表示 CSS 样式作用的 HTML 对象为<h2>标记，font-size 和 color 为 CSS 属性，分别表示字体大小和颜色，20px 和 red 是它们的值。这条 CSS 样式所呈现的效果是页面中的二级标题字体大小为 20 像素、颜色为红色。

在书写 CSS 样式时，除了要遵循 CSS 样式规则，还必须注意 CSS 代码结构中的几个特点，具体如下。

- CSS 样式中的选择器严格区分大小写，属性和值不区分大小写，按照书写习惯一般将"选择器、属性和值"都采用小写的方式。
- 多个属性之间必须用英文状态下的分号隔开，最后一个属性后的分号可以省略，但是为了便于增加新样式最好保留。
- 如果属性的值由多个单词组成且中间包含空格，则必须为这个属性值加上英文状态下的引号。例如：

```
p {font-family:"Times New Roman";}
```

- 在编写 CSS 代码时，为了提高代码的可读性，通常会加上 CSS 注释。例如：

```
/* 这是CSS注释文本,此文本不会显示在浏览器窗口中   */
```

- 在 CSS 代码中空格是不被解析的，花括号及分号前后的空格可有可无。因此可以使用空格键、Tab 键、回车键等对样式代码进行排版，即所谓的格式化 CSS 代码，这样可以提高代码的可读性。例如：

```
h1{font-size:20px; color:red; }
```

和

```
h1{
    font-size:20px;          /* 定义字体大小属性  */
    color:red;               /* 定义颜色属性  */
}
```

上述两段代码所呈现的效果是一样的，但是第二种书写方式的可读性更高。需要注意的是，属性的值和单位之间是不允许出现空格的，否则浏览器解析时会出错。例如下面这行代码就是不正确的。

```
h1{font-size:20 px; }           /* 20 和单位 px 之间有空格 */
```

3.2.2 引入 CSS 样式表

要想使用 CSS 修饰网页，就需要在 HTML 文档中引入 CSS 样式表。引入 CSS 样式表的常用方式有 3 种，具体如下。

1. 行内式

行内式也称为内联样式，是通过标记的 style 属性来设置元素的样式，其基本语法格式如下。

```
<标记名 style="属性1:属性值1; 属性2:属性值2; 属性3:属性值3;"> 内容 </标记名>
```

该语法中 style 是标记的属性，实际上任何 HTML 标记都拥有 style 属性，用来设置行内式。其中属性和值的书写规范与 CSS 样式规则相同，行内式只对其所在的标记及嵌套在其中的子标记起作用。

下面通过一个案例来学习如何在 HTML 文档中使用行内式 CSS 样式，如例 3-1 所示。

例 3-1   example01.html

```
1    <!doctype html>
2    <html>
3    <head>
4    <meta charset="utf-8">
5    <title>行内式引入 CSS 样式表</title>
6    </head>
7    <body>
8    <h2 style="font-size:20px; color:red;">使用 CSS 行内式修饰二级标题的字体大小和颜色</h2>
9    </body>
10   </html>
```

在例 3-1 中，使用<h2>标记的 style 属性设置行内式 CSS 样式，用来修饰二级标题的字体大小和颜色。运行例 3-1，效果如图 3-4 所示。

通过例 3-1 可以看出，行内式也是通过标记的属性来控制样式的，这样并没有做到结构与表现的分离，所以一般很少使用。只有在样式规则较少且只在该元素上使用一次，或者需要临时修改某个样式规则时使用。

图 3-4 行内式效果展示

2. 内嵌式

内嵌式是将 CSS 代码集中写在 HTML 文档的<head>头部标记中，并且用<style>标记定义，其基本语法格式如下。

```
<head>
<style type="text/css">
    选择器 {属性1:属性值1; 属性2:属性值2; 属性3:属性值3;}
</style>
</head>
```

该语法中，<style>标记一般位于<head>标记中<title>标记之后，也可以把它放在 HTML 文档的任何地方。但是由于浏览器是从上到下解析代码的，把 CSS 代码放在头部便于提前被下载和解析，以避免网页内容下载后没有样式修饰带来的尴尬。同时必须设置 type 的属性值为 "text/css"，这样浏览器才知道<style>标记包含的是 CSS 代码。

下面通过一个案例来学习如何在 HTML 文档中使用内嵌式 CSS 样式，如例 3-2 所示。

例 3-2 example02.html

```
1   <!doctype html>
2   <html>
3   <head>
4   <meta charset="utf-8">
5   <title>内嵌式引入 CSS 样式表</title>
6   <style type="text/css">
7   h2{text-align:center;}              /*定义标题标记居中对齐*/
8   p{                                  /*定义段落标记的样式*/
9       font-size:16px;
10      color:red;
11      text-decoration:underline;
12  }
13  </style>
14  </head>
15  <body>
16  <h2>内嵌式 CSS 样式</h2>
17  <p>使用 style 标记可定义内嵌式 CSS 样式表，style 标记一般位于 head 头部标记中，title 标记之后。</p>
18  </body>
19  </html>
```

例 3-2 中，在 HTML 文档的头部使用 style 标记定义内嵌式 CSS 样式，分别修饰标题标记<h2>的对齐方式和段落标记<p>的文本样式。

运行例 3-2，效果如图 3-5 所示。

图 3-5　内嵌式效果展示

内嵌式 CSS 样式只对其所在的 HTML 页面有效，因此，仅设计一个页面时，使用内嵌式是个不错的选择。但如果是一个网站，不建议使用这种方式，因为它不能充分发挥 CSS 代码的重用优势。

3. 链入式

链入式是将所有的样式放在一个或多个以.css 为扩展名的外部样式表文件中，通过<link />标记将外部样式表文件链接到 HTML 文档中，其基本语法格式如下。

```
<head>
<link href="CSS 文件的路径" type="text/css" rel="stylesheet" />
</head>
```

该语法中，<link />标记需要放在<head>头部标记中，并且必须指定<link />标记的三个属性，具体如下。

- href：定义所链接外部样式表文件的 URL，可以是相对路径，也可以是绝对路径。
- type：定义所链接文档的类型，在这里需要指定为"text/css"，表示链接的外部文件为 CSS 样式表。
- rel：定义当前文档与被链接文档之间的关系，在这里需要指定为"stylesheet"，表示被链接的文档是一个样式表文件。

下面通过一个案例分步骤地演示如何通过链入式引入 CSS 样式表。

（1）创建 HTML 文档

首先创建一个 HTML 文档，并在该文档中添加一个标题和一个段落文本，如例 3-3 所示。

例 3-3　example03.html

```
1    <!doctype html>
2    <html>
3    <head>
4    <meta charset="utf-8">
5    <title>链入式引入 CSS 样式表</title>
6    </head>
7    <body>
8    <h2>链入式 CSS 样式</h2>
9    <p>通过 link 标记可以将拓展名为.css 的外部样式表文件链接到 HTML 文档中。</p>
```

```
10    </body>
11    </html>
```

将该 HTML 文档命名为 example03.html，保存在 chapter03 文件夹中。
（2）创建样式表

打开 Dreamweaver 工具，在菜单栏单击【文件】→【新建】选项，界面中会弹出"新建文档"窗口，如图 3-6 所示。

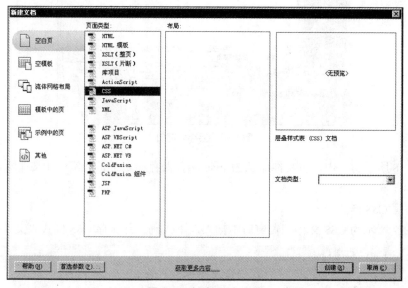

图 3-6　新建 CSS 文档

在"新建文档"窗口的基本页选项卡中选中【CSS】选项，单击【创建】按钮，弹出 CSS 文档编辑窗口，如图 3-7 所示。

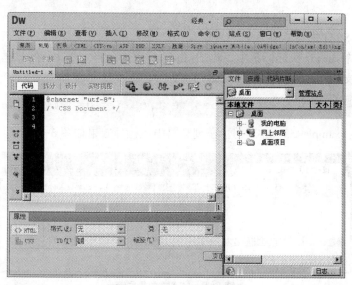

图 3-7　CSS 文档编辑窗口

（3）保存 CSS 文件

选择【文件】→【保存】选项，弹出"另存为"对话框窗口，如图 3-8 所示。

图 3-8 另存为窗口

在图 3-8 所示窗口中,将文件命名为 style.css,保存在 example03.html 文件所在的文件夹 chapter03 中。

(4)书写 CSS 样式

在图 3-7 所示的 CSS 文档编辑窗口中输入以下代码,并保存 CSS 样式表文件。

```
h2{ text-align:center;}
p{                        /*定义文本修饰样式*/
   font-size:16px;
   color:red;
   text-decoration:underline;
}
```

(5)链接 CSS 样式表

在例 3-3 的<head>头部标记中,添加<link />语句,将 style.css 外部样式表文件链接到 example03.html 文档中,具体代码如下。

```
<link href="style.css" type="text/css" rel="stylesheet" />
```

然后,保存 example03.html 文档,在浏览器中运行,效果如图 3-9 所示。

图 3-9 链入式效果展示

链入式最大的好处是同一个 CSS 样式表可以被不同的 HTML 页面链接使用,同时一个 HTML 页面也可以通过多个<link />标记链接多个 CSS 样式表。

链入式是使用频率最高，也最实用的 CSS 样式表。它将 HTML 代码与 CSS 代码分离为两个或多个文件，实现了结构和表现的完全分离，使得网页的前期制作和后期维护都十分方便。

3.2.3 CSS 基础选择器

要想将 CSS 样式应用于特定的 HTML 元素，首先需要找到该目标元素。在 CSS 中，执行这一任务的样式规则部分被称为选择器。在 CSS 中的基础选择器有标记选择器、类选择器、id 选择器、通配符选择器、标签指定式选择器、后代选择器和并集选择器，对它们的具体解释如下。

1. 标记选择器

标记选择器是指用 HTML 标记名称作为选择器，按标记名称分类，为页面中某一类标记指定统一的 CSS 样式。其基本语法格式为：

标记名{属性1:属性值1; 属性2:属性值2; 属性3:属性值3; }

该语法中，所有的 HTML 标记名都可以作为标记选择器，如 body、h1、p、strong 等。用标记选择器定义的样式对页面中该类型的所有标记都生效。

例如，可以使用 p 选择器定义 HTML 页面中所有段落的样式，示例代码为：

p{font-size:12px; color:#666; font-family:"微软雅黑";}

上述 CSS 样式代码用于设置 HTML 页面中所有的段落文本——字体大小为 12 像素、颜色为#666、字体为微软雅黑。

标记选择器最大的优点是能快速为页面中同类型的标记统一样式，同时这也是它的缺点，不能设计差异化样式。

2. 类选择器

类选择器使用"."（英文点号）进行标识，后面紧跟类名，其基本语法格式为：

.类名{属性1:属性值1; 属性2:属性值2; 属性3:属性值3; }

该语法中，类名即为 HTML 元素的 class 属性值，大多数 HTML 元素都可以定义 class 属性。类选择器最大的优势是可以为元素对象定义单独或相同的样式。

下面通过一个案例进一步学习类选择器的使用，如例 3-4 所示。

例 3-4　example04.html

```
1   <!doctype html>
2   <html>
3   <head>
4   <meta charset="utf-8">
5   <title>类选择器</title>
6   <style type="text/css">
7   .red{color:red;}
8   .green{color:green;}
9   .font22{font-size:22px;}
10  p{
11      text-decoration:underline;
```

```
12      font-family:"微软雅黑";
13  }
14  </style>
15  </head>
16  <body>
17  <h2 class="red">二级标题文本</h2>
18  <p class="green font22">段落一文本内容</p>
19  <p class="red font22">段落二文本内容</p>
20  <p>段落三文本内容</p>
21  </body>
22  </html>
```

在例 3-4 中，为标题标记<h2>和第 2 个段落标记<p>添加类名 class="red"，并通过类选择器设置它们的文本颜色为红色。为第 1 个段落和第 2 个段落添加类名 class="font22"，并通过类选择器设置它们的字号为 22 像素，同时还对第 1 个段落应用类"green"，将其文本颜色设置为绿色。然后，通过标记选择器统一设置所有的段落字体为微软雅黑，同时加下划线。

运行例 3-4，效果如图 3-10 所示。

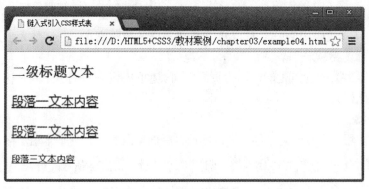

图 3-10 使用类选择器

在图 3-10 中，"二级标题文本"和"段落二文本内容"均显示为红色，可见多个标记可以使用同一个类名，这样可以实现为不同类型的标记指定相同的样式。同时一个 HTML 元素也可以应用多个 class 类，设置多个样式，在 HTML 标记中多个类名之间需要用空格隔开，如例 3-4 中的前 2 个<p>标记。

注意：
类名的第一个字符不能使用数字，并且严格区分大小写，一般采用小写的英文字符。

3.id 选择器

id 选择器使用 "#" 进行标识，后面紧跟 id 名，其基本语法格式为：

```
#id 名{属性1:属性值1; 属性2:属性值2; 属性3:属性值3; }
```

该语法中，id 名即为 HTML 元素的 id 属性值。大多数 HTML 元素都可以定义 id 属性，元素的 id 值是唯一的，只能对应于文档中某一个具体的元素。

下面通过一个案例进一步学习 id 选择器的使用，如例 3-5 所示。

例 3-5　　example05.html

```
1   <!doctype html>
2   <html>
3   <head>
4   <meta charset="utf-8">
5   <title>id选择器</title>
6   <style type="text/css">
7   #bold {font-weight:bold;}
8   #font24 {font-size:24px;}
9   </style>
10  </head>
11  <body>
12  <p id="bold">段落1：id="bold"，设置粗体文字。</p>
13  <p id="font24">段落2：id="font24"，设置字号为24px。</p>
14  <p id="font24">段落3：id="font24"，设置字号为24px。</p>
15  <p id="bold font24">段落4：id="bold font24"，同时设置粗体和字号24px。</p>
16  </body>
17  </html>
```

在例 3-5 中，为 4 个<p>标记同时定义了 id 属性，并通过相应的 id 选择器设置粗体文字和字号大小。其中，第 2 个和第 3 个<p>标记的 id 属性值相同，第 4 个<p>标记有两个 id 属性值。

运行例 3-5，效果如图 3-11 所示。

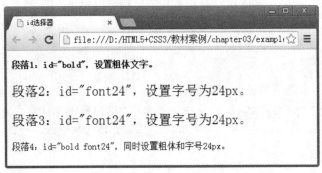

图 3-11　使用 id 选择器

从图 3-11 容易看出，第 2 行和第 3 行文本都显示了#font24 定义的样式。换句话说，在很多浏览器下，同一个 id 也可以应用于多个标记，浏览器并不报错，但是这种做法是不被允许的，因为 JavaScript 等脚本语言调用 id 时会出错。另外，最后一行没有应用任何 CSS 样式，这意味着 id 选择器不支持像类选择器那样定义多个值，类似"id="bold font24""的写法是完全错误的。

4. 通配符选择器

通配符选择器用"*"号表示，它是所有选择器中作用范围最广的，能匹配页面中所有的元素。其基本语法格式为：

*{属性1:属性值1; 属性2:属性值2; 属性3:属性值3; }

例如下面的代码，使用通配符选择器定义 CSS 样式，清除所有 HTML 标记的默认边距。

```
* {
    margin: 0;              /* 定义外边距 */
    padding: 0;             /* 定义内边距 */
}
```

但在实际网页开发中不建议使用通配符选择器，因为它设置的样式对所有的 HTML 标记都生效，不管标记是否需要该样式，这样反而降低了代码的执行速度。

5. 标签指定式选择器

标签指定式选择器又称交集选择器，由两个选择器构成，其中第一个为标记选择器，第二个为 class 选择器或 id 选择器，两个选择器之间不能有空格，如 h3.special 或 p#one。

下面通过一个案例来进一步理解标签指定式选择器，如例 3-6 所示。

例 3-6　example06.html

```
1   <!doctype html>
2   <html>
3   <head>
4   <meta charset="utf-8">
5   <title>标签指定式选择器的应用</title>
6   <style type="text/css">
7   p{ color:blue;}
8   .special{ color:green;}
9   p.special{ color:red;}/*标签指定式选择器*/
10  </style>
11  </head>
12  <body>
13  <p>普通段落文本（蓝色）</p>
14  <p class="special">指定了.special类的段落文本（红色）</p>
15  <h3 class="special">指定了.special类的标题文本（绿色）</h3>
16  </body>
17  </html>
```

在例 3-6 中，分别定义了 <p> 标记和 .special 类的样式，此外还单独定义了 p.special，用于特殊的控制。

运行例 3-6，效果如图 3-12 所示。

从图 3-12 容易看出，第二段文本变成了红色。可见标记选择器 p.special 定义的样式仅仅适用于 <p class="special"> 标记，而不会影响使用了 special 类的其他标记。

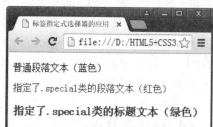

图 3-12　标签指定式选择器的应用

6. 后代选择器

后代选择器用来选择元素或元素组的后代，其写法就是把外层标记写在前面，内层标记写在后面，中间用空格分隔。当标记发生嵌套时，内层标记就成为外层标记的后代。

例如，当<p>标记内嵌套<strong>标记时，就可以使用后代选择器对其中的<strong>标记进行控制，如例 3-7 所示。

例 3-7　example07.html

```
1   <!doctype html>
2   <html>
3   <head>
4   <meta charset="utf-8">
5   <title>后代选择器</title>
6   <style type="text/css">
7   p strong{color:red;}        /*后代选择器*/
8   strong{color:blue;}
9   </style>
10  </head>
11  <body>
12  <p>段落文本<strong>嵌套在段落中，使用 strong 标记定义的文本（红色）。</strong></p>
13  <strong>嵌套之外由strong标记定义的文本（蓝色）。</strong>
14  </body>
15  </html>
```

在例 3-7 中，定义了两个<strong>标记，并将第一个<strong>标记嵌套在<p>标记中，然后分别设置 strong 标记和 p strong 的样式。

运行例 3-7，效果如图 3-13 所示。

由图 3-13 容易看出，后代选择器 p strong 定义的样式仅仅适用于嵌套在<p>标记中的<strong>标记，其他的<strong>标记不受影响。

后代选择器不限于使用两个元素，如果需要加入更多的元素，只需在元素之间加上空格即可。如例 3-7 中，如果<strong>标记中还嵌套有一个<em>标记，要想控制这个<em>标记，就可以使用 p strong em 选中它。

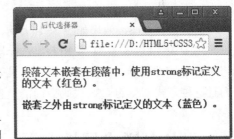

图 3-13　后代选择器的应用

7. 并集选择器

并集选择器是各个选择器通过逗号连接而成的，任何形式的选择器（包括标记选择器、类选择器及 id 选择器等），都可以作为并集选择器的一部分。如果某些选择器定义的样式完全相同或部分相同，就可以利用并集选择器为它们定义相同的 CSS 样式。

例如在页面中有 2 个标题和 3 个段落，它们的字号和颜色相同。同时其中一个标题和两个段落文本有下划线效果，这时就可以使用并集选择器定义 CSS 样式，如例 3-8 所示。

例 3-8　example08.html

```
1   <!doctype html>
2   <html>
```

```
3    <head>
4    <meta charset="utf-8">
5    <title>并集选择器</title>
6    <style type="text/css">
7    h2,h3,p{color:red; font-size:14px;}   /*不同标记组成的并集选择器*/
8    h3,.special,#one{text-decoration:underline;}    /*标记、类、id组成的的并集选择器*/
9    </style>
10   </head>
11   <body>
12   <h2>二级标题文本。</h2>
13   <h3>三级标题文本,加下划线。</h3>
14   <p class="special">段落文本 1,加下划线。</p>
15   <p>段落文本 2,普通文本。</p>
16   <p id="one">段落文本 3,加下划线。</p>
17   </body>
18   </html>
```

在例 3-8 中,首先使用由不同标记通过逗号连接而成的并集选择器 h2,h3,p,控制所有标题和段落的字号和颜色。然后使用由标记、类、id 通过逗号连接而成的并集选择器 h3,.special,#one,定义某些文本的下划线效果。

运行例程 3-8,效果如图 3-14 所示。

由图 3-14 容易看出,使用并集选择器定义样式与对各个基础选择器单独定义样式效果完全相同,而且这种方式书写的 CSS 代码更简洁、直观。

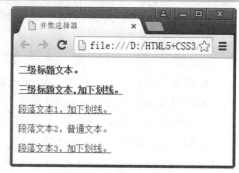

图 3-14 并集选择器的应用

3.3 文本样式属性

3.3.1 字体样式属性

为了更方便地控制网页中各种各样的字体,CSS 提供了一系列的字体样式属性,具体如下。

1. font-size:字号大小

font-size 属性用于设置字号,该属性的值可以使用相对长度单位,也可以使用绝对长度单位,具体如表 3-3 所示。

表 3-3 CSS 长度单位

相对长度单位	说明
em	相对于当前对象内文本的字体尺寸
px	像素,最常用,推荐使用

续表

绝对长度单位	说明
in	英寸
cm	厘米
mm	毫米
pt	点

其中，相对长度单位比较常用，推荐使用像素单位 px，绝对长度单位使用较少。例如将网页中所有段落文本的字号大小设为 12px，可以使用如下 CSS 样式代码。

```
p{font-size:12px;}
```

2. font-family:字体

font-family 属性用于设置字体。网页中常用的字体有宋体、微软雅黑、黑体等，如将网页中所有段落文本的字体设置为微软雅黑，可以使用如下 CSS 样式代码。

```
p{font-family:"微软雅黑";}
```

可以同时指定多个字体，中间以逗号隔开，表示如果浏览器不支持第一个字体，则会尝试下一个，直到找到合适的字体，如下面的代码：

```
body{font-family:"华文彩云","宋体","黑体";}
```

当应用上面的字体样式时，会首选"华文彩云"，如果用户电脑上没有安装该字体则选择"宋体"，也没有安装"宋体"则选择"黑体"。当指定的字体都没有安装时，就会使用浏览器默认字体。

使用 font-family 设置字体时，需要注意以下几点。
- 各种字体之间必须使用英文状态下的逗号隔开。
- 中文字体需要加英文状态下的引号，英文字体一般不需要加引号。当需要设置英文字体时，英文字体名必须位于中文字体名之前，如下面的代码：

```
body{font-family: Arial,"微软雅黑","宋体","黑体";} /*正确的书写方式*/
body{font-family: "微软雅黑","宋体","黑体",Arial;} /*错误的书写方式*/
```

- 如果字体名中包含空格、#、$等符号，则该字体必须加英文状态下的单引号或双引号，如 font-family: "Times New Roman";。
- 尽量使用系统默认字体，保证在任何用户的浏览器中都能正确显示。

3. font-weight:字体粗细

font-weight 属性用于定义字体的粗细，其可用属性值如表 3-4 所示。

表 3-4 font-weight 可用属性值

值	描述
normal	默认值。定义标准的字符
bold	定义粗体字符
bolder	定义更粗的字符

续表

值	描述
lighter	定义更细的字符
100~900（100 的整数倍）	定义由细到粗的字符。其中 400 等同于 normal，700 等同于 bold，值越大字体越粗

实际工作中，常用的 font-weight 的属性值为 normal 和 bold，用来定义正常或加粗显示的字体。

4. font-style:字体风格

font-style 属性用于定义字体风格，如设置斜体、倾斜或正常字体，其可用属性值如下。
- normal：默认值，浏览器会显示标准的字体样式。
- italic：浏览器会显示斜体的字体样式。
- oblique：浏览器会显示倾斜的字体样式。

其中 italic 和 oblique 都用于定义斜体，两者在显示效果上并没有本质区别，但实际工作中常使用 italic。

5. font:综合设置字体样式

font 属性用于对字体样式进行综合设置，其基本语法格式为：

```
选择器{font: font-style font-weight font-size/line-height font-family;}
```

使用 font 属性时，必须按上面语法格式中的顺序书写，各个属性以空格隔开。其中 line-height 指的是行高，在 3.3.2 节将具体介绍。例如：

```
p{
    font-family:Arial,"宋体";
    font-size:30px;
    font-style:italic;
    font-weight:bold;
    font-variant:small-caps;
    line-height:40px;
}
```

等价于

```
p{font:italic small-caps bold 30px/40px Arial,"宋体";}
```

其中不需要设置的属性可以省略（取默认值），但必须保留 font-size 和 font-family 属性，否则 font 属性将不起作用。

下面使用 font 属性对字体样式进行综合设置，如例 3-9 所示。

例 3-9　example09.html

```
1   <!doctype html>
2   <html>
3   <head>
4   <meta charset="utf-8">
```

```
5    <title>font 属性</title>
6    <style type="text/css">
7    .one{ font:italic 18px/30px "隶书";}
8    .two{ font:italic 18px/30px;}
9    </style>
10   </head>
11   <body>
12   <p class="one">段落 1：使用 font 属性综合设置段落文本的字体风格、字号、行高和字体。</p>
13   <p class="two">段落 2：使用 font 属性综合设置段落文本的字体风格、字号和行高。由于省略了字体属性 font-family，这时 font 属性不起作用。</p>
14   </body>
15   </html>
```

在例 3-9 中，定义了两个段落，同时使用 font 属性分别对它们进行相应的设置。

运行例 3-9，效果如图 3-15 所示。

从图 3-15 容易看出，font 属性设置的样式并没有对第二个段落生效，这是因为对第二个段落的设置中省略了字体属性 font-family。

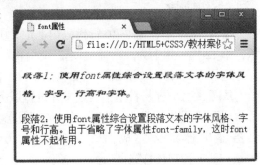

图 3-15 使用 font 属性综合设置字体样式

6. @font-face 属性

@font-face 属性是 CSS3 的新增属性，用于定义服务器字体。通过@font-face 属性，开发者可以在用户计算机未安装字体时，使用任何喜欢的字体。使用@font-face 属性定义服务器字体的基本语法格式如下。

```
@font-face{
    font-family:字体名称;
    src:字体路径;
}
```

在上面的语法格式中，font-family 用于指定该服务器字体的名称，该名称可以随意定义；src 属性用于指定该字体文件的路径。

下面通过一个剪纸字体的案例，来演示@font-face 属性的具体用法，如例 3-10 所示。

例 3-10   example10.html

```
1    <!doctype html>
2    <html>
3    <head>
4    <meta charset="utf-8">
5    <title>@font-face 属性</title>
6    <style type="text/css">
7        @font-face{
```

```
8         font-family:jianzhi;              /*服务器字体名称*/
9         src:url(font/FZJZJW.TTF);         /*服务器字体名称*/
10    }
11    p{
12        font-family:jianzhi;              /*设置字体样式*/
13        font-size:32px;
14    }
15  </style>
16  </head>
17  <body>
18  <p>十里平湖霜满天</p>
19  <p>寸寸青丝愁华年</p>
20  </body>
21  </html>
```

在例 3-10 中，第 7~10 行代码用于定义服务器字体，第 12 代码用于为段落标记设置字体样式。

运行例 3-10，效果如图 3-16 所示。

从图 3-16 容易看出，当定义并设置服务器字体后，页面就可以正常显示剪纸字体。需要注意的是，服务器字体定义完成后，还需要对元素应用"font-family"字体样式。

总结例 3-10，可以得出使用服务器字体的步骤如下。

图 3-16　@font-face 属性定义服务器字体

（1）下载字体，并存储到相应的文件夹中。
（2）使用@font-face 属性定义服务器字体。
（3）对元素应用"font-family"字体样式。

7. word-wrap 属性

word-wrap 属性用于实现长单词和 URL 地址的自动换行，其基本语法格式如下。

选择器{word-wrap:属性值;}

在上面的语法格式中，word-wrap 属性的取值有两种，如表 3-5 所示。

表 3-5　word-wrap 属性值

值	描述
normal	只在允许的断字点换行（浏览器保持默认处理）
break-word	在长单词或 URL 地址内部进行换行

下面通过一个 URL 地址换行的案例演示 word-wrap 属性的用法，如例 3-11 所示。

例 3-11　example11.html

```
1   <!doctype html>
2   <html>
```

```
3   <head>
4   <meta charset="utf-8">
5   <title>word-wrap 属性</title>
6   <style type="text/css">
7       p{
8           width:100px;
9           height:100px;
10          border:1px solid #000;
11      }
12      .break_word{word-wrap:break-word;}     /*网址在段落内部换行*/
13  </style>
14  </head>
15  <body>
16  <span>word-wrap:normal;</span>
17  <p>网页平面 ui 设计学院 http://icd.itcast.cn/</p>
18  <span>word-wrap:break-word;</span>
19  <p class="break_word">网页平面 ui 设计学院 http://icd.itcast.cn/</p>
20  </body>
21  </html>
```

在例 3-11 中，定义了两个包含网址的段落，对它们设置相同的宽度、高度，但对第 2 个段落应用"word-wrap:break-word;"样式，使得网址在段落内部可以换行。

运行例 3-11，效果如图 3-17 所示。

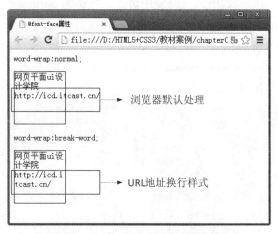

图 3-17 word-wrap 属性定义服务器字体

通过图 3-17 容易看出，当浏览器默认处理时段落文本中的 URL 地址会溢出边框，当 word-wrap 属性值为 break-word 时，URL 地址会沿边框自动换行。

3.3.2 文本外观属性

使用 HTML 可以对文本外观进行简单的控制，但是效果并不理想。为此 CSS 提供了一系列的文本外观样式属性，具体如下。

1. color:文本颜色

color 属性用于定义文本的颜色，其取值方式有如下 3 种。

- 预定义的颜色值，如 red，green，blue 等。
- 十六进制，如#FF0000，#FF6600，#29D794 等。实际工作中，十六进制是最常用的定义颜色的方式。
- RGB 代码，如红色可以表示为 rgb(255,0,0)或 rgb(100%,0%,0%)。

注意：

如果使用 RGB 代码的百分比颜色值，取值为 0 时也不能省略百分号，必须写为 0%。

 多学一招：颜色值的缩写

十六进制颜色值是由#开头的 6 位十六进制数值组成，每 2 位为一个颜色分量，分别表示颜色的红、绿、蓝 3 个分量。当 3 个分量的 2 位十六进制数都各自相同时，可使用 CSS 缩写，如#FF6600 可缩写为#F60，#FF0000 可缩写为#F00，#FFFFFF 可缩写为#FFF。使用颜色值的缩写可简化 CSS 代码。

2. letter-spacing:字间距

letter-spacing 属性用于定义字间距，所谓字间距就是字符与字符之间的空白。其属性值可为不同单位的数值，允许使用负值，默认为 normal。

3. word-spacing:单词间距

word-spacing 属性用于定义英文单词之间的间距，对中文字符无效。和 letter-spacing 一样，其属性值可为不同单位的数值，允许使用负值，默认为 normal。

word-spacing 和 letter-spacing 均可对英文进行设置。不同的是 letter-spacing 定义的为字母之间的间距，而 word-spacing 定义的为英文单词之间的间距。

下面通过一个案例来演示 word-spacing 和 letter-spacing 的不同，如例 3-12 所示。

例 3-12　example12.html

```
1    <!doctype html>
2    <html>
3    <head>
4    <meta charset="utf-8">
5    <title>word-spacing 和 letter-spacing</title>
6    <style type="text/css">
7    .letter{letter-spacing:20px;}
8    .word{word-spacing:20px;}
9    </style>
10   </head>
11   <body>
12   <p class="letter">letter spacing(字母间距)</p>
13   <p class="word">word spacing word spacing(单词间距)</p>
```

```
14    </body>
15    </html>
```

在例 3-12 中，对两个段落文本分别应用 letter-spacing 和 word-spacing 属性。
运行例 3-12，效果如图 3-18 所示。

图 3-18　letter-spacing 和 word-spacing 效果对比

4. line-height:行间距

line-height 属性用于设置行间距，所谓行间距就是行与行之间的距离，即字符的垂直间距，一般称为行高。如图 3-19 所示，线框的高度即为这段文本的行高。

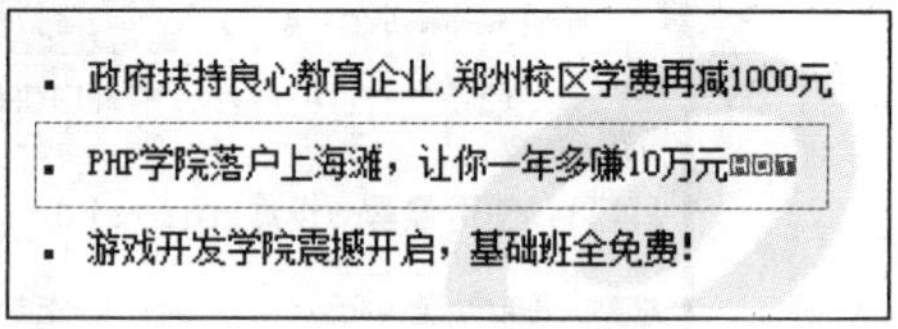

line-height 常用的属性值单位有 3 种，分别为像素 px，相对值 em 和百分比%，实际工作中使用最多的是像素 px。

图 3-19　行高示例

下面通过一个案例来学习 line-height 属性的使用，如例 3-13 所示。

例 3-13　example13.html

```
1    <!doctype html>
2    <html>
3    <head>
4    <meta charset="utf-8">
5    <title>行高 line-height 的使用</title>
6    <style type="text/css">
7    .one{
8        font-size:16px;
9        line-height:18px;
10   }
11   .two{
12       font-size:12px;
13       line-height:2em;
14   }
15   .three{
16       font-size:14px;
17       line-height:150%;
18   }
19   </style>
20   </head>
```

```
21  <body>
22  <p class="one">段落 1：使用像素 px 设置 line-height。该段落字体大小为
16px，line-height 属性值为 18px。</p>
23  <p class="two">段落 2：使用相对值 em 设置 line-height。该段落字体大小为
12px，line-height 属性值为 2em。</p>
24  <p class="three">段落 3：使用百分比%设置 line-height。该段落字体大小为
14px，line-height 属性值为 150%。</p>
25  </body>
26  </html>
```

在例 3-13 中，分别使用像素 px，相对值 em 和百分比%设置三个段落的行高。

运行例 3-13，效果如图 3-20 所示。

图 3-20　设置行高

5. text-transform:文本转换

text-transform 属性用于控制英文字符的大小写，其可用属性值如下。

- none：不转换（默认值）。
- capitalize：首字母大写。
- uppercase：全部字符转换为大写。
- lowercase：全部字符转换为小写。

6. text-decoration:文本装饰

text-decoration 属性用于设置文本的下划线、上划线、删除线等装饰效果，其可用属性值如下。

- none：没有装饰（正常文本默认值）。
- underline：下划线。
- overline：上划线。
- line-through：删除线。

text-decoration 后可以赋多个值，用于给文本添加多种显示效果。例如希望文字同时有下划线和删除线效果，就可以将 underline 和 line-through 同时赋给 text-decoration。

下面通过一个案例来演示 text-decoration 各个属性值的显示效果，如例 3-14 所示。

例 3-14　example14.html

```
1  <!doctype html>
2  <html>
3  <head>
```

```
4   <meta charset="utf-8">
5   <title>文本装饰 text-decoration</title>
6   <style type="text/css">
7   .one{text-decoration:underline;}
8   .two{text-decoration:overline;}
9   .three{text-decoration:line-through;}
10  .four{text-decoration:underline line-through;}
11  </style>
12  </head>
13  <body>
14  <p class="one">设置下划线（underline）</p>
15  <p class="two">设置上划线（overline）</p>
16  <p class="three">设置删除线（line-through）</p>
17  <p class="four">同时设置下划线和删除线（underline line-through）</p>
18  </body>
19  </html>
```

在例 3-14 中，定义了 4 个段落文本，并且使用 text-decoration 属性对它们添加不同的文本装饰效果。其中对第 4 个段落同时应用 underline 和 line-through 两个属性值，添加两种效果。

运行例 3-14，效果如图 3-21 所示。

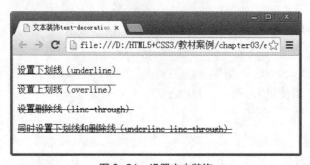

图 3-21　设置文本装饰

7. text-align:水平对齐方式

text-align 属性用于设置文本内容的水平对齐，相当于 html 中的 align 对齐属性，其可用属性值如下。

- left：左对齐（默认值）。
- right：右对齐。
- center：居中对齐。

例如设置二级标题居中对齐，可使用如下 CSS 代码：

```
h2{text-align:center;}
```

注意：

1. text-align 属性仅适用于块级元素，对行内元素无效，关于块元素和行内元素，在第 6 章将具体介绍。

2. 如果需要对图像设置水平对齐，可以为图像添加一个父标记如<p>或<div>（关于 div 标记，将在第 5 章具体介绍），然后对父标记应用 text-align 属性，即可实现图像的水平对齐。

8. text-indent:首行缩进

text-indent 属性用于设置首行文本的缩进，其属性值可为不同单位的数值、em 字符宽度的倍数，或相对于浏览器窗口宽度的百分比%，允许使用负值，建议使用 em 作为设置单位。

下面通过一个案例来学习 text-indent 属性的使用，如例 3-15 所示。

例 3-15   example15.html

```
1   <!doctype html>
2   <html>
3   <head>
4   <meta charset="utf-8">
5   <title>首行缩进 text-indent</title>
6   <style type="text/css">
7   p{font-size:14px;}
8   .one{text-indent:2em;}
9   .two{text-indent:50px;}
10  </style>
11  </head>
12  <body>
13  <p class="one">这是段落 1 中的文本，text-indent 属性可以对段落文本设置首行缩进效果，段落 1 使用 text-indent:2em;。</p>
14  <p class="two">这是段落 2 中的文本，text-indent 属性可以对段落文本设置首行缩进效果，段落 2 使用 text-indent:50px;。</p>
15  </body>
16  </html>
```

在例 3-15 中，对第一段文本应用 text-indent:2em;，无论字号多大，首行文本都会缩进两个字符，对第二段文本应用 text-indent:50px;，首行文本将缩进 50 像素，与字号大小无关。

运行例 3-15，效果如图 3-22 所示。

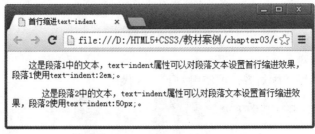

图 3-22 设置段落首行缩进

注意：

text-indent 属性仅适用于块级元素，对行内元素无效。

9. white-space:空白符处理

使用 HTML 制作网页时，不论源代码中有多少空格，在浏览器中只会显示一个字符的空白。在 CSS 中，使用 white-space 属性可设置空白符的处理方式，其属性值如下。

- normal：常规（默认值），文本中的空格、空行无效，满行（到达区域边界）后自动换行。
- pre：预格式化，按文档的书写格式保留空格、空行原样显示。
- nowrap：空格空行无效，强制文本不能换行，除非遇到换行标记
。内容超出元素的边界也不换行，若超出浏览器页面则会自动增加滚动条。

下面通过一个案例来演示 white-space 各个属性值的效果，如例 3-16 所示。

例 3-16   example16.html

```
1   <!doctype html>
2   <html>
3   <head>
4   <meta charset="utf-8">
5   <title>white-space 空白符处理</title>
6   <style type="text/css">
7   .one{white-space:normal;}
8   .two{white-space:pre;}
9   .three{white-space:nowrap;}
10  </style>
11  </head>
12  <body>
13  <p class="one">这个            段落中          有很多
14  空格。此段落应用 white-space:normal;。</p>
15  <p class="two">这个            段落中          有很多
16  空格。此段落应用 white-space:pre;。</p>
17  <p class="three">此段落应用 white-space:nowrap;。这是一个较长的段落。这是一个较长的段落。这是一个较长的段落。这是一个较长的段落。这是一个较长的段落。这是一个较长的段落。这是一个较长的段落。这是一个较长的段落。这是一个较长的段落。</p>
18  </body>
19  </html>
```

在例 3-16 中定义了 3 个段落，其中前两个段落中包含很多空白符，第 3 个段落较长，使用 white-space 属性分别设置段落中空白符的处理方式。

运行例 3-16，效果如图 3-23 所示。

从图 3-23 容易看出，使用 "white-space:pre;" 定义的段落，会保留空白符在浏览器中原样显示。使用 "white-space:nowrap;" 定义的段落未换行，并且浏览器窗口出现了滚动条。

10. text-shadow:阴影效果

在 CSS 中，使用 text-shadow 属性可以为页面中的文本添加阴影效果，其基本语法格式为：

```
选择器{text-shadow:h-shadow v-shadow blur color;}
```

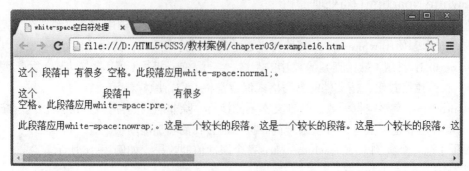

图3-23 设置空白符处理方式

在上面的语法格式中，h-shadow 用于设置水平阴影的距离，v-shadow 用于设置垂直阴影的距离，blur 用于设置模糊半径，color 用于设置阴影颜色。

下面通过一个案例来演示 text-shadow 属性的用法，如例 3-17 所示。

例 3-17 example17.html

```
1   <!doctype html>
2   <html>
3   <head>
4   <meta charset="utf-8">
5   <title>text-shadow 属性</title>
6   <style type="text/css">
7   P{
8       font-size: 50px;
9       text-shadow:10px 10px 10px red;  /*设置文字阴影的距离、模糊半径和颜色*/
10  }
11  </style>
12  </head>
13  <body>
14  <p>Hello CSS3</p>
15  </body>
16  </html>
```

在例 3-17 中，第 9 行代码用于为文字添加阴影效果，设置阴影的水平和垂直偏移距离为 10px，模糊半径为 10px，阴影颜色为红色。

运行例 3-17，效果如图 3-24 所示。

通过图 3-24 容易看出，文本右下方出现了模糊的红色阴影效果。值得一提的是，当设置阴影的水平距离参数或垂直距离参数为负值时，可以改变阴影的投射方向。

图 3-24 文字阴影效果

注意：

阴影的水平或垂直距离参数可以设为负值，但阴影的模糊半径参数只能设置为正值，并且数值越大阴影向外模糊的范围也就越大。

多学一招：设置多个阴影叠加效果

可以使用 text-shadow 属性给文字添加多个阴影，从而产生阴影叠加的效果，方法为设置多组阴影参数，中间用逗号隔开。例如，对例 3-17 中的段落设置红色和绿色阴影叠加的效果，可以将 p 标记的样式更改为：

```
P{
    font-size:32px;
    text-shadow:10px 10px 10px red,20px 20px 20px green;  /*红色和绿色的投影叠加*/
}
```

上面的代码为文本依次指定了红色和绿色的阴影效果，并设置了相应的位置和模糊数值，对应的效果如图 3-25 所示。

图 3-25　阴影叠加效果

11. text-overflow：标示对象内溢出文本

在 CSS 中，text-overflow 属性用于标示对象内溢出的文本，其基本语法格式为：

选择器{text-overflow:属性值;}

在上面的语法格式中，text-overflow 属性的常用取值有两个，具体解释如下。
- clip：修剪溢出文本，不显示省略标记"..."。
- ellipsis：用省略标记"..."标示被修剪文本，省略标记插入的位置是最后一个字符。

下面通过一个案例来演示 text-overflow 属性的用法，如例 3-18 所示。

例 3-18 example18.html

```
1  <!doctype html>
2  <html>
3  <head>
4  <meta charset="utf-8">
5  <title>text-overflow 属性</title>
6  <style type="text/css">
7  P{
8      width:200px;
```

```
9        height:100px;
10       border:1px solid #000;
11       white-space:nowrap;              /*强制文本不能换行*/
12       overflow:hidden;                 /*修剪溢出文本*/
13       text-overflow:ellipsis;          /*用省略标记标示被修剪的文本*/
14    }
15    </style>
16    </head>
17    <body>
18    <p>把很长的一段文本中溢出的内容隐藏,出现省略号</p>
19    </body>
20    </html>
```

在例 3-18 中,第 11 行代码用于强制文本不能换行,第 12 行代码用于修剪溢出文本,第 13 行代码用于标示被修剪的文本。

运行例 3-18,效果如图 3-26 所示。

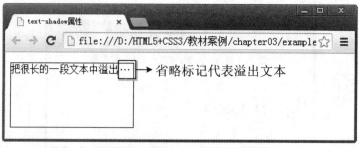

图 3-26 省略标记表示溢出文本

通过图 3-26 可以看出,当文本内容溢出时,会显示省略标记标示溢出文本。需要注意的是要实现省略号标示溢出文本的效果,"white-space:nowrap;""overflow:hidden;"和"text-overflow:ellipsis;"这三个样式必须同时使用,缺一不可。

总结例 3-18,可以得出设置省略标记标示溢出文本的具体步骤如下。

(1)为包含文本的对象定义宽度。
(2)应用"white-space:nowrap;"样式强制文本不能换行。
(3)应用"overflow:hidden;"样式隐藏溢出文本。
(4)应用"text-overflow:ellipsis;"样式显示省略标记。

3.4 CSS 高级特性

3.4.1 CSS 层叠性和继承性

CSS 是层叠式样式表的简称,层叠性和继承性是其基本特征。对于网页设计师来说,应深刻理解和灵活使用这两个概念。

1. 层叠性

所谓层叠性是指多种 CSS 样式的叠加。例如,当使用内嵌式 CSS 样式表定义<p>标记字号大小为 12 像素，链入式定义<p>标记颜色为红色，那么段落文本将显示为 12 像素红色，即这两种样式产生了叠加。

下面通过一个案例使读者更好地理解 CSS 的层叠性，如例 3-19 所示。

例 3-19　example19.html

```
1   <!doctype html>
2   <html>
3   <head>
4   <meta charset="utf-8">
5   <title>CSS 层叠性</title>
6   <style type="text/css">
7   p{
8       font-size:12px;
9       font-family:"微软雅黑";
10  }
11  .special{ font-size:16px;}
12  #one{ color:red;}
13  </style>
14  </head>
15  <body>
16  <p class="special" id="one">段落文本 1</p>
17  <p>段落文本 2</p>
18  <p>段落文本 3</p>
19  </body>
20  </html>
```

在例 3-19 中，定义了 3 个<p>标记，并通过标记选择器统一设置段落的字号和字体，然后通过类选择器和 id 选择器为第一个<p>标记单独定义字号和颜色。

运行例 3-19，效果如图 3-27 所示。

从图 3-27 容易看出，段落文本 1 显示了标记选择器 p 定义的字体"微软雅黑"，id 选择器#one 定义的颜色"红色"，类选择器.special 定义的字号 16px，即这三个选择器定义的样式产生了叠加。

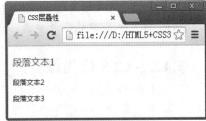

图 3-27　CSS 层叠性

注意：

例 3-19 中，标记选择器 p 和类选择器.special 都定义了段落文本 1 的字号，而实际显示的效果是类选择器.special 定义的 16px。这是因为类选择器的优先级高于标记选择器，对于优先级这里只需了解，在 3.4.2 节将具体讲解。

2. 继承性

所谓继承性是指书写 CSS 样式表时，子标记会继承父标记的某些样式，如文本的颜色和字号。例如定义主体元素 body 的文本颜色为黑色，那么页面中所有的文本都将显示为黑色，这是因为其他的标记都嵌套在<body>标记中，是<body>标记的子标记。

继承性非常有用，它使设计师不必在元素的每个后代上添加相同的样式。如果设置的属性是一个可继承的属性，只需将它应用于父元素即可，如下面的代码：

```
p,div,h1,h2,h3,h4,ul,ol,dl,li{color:black;}
```

就可以写成：

```
body{ color:black;}
```

第二种写法可以达到相同的控制效果，且代码更简洁（第一种写法中有一些陌生的标记，了解即可，在后面的章节将会详细介绍）。

恰当地使用继承可以简化代码，降低 CSS 样式的复杂性。但是，如果在网页中所有的元素都大量继承样式，那么判断样式的来源就会很困难，所以对于字体、文本属性等网页中通用的样式可以使用继承。例如，字体、字号、颜色、行距等可以在 body 元素中统一设置，然后通过继承影响文档中所有文本。

并不是所有的 CSS 属性都可以继承，如下面这些属性就不具有继承性：
- 边框属性
- 外边距属性
- 内边距属性
- 背景属性
- 定位属性
- 布局属性
- 元素宽高属性

注意：

当为 body 元素设置字号属性时，标题文本不会采用这个样式，读者可能会认为标题没有继承文本字号，这种想法是不正确的。标题文本之所以不采用 body 元素设置的字号，是因为标题标记 h1～h6 有默认字号样式，这时默认字号覆盖了继承的字号。

3.4.2 CSS 优先级

定义 CSS 样式时，经常出现两个或更多规则应用在同一元素上，这时就会出现优先级的问题。接下来将对 CSS 优先级进行具体讲解。

为了体验 CSS 优先级，首先来看一个具体的例子。

```
p{ color:red;}              /*标记样式*/
.blue{ color:green;}        /*class 样式*/
#header{ color:blue;}       /*id 样式*/
```

其对应的 HTML 结构为：

```
<p id="header" class="blue">
    帮帮我，我到底显示什么颜色？
</p>
```

在上面的例子中，使用不同的选择器对同一个元素设置文本颜色，这时浏览器会根据选择器的优先级规则解析 CSS 样式。其实 CSS 为每一种基础选择器都分配了一个权重，其中，标记选择器具有权重 1，类选择器具有权重 10，id 选择器具有权重 100。这样 id 选择器#header 就具有最大的优先级，因此文本显示为蓝色。

对于由多个基础选择器构成的复合选择器（并集选择器除外），其权重为这些基础选择器权重的叠加。例如下面的 CSS 代码：

```
p strong{color:black}                    /*权重为:1+1*/
strong.blue{color:green;}                /*权重为:1+10*/
.father strong{color:yellow}             /*权重为:10+1*/
p.father strong{color:orange;}           /*权重为:1+10+1*/
p.father .blue{color:gold;}              /*权重为:1+10+10*/
#header strong{color:pink;}              /*权重为:100+1*/
#header strong.blue{color:red;}          /*权重为:100+1+10*/
```

对应的 HTML 结构为：

```
<p class="father" id="header" >
    <strong class="blue">文本的颜色</strong>
</p>
```

这时，页面文本将应用权重最高的样式，即文本颜色为红色。

此外，在考虑权重时，读者还需要注意一些特殊的情况。

- 继承样式的权重为 0。即在嵌套结构中，不管父元素样式的权重多大，被子元素继承时，它的权重都为 0，也就是说子元素定义的样式会覆盖继承来的样式。

例如下面的 CSS 样式代码：

```
strong{color:red;}
#header{color:green;}
```

对应的 HTML 结构为：

```
<p id="header" class="blue">
    <strong>继承样式不如自己定义</strong>
</p>
```

在上面的代码中，虽然#header 具有权重 100，但被 strong 继承时权重为 0，而 strong 选择器的权重虽然仅为 1，但它大于继承样式的权重，所以页面中的文本显示为红色。

- 行内样式优先。应用 style 属性的元素，其行内样式的权重非常高，可以理解为远大于 100。总之，它拥有比上面提高的选择器都大的优先级。
- 权重相同时，CSS 遵循就近原则。也就是说靠近元素的样式具有最大的优先级，或者说排在最后的样式优先级最大。例如：

```
/*CSS 文档，文件名为 style.css*/
#header{ color:red;}                                    /*外部样式*/
```

HTML 文档结构为：

```
<!doctype html>
<html>
<head>
<meta charset="utf-8">
<title>CSS 优先级</title>
<link rel="stylesheet" href="style.css" type="text/css"/>
<style type="text/css">
#header{color:gray;}                    /*内嵌式样式*/
</style>
</head>
<body>
<p id="header">权重相同时，就近优先</p>
</body>
</html>
```

上面的页面被解析后，段落文本将显示为灰色，即内嵌式样式优先，这是因为内嵌样式比链入的外部样式更靠近 HTML 元素。同样的道理，如果同时引用两个外部样式表，则排在下面的样式表具有较大的优先级。

如果此时将内嵌样式更改为：

```
p{color:gray;}                    /*内嵌式样式*/
```

则权重不同，#header 的权重更高，文字将显示为外部样式定义的红色。

- CSS 定义了一个!important 命令，该命令被赋予最大的优先级。也就是说不管权重如何及样式位置的远近，!important 都具有最大优先级。例如：

```
/*CSS 文档，文件名为 style.css*/
#header{color:red!important;}     /*外部样式表*/
```

HTML 文档结构为：

```
<!doctype html>
<html>
<head>
<meta charset="utf-8">
<title>!important 命令最优先</title>
<link rel="stylesheet" href="style.css" type="text/css" />
<style type="text/css">
#header{ color:gray;}
</style>
</head>
<body>
<p id="header" style="color:yellow">   <!--行内式 CSS 样式-->
    天王盖地虎，!important 命令最优先
```

```
</p>
</body>
</html>
```

该页面被解析后，段落文本显示为红色，即使用!important命令的样式拥有最大的优先级。需要注意的是，!important命令必须位于属性值和分号之间，否则无效。

需要注意的是，复合选择器的权重为组成它的基础选择器权重的叠加，但是这种叠加并不是简单的数字之和。下面通过一个案例来具体说明，如例 3-20 所示。

例 3-20　example20.html

```
1   <!doctype html>
2   <html>
3   <head>
4   <meta charset="utf-8">
5   <title>复合选择器权重的叠加</title>
6   <style type="text/css">
7   .inner{ text-decoration:line-through;} /*类选择器定义删除线，权重为10*/
8   div div div div div div div div div div div{ text-decoration:underline;}
9   /*后代选择器定义下划线，权重为11个1的叠加*/
10  </style>
11  </head>
12  <body>
13  <div>
14      <div><div><div><div><div><div><div><div>
15                          <div class="inner">文本的样式</div>
16      </div></div></div></div></div></div></div></div>
17  </div>
18  </body>
19  </html>
```

在例 3-20 中共使用了 11 对<div>标记（div 是 HTML 中常用的一种布局标记，这里了解即可，后面章节将会具体介绍），它们层层嵌套，对最里层的<div>应用类 inner。

这时可以使用后代选择器或类选择器定义最里层 div 的样式，如第 8~9 行代码所示。那么浏览器中文本的样式到底如何呢？如果仅仅将基础选择器的权重相加，后代选择器 div div div div div div div div div div div（包含 11 层 div）的权重为 11，大于类选择器.inner 的权重 10，文本将添加下划线。

运行例 3-20，效果如图 3-28 所示。

文本并没有像预期的那样添加下划线，而显示了类选择器.inner 定义的删除线，即类选择器.inner 的权重大于后代选择器 div div div div div div div div div div div。无论再在外层添加多少个 div 标记，即

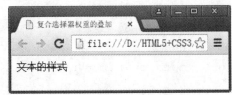

图 3-28　复合选择器的权重

复合选择器的权重无论为多少个标记选择器的叠加，其权重都不会高于类选择器。同理，复合选择器的权重无论为多少个类选择器和标记选择器的叠加，其权重都不会高于 id 选择器。

3.5 阶段案例——制作服装推广软文

本章前几个节重点介绍了 CSS3 的浏览器支持情况、CSS 样式规则、选择器、CSS 文本相关样式及高级特性。为了使读者更好地认识 CSS，本节将通过案例的形式分步骤制作一款服装推广软文，其效果如图 3-29 所示。

图 3-29 服装推广软文

3.5.1 分析效果图

1. 结构分析

效果图所示的服装推广软文由 1 个标题、多个段落构成，可以使用标题标记<h2>、段落标记<p>进行定义。同时，为了设置页面中需要特殊显示的文本，还需要在文本中嵌套不同类名的<strong>标记对其进行单独控制。

2. 样式分析

仔细观察效果图，可以发现页面中使用了多种字体，这就需要预先下载字体，并使用@font-face 属性定义服务器字体，然后应用 font 和 color 属性，控制段落文本的字号、粗细和颜色等样式。需要注意的是最后一行文本中有省略号标示溢出文本的效果，可以使用 text-overflow:ellipsis;样式来实现。

3.5.2 制作页面结构

对效果图有了一定的了解后，下面使用相应的 HTML 标记搭建页面结构，如例 3-21 所示。

例 3-21　example21.html

```
1    <!doctype html>
2    <html>
3    <head>
4    <meta charset="utf-8">
5    <title>服装推广软文</title>
6    </head>
7    <body>
8    <p><strong>NO.3</strong><strong>BUTTERFLY</strong></p>
```

```
9   <p><strong>in August</strong><strong> 28th.2015</strong></p>
10  <h2><strong>2015</strong><strong> 秋装全面上新</strong></h2>
11  <p>全场两件<strong>包邮</strong></p>
12  <p>所有邂逅相逢，所有萍聚水遇，都在缘分的天空下慢慢演绎。一款柔情含蓄的衣
    饰或是一袭与众不同的衣衫，都会成为你不同凡响必要法宝。在火热激情的青春里，在热烈
    奔放的夏之海洋里，你会选择什么样的精彩？</p>
13  </body>
14  </html>
```

在例 3-21 中，分别使用<h2>、<p>标记定义标题、段落，同时为了控制段落中特殊显示的文本，在段落相应的位置嵌套了<span>标记。

运行例 3-21，效果如图 3-30 所示。

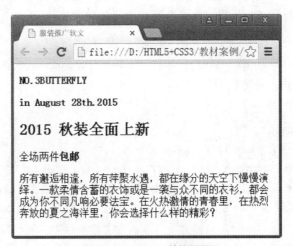

图 3-30　HTML 结构页面

在图 3-30 所示的页面中，出现了相应的网页结构。

3.5.3　定义 CSS 样式

例 3-21 中，使用 HTML 标记，得到的是没有任何样式修饰的新闻页面，如图 3-30 所示。要想实现图 3-29 所示的效果，就需要使用 CSS 对文本进行控制。这里使用实际工作中最常用的链入式引入 CSS 样式表，步骤如下。

（1）首先新建一个 CSS 文件，命名为 style03.css，保存在 chapter03 文件夹中。

（2）在 example21.html 文件的<head>头部标记内，<title>标记之后，书写如下 CSS 代码，引入外部样式表 style03.css。

```
<link rel="stylesheet" href="style03.css" type="text/css" />
```

（3）为页面中需要单独控制的标记添加相应的类名，具体代码如下所示。

```
1   <!doctype html>
2   <html>
3   <head>
4   <meta charset="utf-8">
```

```
5    <title>服装推广软文</title>
6    </head>
7    <body>
8    <p class="one"><strong class="a">NO.3</strong><strong class="b">BUTTERFLY</strong></p>
9    <p class="two"><strong class="a">in August</strong><strong class="b">28th.2015</strong> </p>
10   <h2><strong class="a">2015</strong><strong class="b"> 秋装全面上新</strong></h2>
11   <p class="three">全场两件<strong>包邮</strong></p>
12   <p class="four">所有邂逅相逢,所有萍聚水遇,都是在缘分的天空下慢慢演绎。一款柔情含蓄的衣饰或是一袭与众不同的衣衫,都会成为你不同凡响必要法宝。在火热激情的青春里,在热烈奔放的夏之海洋里,你会选择什么样的精彩?</p>
13   </body>
14   </html>
```

(4) 书写 CSS 样式,具体代码如下。

```
1    @charset "utf-8";
2    /* CSS Document */
3    *{margin:0; padding:0;}
4    @font-face{font-family:ONYX; src:url(font/ONYX.TTF);}
5    @font-face{font-family:TCM; src:url(font/TCCM____.TTF);}
6    @font-face{font-family:ROCK; src:url(font/ROCK.TTF);}
7    @font-face{font-family:BOOM; src:url(font/BOOMBOX.TTF);}
8    @font-face{font-family:LTCH; src:url(font/LTCH.TTF);}
9    @font-face{font-family:jianzhi; src:url(font/FZJZJW.TTF);}
10   .one .a{font-family:ONYX; font-size:48px; color:#333;}
11   .one .b{font-family:TCM; font-size:58px; color:#4c9372;}
12   .two .a{font-family:ROCK; font-size:24px; font-weight:bold; font-style:oblique; color: #333;}
13   .two .b{font-family:ROCK; font-size:36px; font-weight:bold; color:#333;}
14   h2 .a{font-family:BOOM; font-size:60px;}
15   h2 .b{font-family:LTCH; font-size:50px; color:#e1005a;}
16   .three{font-family:"微软雅黑"; font-size:36px;}
17   .three strong{color:#e1005a;}
18   .four{width:500px; font-family:"微软雅黑"; font-size:14px; color:#747474;white-space: nowrap; overflow:hidden; text-overflow: ellipsis;}
```

需要注意的是,在上述代码中第 3 行代码应用了通配符选择器清除浏览器的默认样式,其原理将在后面的盒子模型中详细讲解,这里了解即可。

运行案例代码,效果如图 3-31 所示。

图 3-31　CSS 样式效果

本章小结

本章首先介绍了 CSS3 的发展史、CSS 样式规则、引入方式及 CSS 基础选择器，然后讲解了常用的 CSS 文本样式属性、CSS 的层叠性、继承性及优先级，最后通过 CSS 修饰文本，制作出了一个常见的服装推广软文页面。

通过本章的学习，读者应该对 CSS3 有了一定的了解，能够充分理解 CSS 所实现的结构与表现的分离及 CSS 样式的优先级规则，可以熟练地使用 CSS 控制页面中的字体和文本外观样式。

动手实践

学习完前面的内容，下面来动手实践一下吧。

结合给出的素材，运用 CSS 选择器、CSS 文本相关样式及高级特性实现图 3-32 所示的图文混排页面。

图 3-32　图文混排页面效果展示

扫描右方二维码，查看动手实践步骤！

第 4 章 CSS3 选择器

学习目标

- 掌握 CSS3 中新增加的属性选择器，能够运用属性选择器为页面中的元素添加样式。
- 理解关系选择器的用法，能够准确判断元素与元素间的关系。
- 掌握常用的结构化伪类选择器，能够为相同名称的元素定义不同样式。
- 掌握伪元素选择器的使用，能够在页面中插入所需要的文字或图片内容。
- 掌握 CSS 伪类，会使用 CSS 伪类实现超链接特效。

选择器是 CSS3 中一个重要的内容，使用它可以大幅度提高开发人员书写和修改样式表的效率。实际上，在上一章中已经介绍过一些常用的选择器，这些选择器基本上能够满足 Web 设计师常规的设计需求。本章将向读者介绍 CSS3 中新增的多种选择器。通过本章的学习，读者可以更轻松地控制网页元素。

4.1 属性选择器

属性选择器可以根据元素的属性及属性值来选择元素。CSS3 中新增了 3 种属性选择器：E[att^=value]、E[att$=value]和 E[att*=value]，本节将详细介绍这 3 种选择器。

4.1.1 E[att^=value]属性选择器

E[att^=value]属性选择器是指选择名称为 E 的标记，且该标记定义了 att 属性，att 属性值包含前缀为 value 的子字符串。需要注意的是 E 是可以省略的，如果省略则表示可以匹配满足条件的任意元素。例如，div[id^=section]表示匹配包含 id 属性，且 id 属性值是以 "section" 字符串开头的 div 元素。

下面通过一个案例对 E[att^=value]属性选择器的用法进行演示，如例 4-1 所示。

例 4-1　example01.html

```
1    <!doctype html>
2    <html>
3    <head>
4    <meta charset="utf-8">
```

```
5   <title>E[att^=value] 属性选择器的应用</title>
6   <style type="text/css">
7   p[id^="one"]{
8      color:pink;
9      font-family:"微软雅黑";
10     font-size:20px;
11  }
12  </style>
13  </head>
14  <body>
15  <p id="one">
16  为了看日出，我常常早起。那时天还没有大亮，周围非常清静，船上只有机器的响声。
17  </p>
18  <p id="two">
19      天空还是一片浅蓝，颜色很浅。转眼间天边出现了一道红霞，慢慢地在扩大它的范围，加强它的亮光。我知道太阳要从天边升起来了，便目不转睛地望着那里。
20  </p>
21  <p id="one1">
22      果然过了一会儿，在那个地方出现了太阳的小半边脸，红是真红，却没有亮光。这个太阳好像负着重荷似地一步一步、慢慢地努力上升，到了最后，终于冲破了云霞，完全跳出了海面，颜色红得非常可爱。一刹那间，这个深红的圆东西，忽然发出了夺目的亮光，射得人眼睛发痛，它旁边的云朵也突然有了光彩。
23  </p>
24  <p id="two1">
25      有时太阳走进了云堆中，它的光线却从云里射下来，直射到水面上。这时候要分辨出哪里是水，哪里是天，倒也不容易，因为我就只看见一片灿烂的亮光。
26  </p>
27  </body>
28  </html>
```

在上述代码中，使用了[att^=value]选择器"p[id^="one"]"。只要 p 元素中的 id 属性值是以"one"字符串开头就会被选中，从而呈现特殊的文本效果。

运行例 4-1，效果如图 4-1 所示。

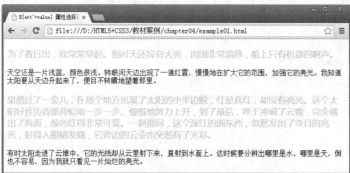

图 4-1　E[att^=value]属性选择器效果展示

4.1.2 E[att$=value]属性选择器

E[att$=value]属性选择器是指选择名称为 E 的标记,且该标记定义了 att 属性,att 属性值包含后缀为 value 的子字符串。与 E[att^=value]选择器一样,E 元素可以省略,如果省略则表示可以匹配满足条件的任意元素。例如,div[id$=section]表示匹配包含 id 属性,且 id 属性值是以 "section" 字符串结尾的 div 元素。

下面通过一个案例对 E[att$=value]属性选择器的用法进行演示,如例 4-2 所示。

例 4-2 example02.html

```
1    <!doctype html>
2    <html>
3    <head>
4    <meta charset="utf-8">
5    <title>E[att$=value] 属性选择器的应用</title>
6    <style type="text/css">
7    p[id$="main"]{
8       color:#0cf;
9       font-family: "宋体";
10      font-size:20px;
11   }
12   </style>
13   </head>
14   <body>
15   <p id="old1">
16      盼望着,盼望着,东风来了,春天的脚步近了。
17   </p>
18   <p id="old2">
19      小草偷偷地从土里钻出来,嫩嫩的,绿绿的。园子里,田野里,瞧去,一大片一大片满是的。坐着,躺着,打两个滚,踢几脚球,赛几趟跑,捉几回迷藏。风轻悄悄的,草绵软软的。
20   </p>
21   <p id="oldmain">
22      桃树、杏树、梨树,你不让我,我不让你,都开满了花赶趟儿。红的像火,粉的像霞,白的像雪。花里带着甜味,闭了眼,树上仿佛已经满是桃儿、杏儿、梨儿!花下成千成百的蜜蜂嗡嗡地闹着……
23   </p>
24   <p id="newmain">
25      "吹面不寒杨柳风",不错的,像母亲的手抚摸着你。风里带来些新翻的泥土的气息,混着青草味,还有各种花的香,都在微微润湿的空气里酝酿。鸟儿将窠巢安在繁花嫩叶当中,高兴起来了……
26   </p>
27   </body>
28   </html>
```

在上述代码中，使用到了[att$=value]选择器"p[id$="main"]"。只要 p 元素中的 id 属性值是以"main"字符串结尾就会被选中，从而呈现特殊的文本效果。

运行例 4-2，效果如图 4-2 所示。

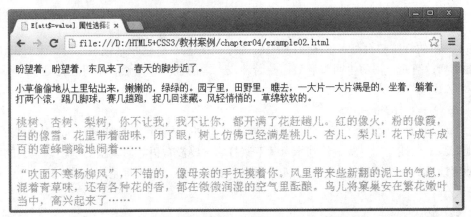

图 4-2　E[att$=value] 属性选择器使用效果展示

4.1.3　E[att*=value]属性选择器

E[att*=value]选择器用于选择名称为 E 的标记，且该标记定义了 att 属性，att 属性值包含 value 子字符串。该选择器与前两个选择器一样，E 元素也可以省略，如果省略则表示可以匹配满足条件的任意元素。例如，div[id*=section]表示匹配包含 id 属性，且 id 属性值包含"section"字符串的 div 元素。

下面通过一个案例对 E[att*=value]属性选择器的用法进行演示，如例 4-3 所示。

例 4-3　example03.html

```
1   <!doctype html>
2   <html>
3   <head>
4   <meta charset="utf-8">
5   <title>E[att*=value]属性选择器的使用</title>
6   <style type="text/css">
7   p[id*="demo"]{
8       color:#0ca;
9       font-family: "宋体";
10      font-size:20px;
11  }
12  </style>
13  </head>
14  <body>
15  <p id="demo1">
16      我们消受得秦淮河上的灯影，当四月犹皎的仲夏之夜。
17  </p>
18  <p id="main1">
```

```
19        在茶店里吃了一盘豆腐干丝，两个烧饼之后，以至歪的脚步踅上夫子庙前停泊
着的画访，就懒洋洋地躺到藤椅上去了。好郁蒸的江南，傍也还是热的。"快开船罢！"
桨声响了。
20    </p>
21    <p id="newdemo">
22        小的灯舫初次在河中荡漾；于我，情景是颇朦胧，滋味是怪羞涩的。我要错认它作
七里的山塘；可是，河房里明窗洞启，映着玲珑入画的栏干，顿然省得身在何处了……
23    </p>
24    <p id="olddemo">
25        又早是夕阳西下，河上妆成一抹胭脂的薄媚。是被青溪的姊妹们所熏染的吗？还是
匀得她们脸上的残脂呢？寂寂的河水，随双桨打它，终没言语。密匝匝的绣恨逐老去的年华，
已都如蜜饧似的融在流波的心窝里、连呜咽也将嫌它多事，更哪里论到哀嘶……
26    </p>
27    </body>
28    </html>
```

在上述代码中，使用了[att*=value]选择器"p[id*="demo"]"。只要 p 元素中的 id 属性值包含"demo"字符串就会被选中，从而呈现特殊的文本效果。

运行例 4-3，效果如图 4-3 所示。

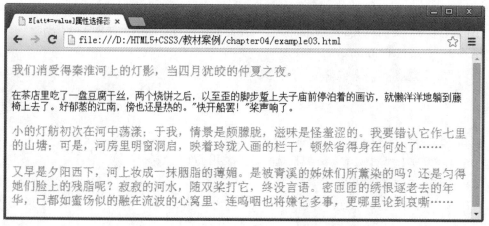

图 4-3 E[att*=value] 属性选择器使用效果展示

4.2 关系选择器

CSS3 中的关系选择器主要包括子代选择器和兄弟选择器，其中子代选择器由符号 ">"
连接，兄弟选择器由符号 "+" 和 "~" 连接，本节将详细讲解这两种选择器。

4.2.1 子代选择器（>）

子代选择器主要用来选择某个元素的第一级子元素。例如希望选择只作为 h1 元素子元素
的 strong 元素，可以这样写：h1 > strong。

下面通过一个案例对子代选择器（>）的用法进行演示，如例 4-4 所示。

例 4-4　example04.html

```
1   <!doctype html>
2   <html>
3   <head>
4   <meta charset="utf-8">
5   <title>子代选择器的应用</title>
6   <style type="text/css">
7   h1>strong{
8      color:red;
9      font-size:20px;
10     font-family:"微软雅黑";
11  }
12  </style>
13  </head>
14  <body>
15   <h1>这个<strong>知识点</strong>很<strong>重要</strong></h1>
16   <h1>传智<em><strong>播客</strong></em>欢迎你！</h1>
17  </body>
18  </html>
```

在上述代码中，第 15 行代码中的 strong 元素为 h1 元素的子元素，第 16 行代码中的 strong 元素为 h1 元素的孙元素，因此代码中设置的样式只对第 15 行代码有效。

运行例 4-4，效果如图 4-4 所示。

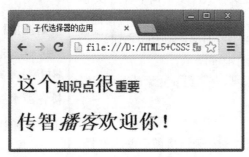

图 4-4　子代选择器使用效果展示

4.2.2　兄弟选择器（+、~）

兄弟选择器用来选择与某元素位于同一个父元素之中，且位于该元素之后的兄弟元素。兄弟选择器分为临近兄弟选择器和普通兄弟选择器两种。对它们的讲解如下。

1. 临近兄弟选择器

该选择器使用加号"+"来；连接前后两个选择器。选择器中的两个元素有同一个父亲，而且第二个元素必须紧跟第一个元素。

下面通过一个案例对临近兄弟选择器的用法进行演示，如例 4-5 所示。

例 4-5　example05.html

```
1   <!doctype html>
2   <html>
3   <head>
4   <meta charset="utf-8">
5   <title>临近兄弟选择器的应用</title>
6   <style type="text/css">
7   p+h2{
8       color:green;
9       font-family:"宋体";
10      font-size:20px;
11  }
12  </style>
13  </head>
14  <body>
15  <h2>《赠汪伦》</h2>
16  <p>李白乘舟将欲行，</p>
17  <h2>忽闻岸上踏歌声。</h2>
18  <h2>桃花潭水深千尺，</h2>
19  <h2>不及汪伦送我情。</h2>
20  </body>
21  </html>
```

在上述代码中，第 7～11 行代码用于为 p 元素后紧邻的第一个兄弟元素 h2 定义样式。从结构中看出 p 元素后紧邻的第一个兄弟元素所在位置为第 17 行代码，因此第 17 行代码的文字内容将以所定义好的样式显示。

运行例 4-5，效果如图 4-5 所示。

从图 4-5 中可以看出，只有紧跟 p 元素的 h2 元素应用了代码中设定的样式。

2.普通兄弟选择器

普通兄弟选择器使用"～"来链接前后两个选择器。选择器中的两个元素有同一个父亲，但第二个元素不必紧跟第一个元素。

图 4-5　临近兄弟选择器使用效果展示

下面通过一个案例对普通兄弟选择器的用法进行演示，如例 4-6 所示。

例 4-6　example06.html

```
1   <!doctype html>
2   <html>
3   <head>
4   <meta charset="utf-8">
5   <title>普通兄弟选择器</title>
```

```
 6   <style type="text/css">
 7   p~h2{
 8       color:pink;
 9       font-family:"微软雅黑";
10       font-size:20px;
11   }
12   </style>
13   </head>
14   <body>
15   <p>你站在桥上看风景</p>
16   <h2>看风景的人在楼上看你</h2>
17   <h2>明月装饰了你的窗子</h2>
18   <h2>你装饰了别人的梦</h2>
19   </body>
20   </html>
```

在上述代码中，第 7~11 行代码用于为 p 元素的所有兄弟元素定义文本样式，观察代码结构不难发现所有的 h2 元素均为 p 元素的兄弟元素。

运行例 4-6，效果如图 4-6 所示。

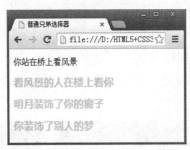

图 4-6 普通兄弟选择器使用效果展示

从图 4-6 中可以看出，p 元素的所有兄弟元素 h2 都应用了代码中所设定的样式。

4.3 结构化伪类选择器

结构化伪类选择器是 CSS3 中新增加的选择器。常用的结构化伪类选择器有:root 选择器、:not 选择器、:only-child 选择器、:first-child 选择器、:last-child 选择器、:nth-child(n)选择器、:nth-last-child(n)选择器、:nth-of-type(n)选择器、:nth-last-of-type(n) 选择器、:empty 选择器、:target 选择器。本节将对这些选择器进行详细讲解。

4.3.1 :root 选择器

:root 选择器用于匹配文档根元素，在 HTML 中，根元素始终是 html 元素。也就是说使用 ":root 选择器"定义的样式，对所有页面元素都生效。对于不需要该样式的元素，可以单独设置样式进行覆盖。

下面通过一个案例对:root 选择器的用法进行演示，如例 4-7 所示。

例 4-7　example07.html

```
1   <!doctype html>
2   <html>
3   <head>
4   <meta charset="utf-8">
5   <title>root 选择器的使用</title>
6   <style type="text/css">
7   :root{color:red;}
8   h2{color:blue;}
9   </style>
10  </head>
11  <body>
12  <h2>《面朝大海春暖花开》</h2>
13  <p>从明天起做个幸福的人
14  喂马劈柴周游世界
15  从明天起关心粮食和蔬菜
16  我有一所房子
17  面朝大海春暖花开</p>
18  </body>
19  </html>
```

在上述代码中，第 7 行代码使用":root 选择器"将页面中所有的文本设置为红色，第 8 行代码用于为 h2 元素设置蓝色文本，以覆盖第 7 行代码中设置的红色文本样式。

运行例 4-7，效果如图 4-7 所示。

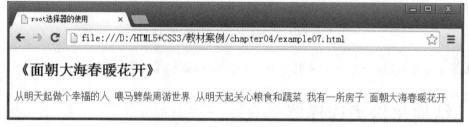

图 4-7　root 选择器效果展示 1

如果不指定 h2 元素的字体颜色，而仅仅使用":root 选择器"设置的样式，即删除第 8 行代码，效果如图 4-8 所示。

图 4-8　root 选择器效果展示 2

4.3.2 :not 选择器

如果对某个结构元素使用样式,但是想排除这个结构元素下面的子结构元素,让它不使用这个样式,可以使用:not 选择器。下面通过一个案例来做具体演示,如例 4-8 所示。

例 4-8　example08.html

```
1  <!doctype html>
2  <html>
3  <head>
4  <meta charset="utf-8">
5  <title>not 选择器的使用</title>
6  <style type="text/css">
7  body *:not(h3){
8      color: orange;
9      font-size: 20px;
10     font-family: "宋体";
11 }
12 </style>
13 </head>
14 <body>
15 <h3>《世界上最远的距离》</h3>
16 <p>世界上最远的距离</p>
17 <p>不是生与死的距离</p>
18 <p>而是我站在你面前</p>
19 <p>你却不知道我爱你……</p>
20 </body>
21 </html>
```

在例 4-8 中,第 7~11 行代码定义了页面 body 的文本样式,"body*:not(h3)" 选择器用于排除 body 结构中的子结构元素 h3,使其不应用该文本样式。

运行例 4-8,效果如图 4-9 所示。

图 4-9　not 选择器使用效果展示

从图 4-9 中可以看出，只有 h3 标记所定义的文字内容没有添加新的样式。

4.3.3 :only-child 选择器

:only-child 选择器用于匹配属于某父元素的唯一子元素的元素，也就是说，如果某个父元素仅有一个子元素，则使用":only-child 选择器"可以选择这个子元素。

下面通过一个案例对":only-child 选择器"的用法进行演示，如例 4-9 所示。

例 4-9　example09.html

```
1   <!doctype html>
2   <html>
3   <head>
4   <meta charset="utf-8">
5   <title>only-child 选择器的使用</title>
6   <style type="text/css">
7   li:only-child{color:red;}
8   </style>
9   </head>
10  <body>
11      <div>
12          国内电影：
13          <ul>
14              <li>一代宗师</li>
15              <li>叶问</li>
16              <li>非诚勿扰</li>
17          </ul>
18          美国电影：
19          <ul>
20              <li>侏罗纪世界</li>
21          </ul>
22          日本动漫：
23          <ul>
24              <li>蜡笔小新</li>
25              <li>火影忍者</li>
26              <li>航海王</li>
27          </ul>
28      </div>
29  </body>
30  </html>
```

在例 4-9 中使用了:only-child 选择器"li:only-child"，用于选择作为 ul 唯一子元素的 li 元素，并设置其文本颜色为红色。

运行例 4-9，效果如图 4-10 所示。

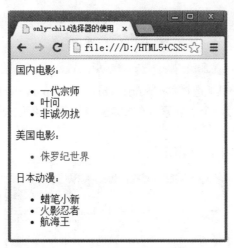

图 4-10 only-child 选择器使用效果展示

4.3.4 :first-child 和 :last-child 选择器

:first-child 选择器和 :last-child 选择器分别用于为父元素中的第一个或者最后一个子元素设置样式。下面通过一个案例来演示它们的使用方法，如例 4-10 所示。

例 4-10   example10.html

```
1   <!doctype html>
2   <html>
3   <head>
4   <meta charset="utf-8">
5   <title>first-child 和 last-child 选择器的使用</title>
6   <style type="text/css">
7   p:first-child{
8      color:pink;
9      font-size:16px;
10     font-family:"宋体";
11  }
12  p:last-child{
13     color:blue;
14     font-size: 16px;
15     font-family: "微软雅黑";
16  }
17  </style>
18  </head>
19  <body>
20  <p>第一篇  毕业了</p>
21  <p>第二篇  关于考试</p>
22  <p>第三篇  夏日飞舞</p>
23  <p>第四篇  惆怅的心</p>
```

```
24    <p>第五篇  畅谈美丽</p>
25    </body>
26    </html>
```

在例 4-10 中，分别使用了选择器 "p:first-child" 和 "p:last-child"，用于选择作为其父元素的第 1 个子元素 p 和最后一个子元素 p（本案例中的父元素为 body），然后为它们设置特殊的文本样式。

运行例 4-10，效果如图 4-11 所示。

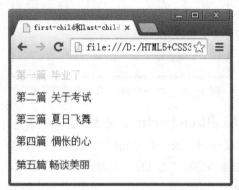

图 4-11 :first-child 和:last-child 选择器使用效果展示

4.3.5 :nth-child(n)和:nth-last-child(n)选择器

使用:first-child 选择器和:last-child 选择器可以选择某个父元素中第一个或最后一个子元素，但是如果用户想要选择第 2 个或倒数第 2 个子元素，这两个选择器就不起作用了。为此，CSS3 引入了:nth-child(n)和:nth-last-child(n)选择器，它们是:first-child 选择器和:last-child 选择器的扩展。

下面在例 4-10 的基础上对:nth-child(n)和:nth-last-child(n)选择器的用法进行演示，如例 4-11 所示。

例 4-11 example11.html

```
1    <!doctype html>
2    <html>
3    <head>
4    <meta charset="utf-8">
5    <title>nth-child(n)和 nth-last-child(n)选择器的使用</title>
6    <style type="text/css">
7    p:nth-child(2){
8       color:pink;
9       font-size:16px;
10      font-family:"宋体";
11   }
12   p:nth-last-child(2){
13      color:blue;
14      font-size: 16px;
```

```
15      font-family: "微软雅黑";
16    }
17   </style>
18  </head>
19  <body>
20   <p>第一篇 毕业了</p>
21   <p>第二篇 关于考试</p>
22   <p>第三篇 夏日飞舞</p>
23   <p>第四篇 惆怅的心</p>
24   <p>第五篇 畅谈美丽</p>
25  </body>
26  </html>
```

在例 4-11 中，分别使用了选择器 "p:nth-child(2)" 和 "p:nth-last-child(2)"，用于选择作为其父元素的第 2 个子元素 p 和倒数第 2 个子元素 p（本案例中的父元素为 body），然后为它们设置特殊的文本样式。

运行例 4-11，效果如图 4-12 所示。

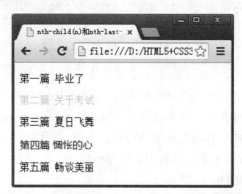

图 4-12 :nth-child(n)和:nth-last-child(n)选择器使用效果展示

4.3.6 :nth-of-type(n)和:nth-last-of-type(n)选择器

在上一节介绍了:nth-child(n)和:nth-last-child(n)选择器，并实现了一些简单的页面效果，本节将引入:nth-of-type(n) 和:nth-last-of-type(n)选择器，这两种选择器的不同之处在于:nth-of-type(n)和:nth-last-of-type(n)选择器用于匹配属于父元素的特定类型的第 n 个子元素和倒数第 n 个子元素，而:nth-child(n)和:nth-last-child(n)选择器用于匹配属于父元素的第 n 个子元素和倒数第 n 个子元素，与元素类型无关。

下面就通过一个案例来对:nth-of-type(n)和:nth-last-of-type(n)选择器做具体研究，如例 4-12 所示。

例 4-12 example12.html

```
1  <!doctype html>
2  <html>
3  <head>
4  <meta charset="utf-8">
```

```
5    <title>nth-of-type(n)和nth-last-of-type(n)选择器的使用</title>
6    <style type="text/css">
7    h2:nth-of-type(odd){color:#f09;}
8    h2:nth-of-type(even){color:#12ff65;}
9    p:nth-last-of-type(2){font-weight:bold;}
10   </style>
11   </head>
12   <body>
13   <h2>网页设计</h2>
14   <p>网页设计是根据企业希望向浏览者传递的信息（包括产品、服务、理念、文化），进行网站功能策划，然后进行的页面设计美化工作。</p>
15   <h2>Java</h2>
16   <p>Java是一种可以撰写跨平台应用程序的面向对象的程序设计语言。</p>
17   <h2>iOS</h2>
18   <p>iOS是由苹果公司开发的移动操作系统。</p>
19   <h2>PHP</h2>
20   <p>PHP（外文名：PHP: Hypertext Preprocessor，中文名："超文本预处理器"）是一种通用开源脚本语言。</p>
21   </body>
22   </html>
```

在例4-12中，第7行代码"h2:nth-of-type(odd){color:#f09;}"用于将所有h2元素中第奇数行的字体颜色设置为玫红色；第8行代码"h2:nth-of-type(even){color:#12ff65;}"用于将所有h2元素中第偶数行的字体颜色设置为绿色；第9行代码"p:nth-last-of-type(2){font-weight:bold;}"用于将倒数第2个p元素的字体加粗显示。

运行例4-12，效果如图4-13所示。

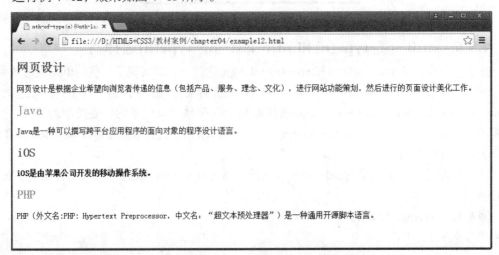

图4-13　nth-of-type(n)和nth-last-of-type(n)选择器使用效果展示

从图4-13中可以看出，所有奇数行文章标题的字体颜色为玫红色，所有偶数行文章标题的字体颜色为绿色，倒数第二个p元素定义的字体样式为粗体显示，实现了最终想要的结果。

4.3.7 :empty 选择器

:empty 选择器用来选择没有子元素或文本内容为空的所有元素。下面通过一个案例对 ":empty 选择器" 的用法进行演示, 如例 4-13 所示。

例 4-13　example13.html

```
1   <!doctype html>
2   <html>
3   <head>
4   <meta charset="utf-8">
5   <title>empty选择器的使用</title>
6   <style type="text/css">
7   p{
8       width:150px;
9       height:30px;
10  }
11  :empty{background-color: #999;}
12  </style>
13  </head>
14  <body>
15  <p>传智播客北京校区</p>
16  <p>传智播客上海校区</p>
17  <p>传智播客广州校区</p>
18  <p></p>
19  <p>传智播客武汉校区</p>
20  </body>
21  </html>
```

在例 4-13 中, 第 18 行代码用于定义空元素 p, 第 11 行代码使用 ":empty 选择器" 将页面中空元素的背景颜色设置为灰色。

运行例 4-13, 效果如图 4-14 所示。

图 4-14　empty 选择器使用效果展示

从图 4-14 中可以看出, 没有内容的 p 元素被添加了灰色背景色。

4.3.8 :target 选择器

:target 选择器用于为页面中的某个 target 元素（该元素的 id 被当做页面中的超链接来使用）指定样式。只有用户单击了页面中的超链接，并且跳转到 target 元素后，:target 选择器所设置的样式才会起作用。

下面通过一个案例对 ":target 选择器"的用法进行演示，如例 4-14 所示。

例 4-14　example14.html

```
1   <!doctype html>
2   <html>
3   <head>
4   <meta charset="utf-8">
5   <title>target 选择器的使用</title>
6   <style type="text/css">
7   :target{background-color:#e5eecc;}
8   </style>
9   </head>
10  <body>
11  <h1>这是标题</h1>
12  <p><a href="#news1">跳转至内容 1</a></p>
13  <p><a href="#news2">跳转至内容 2</a></p>
14  <p>请单击上面的链接,:target 选择器会突出显示当前活动的 HTML 锚。</p>
15  <p id="news1"><b>内容 1...</b></p>
16  <p id="news2"><b>内容 2...</b></p>
17  </body>
18  </html>
```

在例 4-14 中，第 7 行代码用于为 target 元素指定背景颜色。当单击链接时，所链接到的内容将会被添加背景颜色效果。

运行例 4-14，效果如图 4-15 所示。

当单击"跳转至内容 1"时，效果如图 4-16 所示，链接内容添加了背景颜色效果。

图 4-15　target 选择器使用效果展示 1

图 4-16　target 选择器使用效果展示 2

4.4 伪元素选择器

所谓伪元素选择器,是针对 CSS 中已经定义好的伪元素使用的选择器。CSS 中常用的伪元素选择器有:before 伪元素选择器和:after 伪元素选择器,下面将详细介绍这两种伪元素选择器。

4.4.1 :before 选择器

:before 伪元素选择器用于在被选元素的内容前面插入内容,必须配合 content 属性来指定要插入的具体内容。其基本语法格式为:

```
<元素>:before
{
   content:文字/url();
}
```

在上述语法中,被选元素位于":before"之前,"{ }"中的 content 属性用来指定要插入的具体内容,该内容既可以为文本也可以为图片。

下面通过一个案例对:before 伪元素选择器的用法进行演示,如例 4-15 所示。

例 4-15 example15.html

```
1  <!doctype html>
2  <html>
3  <head>
4  <meta charset="utf-8">
5  <title>before 选择器的使用</title>
6  <style type="text/css">
7  p:before{
8     content:"传智播客";
9     color:#c06;
10    font-size: 20px;
11    font-family: "微软雅黑";
12    font-weight: bold;
13  }
14  </style>
15  </head>
16  <body>
17  <p>专注于 Java、.NET、PHP、网页设计和平面设计、iOS、C++工程师的培养,提供的免费视频教程是目前覆盖面最广,项目最真实的视频教程之一。</p>
18  </body>
19  </html>
```

在例 4-15 中,使用了选择器"p:before",用于在段落前面添加内容,同时使用 content

属性来指定添加的具体内容。为了使插入效果更美观，还设置了文本样式。

运行例 4-15，效果如图 4-17 所示。

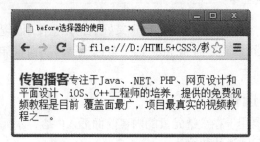

图 4-17　before 选择器使用效果展示

4.4.2　after 选择器

:after 伪元素选择器用于在某个元素之后插入一些内容，使用方法与:before 选择器相同。下面通过一个案例来做具体演示，如例 4-16 所示。

例 4-16　example16.html

```
1   <!doctype html>
2   <html>
3   <head>
4   <meta charset="utf-8">
5   <title>after 选择器的使用</title>
6   <style type="text/css">
7   p:after{content:url(images/tu.jpg);}
8   </style>
9   </head>
10  <body>
11  <p>十五的月亮<br></p>
12  </body>
13  </html>
```

在例 4-16 中，第 7 行代码 "p:after{content:url(images/tu.jpg);}" 用于在段落之后添加一张图片。

运行例 4-16，效果如图 4-18 所示。

图 4-18　after 选择器使用效果展示

4.5 链接伪类

定义超链接时,为了提高用户体验,经常需要为超链接指定不同的状态,使得超链接在单击前、单击后和鼠标悬停时的样式不同。在 CSS 中,通过链接伪类可以实现不同的链接状态。本节将对链接伪类控制超链接的样式进行详细讲解。

所谓伪类并不是真正意义上的类,它的名称是由系统定义的,通常由标记名、类名或 id 名加 ":" 构成。超链接标记<a>的伪类有 4 种,具体如表 4-1 所示。

表 4-1 超链接标记<a>的伪类

超链接标记<a>的伪类	含义
a:link{ CSS 样式规则; }	未访问时超链接的状态
a:visited{ CSS 样式规则; }	访问后超链接的状态
a:hover{ CSS 样式规则; }	鼠标经过、悬停时超链接的状态
a:active{ CSS 样式规则; }	鼠标单击不动时超链接的状态

表 4-1 中列出了超链接标记<a>的 4 种伪类,下面通过一个案例来做具体演示,如例 4-17 所示。

例 4-17 example17.html

```
1   <!doctype html>
2   <html>
3   <head>
4   <meta charset="utf-8">
5   <title>链接伪类</title>
6   </head>
7   <body>
8   <style type="text/css">
9   a:link,a:visited{              /*未访问和访问后*/
10      color:pink;
11      text-decoration:none;      /*清除超链接默认的下划线*/
12  }
13  a:hover{                       /*鼠标悬停*/
14      color:blue;
15      text-decoration:underline; /*鼠标悬停时出现下划线*/
16  }
17  a:active{ color:#F00;}         /*鼠标单击不动*/
18  </style>
19  </head>
20  <body>
21  <a href="#">公司首页</a>
```

```
22    <a href="#">公司简介</a>
23    <a href="#">产品介绍</a>
24    <a href="#">联系我们</a>
25    </body>
26    </html>
```

在例 4-17 中，通过链接伪类定义超链接不同状态的样式，需要注意的是第 11 行代码用于清除超链接默认的下划线，第 15 行代码用于在鼠标悬停时为超链接添加下划线。

运行例 4-17，效果如图 4-19 所示。

在图 4-19 中，超链接按设置的默认样式显示，文本颜色为粉色、无下划线。当鼠标移上链接文本时，文本颜色变为蓝色且添加下划线效果，

图 4-19　导航效果

如图 4-20 所示。当鼠标单击链接文本不动时，文本颜色变为红色且添加默认的下划线，如图 4-21 所示。

图 4-20　鼠标悬停时的链接样式

图 4-21　鼠标单击不动时的链接样式

值得一提的是，在实际工作中，通常只需要使用 a:link、a:visited 和 a:hover 定义未访问、访问后和鼠标悬停时的链接样式，并且常常对 a:link 和 a:visited 应用相同的样式，使未访问和访问后的链接样式保持一致。

注意：

（1）同时使用链接的 4 种伪类时，通常按照 a:link、a:visited、a:hover 和 a:active 的顺序书写，否则定义的样式可能不起作用。

（2）除了文本样式之外，链接伪类还常常用于控制超链接的背景、边框等样式。

4.6　阶段案例——制作网页设计软件列表

本章前几节重点讲解了选择器及伪类链接的使用，为了使读者更好的掌握这些相关知识点，本节将通过案例的形式分步骤制作一个"网页设计软件列表"，其默认效果如图 4-22 所示。

网页设计软件列表(单击查看)

Photoshop软件　　illustrator软件　　Dreamweaver软件　　Fireworks软件

图 4-22　"网页设计软件列表"默认效果

当鼠标悬浮于导航选项时，该选项的文本颜色发生变化，且添加下划线效果，如图 4-23 所示。

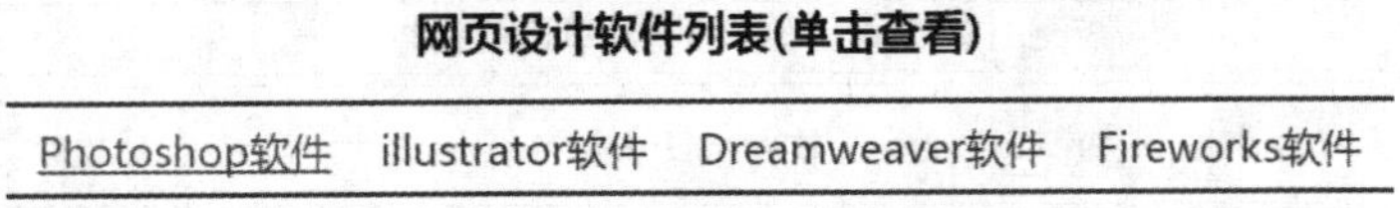

网页设计软件列表(单击查看)
Photoshop软件 illustrator软件 Dreamweaver软件 Fireworks软件

图 4-23 鼠标悬浮样式

当用鼠标单击导航选项后，会出现该款软件的相关介绍，如单击第一个导航选项，效果如图 4-24 所示。

网页设计软件列表(单击查看)
Photoshop软件 illustrator软件 Dreamweaver软件 Fireworks软件
Photoshop
Photoshop一款超S级设计神器！给画面来点动感吧。
Photoshop处理以像素构成的图像，可以有效地进行图片编辑调整工作。
Photoshop有很多功能，在图像、图形、文字、出版等各方面都有涉及。
在制作建筑效果图包括许三维场景时，常常需要在Photoshop进行调整。

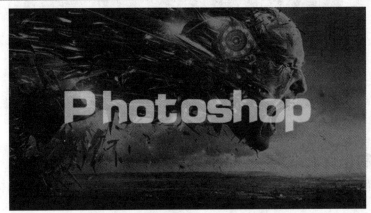

图 4-24 软件介绍效果

4.6.1 分析效果图

1. 结构分析

图 4-25 所示的软件效果展示页面由标题、导航栏及内容介绍三部分组成，如图 4-25 所示。

在 HTML 页面中，可以使用标题标记<h2>定义标题，通过<nav>元素内部嵌套<a>链接搭建导航结构，然后由定义列表<dl>定义内容部分，并为导航和内容间设置锚点链接。同时为了设置某些特殊显示的文本可以通过嵌套<em>标记来定义。

2. 样式分析

仔细观察效果图，可以发现页面中的标题、导航栏和内容部分均水平居中显示，可整体定义，然后需要分别定义每一部分的样式。首先定义导航栏中<a>链接的样式，包括访问前后和访问时两种样式。然后定义内容介绍部分，将页面加载完成时内容部分的显示状态设为隐藏，并统一设置内容部分的文字样式，文字前的小图标通过伪元素选择器定义。为了突出内容部分的文字效果，通过结构化伪类选择器搭配<em>标记进行定义。最后，通过 target 选择器将链接到的内容设置为显示，从而实现单击导航中的某一款软件时，显示该软件相对应的内容介绍信息。

图 4-25 结构分析

4.6.2 制作页面结构

对效果图有了一定的了解之后,下面使用相应的 HTML 标记搭建页面结构,如例 4-18 所示。

例 4-18　example18.html

```
1   <!doctype html>
2   <html>
3   <head>
4   <meta charset="utf-8">
5   <title>网业设计软件列表</title>
6   </head>
7   <body>
8   <h2>网页设计软件列表(单击查看)</h2>
9   <hr size="3" color="#5E2D00" width="750px">
10  <nav>
11      <a href="#news1" class="one">Photoshop 软件</a>
12      <a href="#news2" class="two">illustrator 软件</a>
13      <a href="#news3" class="two">Dreamweaver 软件</a>
14      <a href="#news4" class="two">Fireworks 软件</a>
15  </nav>
16  <hr size="3" color="#5E2D00" width="750px">
17  <dl id="news1">
18      <dt><img src="images/1.jpg"></dt>
19      <dd>Photoshop 一款<em>超 S 级设计神器</em>!给画面来点动感吧。</dd>
```

```
20      <dd>Photoshop 处理以<em>像素构成的图像</em>,可以有效地进行图片编辑调整工作。</dd>
21      <dd>Photoshop 有很多功能,在图像、图形、文字、出版等各方面都有涉及。</dd>
22      <dd>在制作建筑效果图包括许三维场景时,常常需要在 Photoshop 进行调整。</dd>
23      </dl>
24      <dl id="news2">
25        <dt><img src="images/2.jpg"></dt>
26      <dd>Illustrator 是一种应用于出版、多媒体和在线图像的<em>标准矢量插画</em>的软件。</dd>
27      <dd>Illustrator 广泛应用于<em>印刷出版、海报书籍、</em>专业插画、多媒体图像处理。</dd>
28      <dd>Illustrator 可以为线稿提供较高的精度和控制,简单到复杂项目都能生产。</dd>
29      <dd>根据不完全统计全球大约有 37%的界面设计师在使用 Illustrator 进行设计。</dd>
30      </dl>
31      <dl id="news3">
32        <dt><img src="images/3.jpg"></dt>
33      <dd>Dreamweaver 是第一套针对<em>专业网页设计师</em>特别发展的网页开发工具。</dd>
34      <dd>利用它可以轻易地制作出<em>跨越平台和跨越浏览器</em>限制的充满动感的网页。</dd>
35      <dd>Dreamweaver 自 MX 版本开始,使用了 Opera 的排版引擎作为网页预览。</dd>
36      <dd>Dreamweaver 可以在 AdobeCreativeSuite4 的不同组件之间切换工作。</dd>
37      </dl>
38      <dl id="news4">
39        <dt><img src="images/4.jpg"></dt>
40      <dd>Fireworks 是 Adobe 推出的一款<em>网页作图软件</em>,可以加速 Web 设计开发。</dd>
41      <dd>Fireworks 是一款创建优化<em>Web 图像</em>和快速构建网站与 Web 界面的工具。</dd>
42      <dd>Fireworks 可以创建和编辑矢量图像与位图图像,并导入 PS 和 AI 文件中。</dd>
43      <dd>Fireworks 采用与 PS 类似的层图层结构来管理原型,更易组织 Web 页面。</dd>
44      </dl>
45    </body>
46  </html>
```

在例 4-18 中,第 9 行和第 16 行代码分别用于定义水平线,第 11~14 行代码用于为软件列表添加锚点链接。<dl>标记用于定义所链接到的内容介绍部分,图片内容嵌套在<dt>内部,文字内容嵌套在<dd>内部。

运行例 4-18,效果如图 4-26 所示。

图 4-26 HTML 结构页面效果

4.6.3 定义 CSS 样式

搭建完页面的结构,接下来为页面添加 CSS 样式。本节采用从整体到局部的方式实现图 4-22 所示的效果,具体如下。

1. 定义基础样式

在定义 CSS 样式时,首先要清除浏览器默认样式,具体 CSS 代码如下。

```
/* 删除浏览器的默认样式 */
*{list-style:none;outline:none;}
/* 全局控制 */
body{font-family:"微软雅黑";text-align:center;}
```

2. 定义 a 链接的样式

由于 a 链接的样式相统一,这里进行整体控制,具体代码如下。

```
a{
    text-indent: 1em;
    display:inline-block;
    font-size:22px;
    color:#5E2D00;
    }
a:nth-child(1){text-indent:0;}  /* 设置第一个链接的首行缩进为 0 */
```

```
a:link,a:visited{text-decoration:none;}
a:hover{
   text-decoration:underline;
   color:#f03;
   }
```

3. 整体控制内容部分

内容部分整体通过<dl>控制，当加载页面完成时显示效果为隐藏，并在文字内容前添加小图片，统一设置奇数行的文字颜色等，具体代码如下。

```
dl{display:none;}
dd{
   line-height:38px;
   font-size:22px;
   font-family:"微软雅黑";
   color:#333;
   }
dd:before{content:url(images/11.png);}      /* 添加小图片 */
dd:nth-child(odd){color:#BDA793;}
dd:nth-child(2) em{
   color:#f03;
   font-weight:bold;
   font-style: normal;
   }
dd:nth-child(3) em{
   color:#5E2D00;
   font-weight:bold;
   font-style: normal;
   }
:target{display:block;}                     /* 链接到的内容部分显示 */
```

至此，就完成了效果图 4-22 所示网页设计软件列表的 CSS 样式部分。将该样式应用于网页后，保存 HTML 文件，刷新页面，效果如图 4-27 所示。

图 4-27　网页设计软件列表 1

鼠标悬浮于软件列表上时效果如图4-28所示。

图4-28　网页设计软件列表2

单击第一款软件后的显示效果如图4-29所示。

图4-29　网页设计软件列表3

注意：

本案例使用了 display 属性，"display:inline-block"用于将元素类型转换为行内块元素，"display:none"指显示状态为隐藏，"display:block"用于将元素转换为显示状态。后面章节将会详细介绍，这里了解即可。

本章小结

本章从CSS3新增的选择器开始介绍，依次介绍了属性选择器、关系选择器、结构化伪类选择器、伪元素选择器等选择器的使用方法。最后利用本周知识点实现了一个网页设计软件列表页面的阶段案例。

选择器是 CSS3 中很重要的组成部分，它实现了页面内对样式的各种需求，本章仅仅演示了这些选择器比较常用的功能和使用方法，读者深入研究学习其他高级功能。

动手实践

学习完前面的内容，下面来动手实践一下吧。

请结合给出的素材，运用 HTML 相关标记和 CSS 选择器实现图 4-30 所示的学员感言页面。其中的小标题均是超链接，当鼠标悬浮到每个小标题上时，文字由黑色变为红色并添加下划线，如图 4-31 所示。

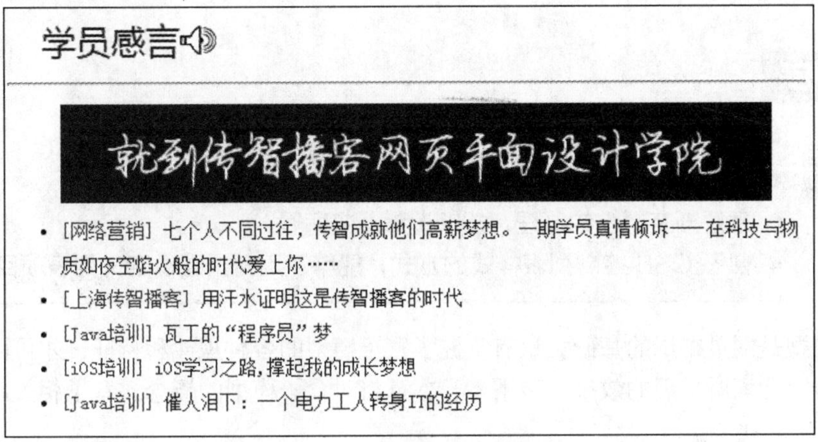

图 4-30　宣传页面效果展示

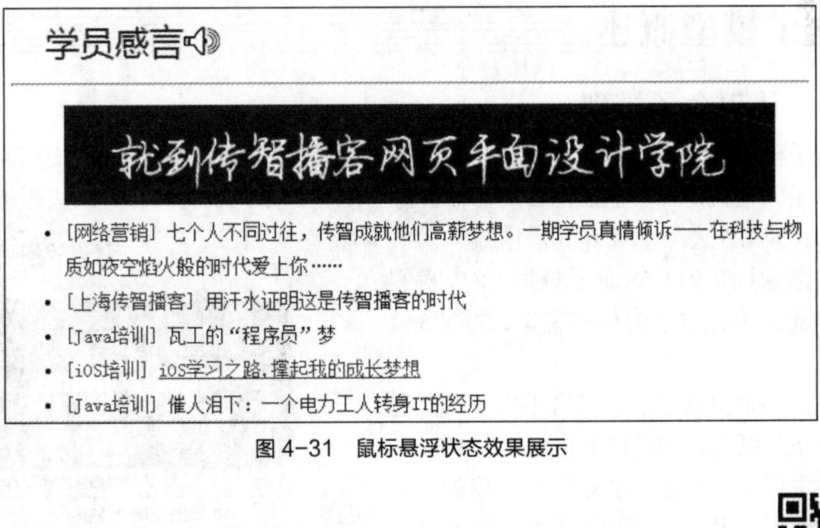

图 4-31　鼠标悬浮状态效果展示

扫描右方二维码，查看动手实践步骤！

第 5 章 CSS 盒子模型

学习目标

- 掌握盒子的相关属性，能够制作常见的盒子模型效果。
- 掌握背景属性的设置方法，能够设置背景颜色和图像。
- 理解渐变属性的原理，能够设置渐变背景。
- 熟悉 CSS 控制列表样式的方式，能够运用背景图像定义列表项目符号。

盒子模型是网页布局的基础，只有掌握了盒子模型的各种规律和特征，才可以更好地控制网页中各个元素所呈现的效果。接下来，本章将对盒子模型的概念、盒子相关属性进行详细讲解。

5.1 盒子模型概述

5.1.1 认识盒子模型

学习盒子模型首先需要了解其概念，所谓盒子模型就是把 HTML 页面中的元素看作是一个矩形的盒子，也就是一个盛装内容的容器。每个矩形都由元素的内容、内边距（Padding）、边框（Border）和外边距（Margin）组成。

为了更形象地认识 CSS 盒子模型，首先我们从生活中常见的手机盒子的构成说起，如图 5-1 所示。

一个完整的手机盒子通常包含手机、填充泡沫和盛装手机的纸盒。如果把手机想象成 HTML 元素，那么手机盒子就是一个 CSS 盒子模型，其中手机为 CSS 盒子模型的内容，填充泡沫的厚度为 CSS 盒子模型的内边距，纸盒的厚度为 CSS 盒子模型的边框，如图 5-1 所示。当多个手机盒子放在一起时，它们之间的距离就是 CSS 盒子模型的外边距，如图 5-2 所示。

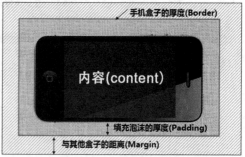

图 5-1 手机盒子的构成

下面通过一个具体的案例来认识到底什么是盒子模型。新建 HTML 页面，并在页面中添加一个段落，然后通过盒子相关属性对段落进行控制，如例 5-1 所示。

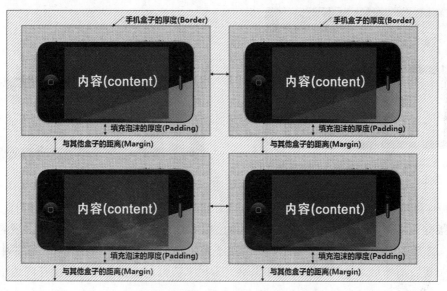

图 5-2　多个手机盒子

例 5-1　example01.html

```
1   <!doctype html>
2   <html>
3   <head>
4   <meta charset="utf-8">
5   <title>认识盒子模型</title>
6   <style type="text/css">
7   .box{
8       width:200px;               /*盒子模型的宽度*/
9       height:50px;               /*盒子模型的高度*/
10      border:15px solid red;     /*盒子模型的边框*/
11      background:#CCC;           /*盒子模型的背景颜色*/
12      padding:30px;              /*盒子模型的内边距*/
13      margin:20px;               /*盒子模型的外边距*/
14  }
15  </style>
16  </head>
17  <body>
18  <p class="box">盒子中包含的内容</p>
19  </body>
20  </html>
```

在例 5-1 中，通过盒子模型的属性对段落文本进行控制。

运行例 5-1，效果如图 5-3 所示。

在上面的例子中<p>标记就是一个盒子，其构成如图 5-4 所示。

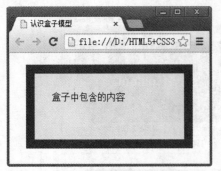
图 5-3 盒子在浏览器中的效果

图 5-4 盒子模型结构

网页中所有的元素和对象都是由图 5-4 所示的基本结构组成，并呈现出矩形的盒子效果。在浏览器看来，网页就是多个盒子嵌套排列的结果。其中，内边距出现在内容区域的周围，当给元素添加背景色或背景图像时，该元素的背景色或背景图像也将出现在内边距中，外边距是该元素与相邻元素之间的距离，如果给元素定义边框属性，边框将出现在内边距和外边距之间。

需要注意的是，虽然盒子模型拥有内边距、边框、外边距、宽和高这些基本属性，但是并不要求每个元素都必须定义这些属性。

5.1.2 <div>标记

div 是英文 division 的缩写，意为"分割、区域"。<div>标记简单而言就是一个区块容器标记，可以将网页分割为独立的、不同的部分，以实现网页的规划和布局。<div>与</div>之间相当于一个"盒子"，可以设置外边距、内边距、宽和高，同时内部可以容纳段落、标题、表格、图像等各种网页元素，也就是说大多数 HTML 标记都可以嵌套在<div>标记中，<div>中还可以嵌套多层<div>。

<div>标记非常强大，通过与 id、class 等属性配合设置 CSS 样式，可以替代大多数的块级文本标记。下面通过一个案例来演示其用法，如例 5-2 所示。

例 5-2 example02.html

```
1   <!doctype html>
2   <html>
3   <head>
4   <meta charset="utf-8"/>
5   <title>div 标记</title>
6   <style type="text/css">
7   .one{
8       width:450px;            /*设置宽度*/
9       height:30px;            /*设置高度*/
10      line-height:30px;       /*设置行高*/
11      background:#FCC;        /*设置背景颜色*/
12      font-size:18px;         /*设置字体大小*/
13      font-weight:bold;       /*设置字体加粗*/
14      text-align:center;      /*设置文本水平居中对齐*/
```

```
15    }
16    .two{
17        width:450px;              /*设置宽度*/
18        height:100px;             /*设置高度*/
19        background:#0F0;          /*设置背景颜色*/
20        font-size:14px;           /*设置字体大小*/
21        text-indent:2em;          /*设置首行文本缩进*/
22    }
23    </style>
24    </head>
25    <body>
26    <div class="one">
27        用div标记设置的标题文本
28    </div>
29    <div class="two">
30        <p>div标记中嵌套的p标记中的文本</p>
31    </div>
32    </body>
33    </html>
```

在例5-2中,定义了两对<div>,其中一对<div>中嵌套段落标记<p>。对两对<div>分别添加class属性,然后通过CSS控制其宽、高、背景颜色和文字样式等。对宽、高、背景颜色的设置这里了解即可,后面的小节会做详细讲解。

运行例5-2,效果如图5-5所示。

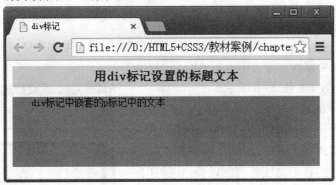

图5-5 块元素div示例

从图5-5中可以看出,通过对<div>标记设置相应的CSS样式实现了预期的效果。

注意:

(1)<div>标记最大的意义在于和浮动属性float配合,实现网页的布局,这就是常说的DIV+CSS网页布局。对于浮动和布局这里了解即可,后面的章节将会详细介绍。

(2)<div>可以替代块级元素如<h>、<p>等,但是它们在语义上有一定的区别。例如<div>和<h2>的不同在于<h2>具有特殊的含义,语义较重,代表着标题,而<div>是一个通用的块级元素,主要用于布局。

5.1.3 盒子的宽与高

网页是由多个盒子排列而成的，每个盒子都有固定的大小，在 CSS 中使用宽度属性 width 和高度属性 height 可以对盒子的大小进行控制。width 和 height 的属性值可以为不同单位的数值或相对于父元素的百分比，实际工作中最常用的是像素值。

下面通过 width 和 height 属性来控制网页中的段落文本，如例 5-3 所示。

例 5-3 example03.html

```
1   <!doctype html>
2   <html>
3   <head>
4   <meta charset="utf-8">
5   <title>盒子模型的宽度与高度</title>
6   <style type="text/css">
7   .box{
8       width:200px;                /*设置段落的宽度*/
9       height:80px;                /*设置段落的高度*/
10      background:#CCC;            /*设置段落的背景颜色*/
11      border:8px solid #00f;      /*设置段落的边框*/
12  }
13  </style>
14  </head>
15  <body>
16  <p class="box">盒子模型的宽度与高度</p>
17  </body>
18  </html>
```

在例 5-3 中，通过 width 和 height 属性分别控制段落的宽度和高度，同时对段落应用了盒子模型的其他相关属性，如边框、内边距、外边距等。

运行例 5-3，效果如图 5-6 所示。

在例 5-3 所示的盒子中，如果问盒子的宽度是多少，初学者可能会不假思索地说是 200px。实际上这是不正确的，因为 CSS 规范中，元素的 width 和 height 属性仅指块级元素内容的宽度和高度，其周围的内边距、边框和外边距是另外计算的。大多数浏览器都采用了 W3C 规范，符合 CSS 规范的盒子模型的总宽度和总高度的计算原则是：

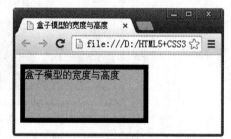

图 5-6 控制盒子的宽度与高度

- 盒子的总宽度= width+左右内边距之和+左右边框宽度之和+左右外边距之和
- 盒子的总高度= height+上下内边距之和+上下边框高度之和+上下外边距之和

注意：

宽度属性 width 和高度属性 height 仅适用于块级元素，对行内元素无效（<img />标记和 <input />除外）。

5.2 盒子模型相关属性

理解了盒子模型的结构后，要想自如地控制页面中每个盒子的样式，还需要掌握盒子模型的相关属性，本节将对这些属性进行详细讲解。

5.2.1 边框属性

在网页设计中，常常需要给元素设置边框效果。CSS 边框属性包括边框样式属性、边框宽度属性、边框颜色属性及边框的综合属性。同时为了进一步满足设计需求，CSS3 中还增加了许多新的属性，如圆角边框及图片边框等属性，具体如表 5-1 所示。

表 5-1 边框属性

设置内容	样式属性	常用属性值
边框样式	border-style:上边 [右边 下边 左边];	none 无（默认）、solid 单实线、dashed 虚线、dotted 点线、double 双实线
边框宽度	border-width:上边 [右边 下边 左边];	像素值
边框颜色	border-color:上边 [右边 下边 左边];	颜色值、#十六进制、rgb(r,g,b)、rgb(r%,g%,b%)
综合设置边框	border:四边宽度 四边样式 四边颜色;	
圆角边框	border-radius:水平半径参数/垂直半径参数;	像素值或百分比
图片边框	border-images:图片路径 裁切方式/边框宽度/边框扩展距离 重复方式;	

表 5-1 中列出了常用的边框属性，下面对表 5-1 中的属性进行具体讲解。

1. 边框样式（border-style）

在 CSS 属性中，border-style 属性用于设置边框样式。其基本语法格式为：

```
border-style: 上边 [右边 下边 左边];
```

在设置边框样式时既可以针对四条边分别设置，也可以综合设置四条边的样式。border-style 属性的常用属性值有 4 个，分别用于定义不同的显示样式，具体如下。

- solid：边框为单实线。
- dashed：边框为虚线。
- dotted：边框为点线。
- double：边框为双实线。

使用 border-style 属性综合设置四边样式时，必须按上右下左的顺时针顺序，省略时采用值复制的原则，即一个值为四边，两个值为上下/左右，三个值为上/左右/下。

例如<p>只有上边为虚线(dashed)，其他三边为单实线(solid)，可以使用(border-style)综合属性分别设置各边样式：

```
p{borer-style:dashed solid solid solid;}
```

下面通过一个案例对边框样式属性进行演示。新建 HTML 页面，并在页面中添加标题和段落文本，然后通过边框样式属性控制标题和段落的边框效果，如例 5-4 所示。

例 5-4 example04.html

```
1   <!doctype html>
2   <html>
3   <head>
4   <meta charset="utf-8">
5   <title>设置边框样式</title>
6   <style type="text/css">
7   h2{border-style:double;}                        /*4 条边框相同——双实线*/
8   .one{border-style:dotted solid;}                /*上下为点线左右为单实线*/
9   .two{border-style:solid dotted dashed;}  /*上实线、左右点线、下虚线*/
10  </style>
11  </head>
12  <body>
13  <h2>边框样式—双实线</h2>
14  <p class="one">边框样式—上下为点线左右为单实线</p>
15  <p class="two">边框样式—上边框单实线、左右点线、下边框虚线</p>
16  </body>
17  </html>
```

在例 5-4 中，使用边框样式 border-style 的综合和单边属性，设置标题和段落文本的边框样式。

运行例 5-4，效果如图 5-7 所示。

需要注意的是，由于兼容性的问题，在不同的浏览器中点线 dotted 和虚线 dashed 的显示样式可能会略有差异。

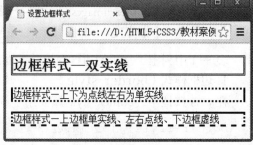

图 5-7　边框样式效果

2. 边框宽度（border-width）

border-width 属性用于设置边框的宽度，其基本语法格式为：

```
border-width:上边 [右边 下边 左边];
```

在上面的语法格式中，border-width 属性常用取值单位为像素 px。并且同样遵循值复制的原则，其属性值可以设置 1～4 个，即一个值为四边，两个值为上下/左右，三个值为上/左右/下，四个值为上/右/下/左。

下面通过一个案例对边框宽度属性进行演示。新建 HTML 页面，并在页面中添加段落文本，然后通过边框宽度属性对段落进行控制，如例 5-5 所示。

例 5-5 example05.html

```
1   <!doctype html>
2   <html>
3   <head>
```

```
4   <meta charset="utf-8">
5   <title>设置边框宽度</title>
6   <style type="text/css">
7   .one{border-width:3px;}
8   .two{border-width:3px 1px;}
9   .three{border-width:3px 1px 2px;}
10  </style>
11  </head>
12  <body>
13  <p class="one">边框宽度—2px。边框样式—单实线。</p>
14  <p class="two">边框宽度—上下3px，左右1px。边框样式—单实线。</p>
15  <p class="three">边框宽度—上3px，左右1px，下2px。边框样式—单实线。</p>
16  </body>
17  </html>
```

在例 5-5 中，对边框宽度属性分别定义了 1 个属性值、2 个属性值和 3 个属性值来对比边框的变化。

运行例 5-5，效果如图 5-8 所示。

在图 5-8 中，段落文本并没有显示预期的边框效果。这是因为在设置边框宽度时，必须同时设置边框样式，如果未设置样式或设置为 none，则不论宽度设置为多少都没有效果。

在例 5-5 的 CSS 代码中，为<p>标记添加边框样式，代码为：

```
p{border-style:solid;}    /*综合设置边框样式*/
```

保存 HTML 文件，刷新网页，效果如图 5-9 所示。

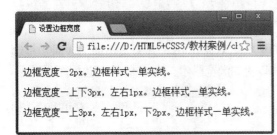

图 5-8　设置边框宽度

图 5-9　同时设置边框宽度和样式

在图 5-9 中，段落文本显示了预期的边框效果。

3. 边框颜色（border-color）

border-color 属性用于设置边框的颜色，其基本语法格式为：

```
border-color:上边 [右边 下边 左边];
```

在上面的语法格式中，border-color 的属性值可为预定义的颜色值、十六进制#RRGGBB（最常用）或 RGB 代码 rgb(r,g,b)。border-color 的属性值同样可以设置为 1 个、2 个、3 个、4 个，遵循值复制的原则。

例如设置段落的边框样式为实线，上下边灰色，左右边红色，代码如下。

```
p{
    border-style:solid;           /*综合设置边框样式*/
    border-color:#CCC #FF0000;    /*设置边框颜色：上下灰色、左右红色*/
}
```

值得一提的是，在CSS3中对边框颜色属性进行了增强，运用该属性可以制作渐变等绚丽的边框效果。CSS在原边框颜色属性（border-color）的基础上派生了4个边框颜色属性。

- border-top-colors
- border-right-colors
- border-bottom-colors
- border-left-colors

上面的4个边框属性的属性值同样可为预定义的颜色值、十六进制#RRGGBB 或 RGB 代码 rgb(r,g,b)。并且，每个属性最多可以设置的边框颜色数和其边框宽度相等，这时，每种边框颜色占1px宽度，边框颜色从外向内渲染。例如，边框的宽度是10px，那它最多可以设置10种边框颜色。需要注意的是，如果边框的宽度为10px，却只设置了8种边框颜色，那么最后一个边框色将自动渲染剩余的宽度。

例如对段落文本<p>添加渐变边框效果，示例代码如下。

```
p{
    border-style:solid;
    border-width:10px;
    -moz-border-top-colors:#a0a #909 #808 #707 #606 #505 #404 #303;
    -moz-border-right-colors:#a0a #909 #808 #707 #606 #505 #404 #303;
    -moz-border-bottom-colors:#a0a #909 #808 #707 #606 #505 #404 #303;
    -moz-border-left-colors:#a0a #909 #808 #707 #606 #505 #404 #303;
}
```

在上面的示例代码中，设置段落文本<p>的边框宽度为10px，并为其添加了8种边框颜色。需要注意的是，由于目前只有Firefox3.0版本以上的浏览器才支持CSS3的新边框颜色属性，所以在使用时会加上"-moz"火狐浏览器私有前缀。

在火狐浏览器中运行上述示例代码，效果如图5-10所示。

通过图5-10容易看出，边框颜色会按照设置的顺序，由外到内渲染边框，最后一种边框颜色（#303）渲染剩余3px的边框宽度。

图5-10　火狐浏览器中的渐变边框

注意：
设置边框颜色时必须设置边框样式，如果未设置样式或设置为none，则其他的边框属性无效。

4. 综合设置边框

使用border-style、border-width、border-color虽然可以实现丰富的边框效果，但是这种方式书写的代码烦琐，且不便于阅读，为此CSS提供了更简单的边框设置方式，其基本格式如下。

```
border:宽度 样式 颜色;
```

上面的设置方式中，宽度、样式、颜色的顺序不分先后，可以只指定需要设置的属性，省略的部分将取默认值（样式不能省略）。

当每一侧的边框样式都不相同，或者只需单独定义某一侧的边框时，可以使用单侧边框的综合属性 border-top、border-bottom、border-left 或 border-right 进行设置。例如单独定义段落的上边框，代码如下。

```
p{border-top:2px solid #CCC;}          /*定义上边框，各个值顺序任意*/
```

当四条边的边框样式都相同时，可以使用 border 属性进行综合设置。
例如将二级标题的边框设置为双实线、红色、3 像素宽，代码如下。

```
h2{border:3px double red;}
```

像 border、border-top 等，能够一个属性定义元素的多种样式，在 CSS 中称之为复合属性。常用的复合属性有 font、border、margin、padding 和 background 等。实际工作中常使用复合属性，它可以简化代码，提高页面的运行速度。

下面对标题、段落和图像分别应用 border 复合属性设置边框，如例 5-6 所示。

例 5-6　example06.html

```
1  <!doctype html>
2  <html>
3  <head>
4  <meta charset="utf-8">
5  <title>综合设置边框</title>
6  <style type="text/css">
7  h2{
8     border-top:3px dashed #F00;          /*单侧复合属性设置各边框*/
9     border-right:10px double #900;
10    border-bottom:5px double #FF6600;
11    border-left:10px solid green;
12 }
13 .pingmian{border:15px solid #FF6600;} /*border复合属性设置各边框相同*/
14 </style>
15 </head>
16 <body>
17 <h2>综合设置边框</h2>
18 <img class="pingmian" src="images/1.jpg" alt="网页平面设计" />
19 </body>
20 </html>
```

在例 5-6 中，首先使用边框的单侧复合属性设置二级标题，使其各侧边框显示不同样式，然后使用复合属性 border，为图像设置四条相同的边框。

运行例 5-6，效果如图 5-11 所示。

图 5-11 综合设置边框

5. 圆角边框

在网页设计中,经常需要设置圆角边框,运用 CSS3 中的 border-radius 属性可以将矩形边框圆角化,其基本语法格式为:

```
border-radius:参数1/参数2
```

在上面的语法格式中,border-radius 的属性值包含 2 个参数,它们的取值可以为像素值或百分比。其中"参数 1"表示圆角的水平半径,"参数 2"表示圆角的垂直半径,两个参数之间用"/"隔开。

下面通过一个案例对 border-radius 属性进行演示,如例 5-7 所示。

例 5-7　example07.html

```
1    <!doctype html>
2    <html>
3    <head>
4    <meta charset="utf-8">
5    <title>圆角边框</title>
6    <style type="text/css">
7        img{
8            border:8px solid #6C9024;
9            border-radius:100px/50px;    /*设置水平半径为 100 像素,垂直半径为 50 像素*/
10       }
11   </style>
12   </head>
13   <body>
14   <img class="yuanjiao" src="images/tupian1.jpg" alt="圆角边框" />
15   </body>
16   </html>
```

在例 5-7 中,设置图片圆角边框的水平半径为 100px,垂直半径为 50px。

运行例 5-7，效果如图 5-12 所示。

需要注意的是，在使用 border-radius 属性时，如果第二个参数省略，则会默认等于第一个参数。例如，将例 5-7 中的第 9 行代码替换为：

```
border-radius:50px;    /*设置圆角半径为50像素*/
```

保存 HTML 文件，刷新页面，效果如图 5-13 所示。

图 5-12　圆角边框　　　　　　　　　　图 5-13　未设置"参数 2"的圆角边框

在图 5-13 中圆角边框四角弧度相同，这是因为未定义"参数 2"（垂直半径）时，系统会将其取值设定为"参数 1"（水平半径）。值得一提的是，border-radius 属性同样遵循值复制的原则，其水平半径（参数 1）和垂直半径（参数 2）均可以设置 1~4 个参数值，用来表示四角圆角半径的大小，具体解释如下。

- 参数 1 和参数 2 设置一个参数值时，表示四角的圆角半径。
- 参数 1 和参数 2 设置两个参数值时，第一个参数值代表左上圆角半径和右下圆角半径，第二个参数值代表右上和左下圆角半径，具体示例代码如下。

```
img{border-radius:50px 20px/30px 60px;}
```

在上面的示例代码中设置图像左上和右下圆角水平半径为 50px，垂直半径为 30px，右上和左下圆角水平半径为 20px，垂直半径为 60px。示例代码对应效果如图 5-14 所示。

- 参数 1 和参数 2 设置三个参数值时，第一个参数值代表左上圆角半径，第二个参数值代表右上和左下圆角半径，第三个参数值代表右下圆角半径，具体示例代码如下。

```
img{border-radius:50px 20px 10px/30px 40px 60px;}
```

在上面的示例代码中设置图像左上圆角的水平半径为 50px，垂直半径为 30px，右上和左下圆角水平半径为 20px，垂直半径为 40px，右下圆角的水平半径为 10px，垂直半径为 60px。示例代码对应效果如图 5-15 所示。

图 5-14　2 个参数值的圆角边框　　　　　图 5-15　3 个参数值的圆角边框

- 参数 1 和参数 2 设置四个参数值时,第一个参数值代表左上圆角半径,第二个参数值代表右上圆角半径,第三个参数值代表右下圆角半径,第四个参数值代表左下圆角半径,具体示例代码如下。

```
img{border-radius:50px 30px 20px 10px/50px 30px 20px 10px;}
```

在上面的示例代码中设置图像左上圆角的水平垂直半径均为 50px,右上圆角的水平和垂直半径均为 30px,右下圆角的水平和垂直半径均为 20px,左下圆角的水平和垂直半径均为 10px。示例代码对应效果如图 5-16 所示。

需要注意的是,当应用值复制原则设置圆角边框时,如果"参数 2"省略,则会默认等于"参数 1"的参数值。此时圆角的水平半径和垂直半径相等。例如设置 4 个参数值的示例代码:

图 5-16 4 个参数值的圆角边框

```
img{border-radius:50px 30px 20px 10px/50px 30px 20px 10px;}
```

可以简写为:

```
img{border-radius:50px 30px 20px 10px;}
```

6. 图片边框

在网页设计中,有时需要对区域整体添加一个图片边框,运用 CSS3 中的 border-image 属性可以轻松实现这个效果。border-image 属性是一个简写属性,用于设置 border-image-source、border-image-slice、border-image-width、border-image-outset 以及 border-image-repeat 等属性,其基本语法格式如下。

```
border-image:border-image-source border-image-slice/border-image-width/border-image-outset border-image-repeat;
```

对上述代码中名词的解释如表 5-2 所示。

表 5-2 border-image 各属性说明

属性	说明
border-image-source	指定图片的路径
border-image-slice	指定边框图像顶部、右侧、底部、左侧内偏移量
border-image-width	指定边框宽度
border-image-outset	指定边框背景向盒子外部延伸的距离
border-image-repeat	指定背景图片的平铺方式

下面通过一个案例来演示图片边框的设置方法,如例 5-8 所示。

例 5-8   example08.html

```
1    <!doctype html>
2    <html>
3    <head>
```

```
4    <meta charset="utf-8">
5    <title>图片边框</title>
6    <style type="text/css">
7      div{
8        width:300px;
9        height:300px;
10       border-style:solid;
11       border-image-source:url(images/images.png);   /*设置边框图片路径*/
12       border-image-slice:33%;         /*边框图像顶部、右侧、底部、左侧内偏移量*/
13       border-width:41px;              /*设置边框宽度*/
14       border-image-outset:0;          /*设置边框图像区域超出边框量*/
15       border-image-repeat:repeat;     /*设置图片平铺方式*/
16       border-style:solid;             /*设置边框样式*/
17     }
18   </style>
19   </head>
20   <body>
21   <div></div>
22   </body>
23   </html>
```

在例 5-8 中，通过设置图片、内偏移、边框宽度和填充方式定义了一个图片边框的盒子，图片素材如图 5-17 所示。

运行例 5-8，效果如图 5-18 所示。

图 5-17　边框图片素材

图 5-18　平铺显示效果

对比图 5-17 和图 5-18 容易发现，边框图片素材的四角位置（即数字 1、3、7、9 标示位置）和盒子边框四角位置的数字是吻合的。也就是说在使用 border-image 属性设置边框图片时，会将素材分割成 9 个区域，即图 5-17 中所示的 1~9 数字。在显示时，将"1""3""7""9"作为四角位置的图片，将"2""4""6""8"作为四边的图片，如果尺寸不够，则按照指定的方式自动填充。

例如，将例 5-8 中第 14 行代码中图片的填充方式改为"拉伸填充"，具体代码如下。

```
border-image-repeat:stretch;              /*设置图片填充方式*/
```

保存 HTML 文件，刷新页面，效果如图 5-19 所示。

图 5-19 拉伸显示效果

通过图 5-19 容易看出，"2""4""6""8"区域中的图片被拉伸填充边框区域。与边框样式和宽度相同，图案边框也可以进行综合设置。如例 5-8 中设置图案边框的第 10～14 行代码可以用以下代码进行替换。

```
border-image:url(images/images.jpg) 33%/41px repeat;
```

在上面的示例代码中，"33%"表示边框的内偏移，"41px"表示边框的宽度，二者要用"/"隔开。

5.2.2 边距属性

CSS 的边距属性包括"内边距"和"外边距"两种，对它们的具体解释如下。

1. 内边距

在网页设计中，为了调整内容在盒子中的显示位置，常常需要给元素设置内边距，所谓内边距指的是元素内容与边框之间的距离，也常常称为内填充。在 CSS 中 padding 属性用于设置内边距，同边框属性 border 一样，padding 也是复合属性，其相关设置方法如下：

- padding-top:上内边距;
- padding-right:右内边距;
- padding-bottom:下内边距;
- padding-left:左内边距;
- padding:上内边距 [右内边距 下内边距 左内边距]。

在上面的设置中，padding 相关属性的取值可为 auto 自动（默认值）、不同单位的数值、相对于父元素（或浏览器）宽度的百分比（%），实际工作中最常用的是像素值（px），不允许使用负值。

同边框相关属性一样，使用复合属性 padding 定义内边距时，必须按顺时针顺序采用值复制，一个值为四边、两个值为上下/左右，三个值为上/左右/下。

下面通过一个案例来演示内边距的用法和效果。新建 HTML 页面，在页面中添加一个图像和一段段落，然后使用 padding 相关属性，控制它们的显示位置，如例 5-9 所示。

例 5-9　example09.html

```
1   <!doctype html>
2   <html>
3   <head>
4   <meta charset="utf-8">
5   <title>设置内边距</title>
6   <style type="text/css">
7   .border{border:5px solid #F60;}      /*为图像和段落设置边框*/
8   img{
9       padding:80px;           /*图像 4 个方向内边距相同*/
10      padding-bottom:0;       /*单独设置下内边距*/
11      }                       /*上面两行代码等价于 padding:80px 80px 0;*/
12  p{padding:5%;}              /*段落内边距为父元素宽度的 5%*/
13  </style>
14  </head>
15  <body>
16  <img class="border" src="images/2.jpg" alt="2014 课程马上升级" />
17  <p class="border">段落内边距为父元素宽度的 5%。</p>
18  </body>
19  </html>
```

在例 5-9 中，使用 padding 相关属性设置图像和段落的内边距，其中段落内边距使用%数值。运行例 5-9，效果如图 5-20 所示。

图 5-20　设置内边距

由于段落的内边距设置为了%数值，当拖动浏览器窗口改变其宽度时，段落的内边距会随之发生变化（此时<p>标记的父元素为<body>）。

注意：

如果设置内外边距为百分比，则不论上下或左右的内外边距，都是相对于父元素宽度 width 的百分比，随父元素 width 的变化而变化，和高度 height 无关。

2. 外边距

网页是由多个盒子排列而成的，要想拉开盒子与盒子之间的距离，合理地布局网页，就需要为盒子设置外边距，所谓外边距指的是元素边框与相邻元素之间的距离。在 CSS 中 margin 属性用于设置外边距，它是一个复合属性，与内边距 padding 的用法类似，设置外边距的方法如下。

- margin-top:上外边距；
- margin-right:右外边距；
- margin-bottom:下外边距；
- margin-left:左外边距；
- margin:上外边距 [右外边距 下外边距 左外边距]。

margin 相关属性的值，以及复合属性 margin 取 1~4 个值的情况与 padding 相同。但是外边距可以使用负值，使相邻元素重叠。

当对块级元素应用宽度属性 width，并将左右的外边距都设置为 auto，可使块级元素水平居中，实际工作中常用这种方式进行网页布局，示例代码如下。

```
.header{width:960px; margin:0 auto;}
```

下面通过一个案例来演示外边距的用法和效果。新建 HTML 页面，在页面中添加一个图像和一段段落，然后使用 margin 相关属性，对图像和段落进行排版，如例 5-10 所示。

例 5-10　example10.html

```
1   <!doctype html>
2   <html>
3   <head>
4   <meta charset="utf-8">
5   <title>设置外边距</title>
6   <style type="text/css">
7   img{
8       width:300px;
9       border:5px solid red;
10      float:left;                    /*设置图像左浮动*/
11      margin-right:50px;             /*设置图像的右外边距*/
12      margin-left:30px;              /*设置图像的左外边距*/
13      /*上面两行代码等价于 margin:0 50px 0 30px;*/
14  }
```

```
15    p{text-indent:2em;}
16    </style>
17    </head>
18    <body>
19    <img src="images/3.png" alt="2014全新优化升级课程" />
20    <p>前端开发工程师，会熟练使用时下非常流行的HTML5、CSS3技术，架构炫酷的页
      面；3D、旋转、粒子效果，页面变得越来越炫，对人才的要求也越来越高。前端开发工程师，
      会全面掌握PC、手机、iPad等多种设备的网页呈递解决方案，响应式技术那可是看家本领，
      不仅仅是使用，我们会更多地探讨使用领域。</p>
21    </body>
22    </html>
```

在例 5-10 中，使用浮动属性 float 使图像居左，同时设置图像的左外边距和右外边距，使图像和文本之间拉开一定的距离，实现常见的排版效果（对于浮动，这里了解即可，后面章节将会详细介绍）。

运行例 5-10，效果如图 5-21 所示。

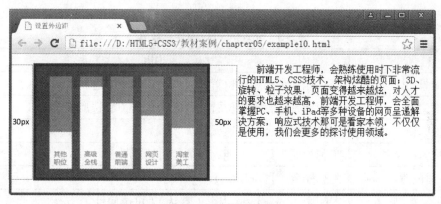

图 5-21 设置外边距

在图 5-21 中图像和段落文本之间拉开了一定的距离，实现了图文混排的效果。但是仔细观察效果图会发现，浏览器边界与网页内容之间也存在一定的距离，然而我们并没有对<p>或<body>元素应用内边距或外边距，可见这些元素默认就存在内边距和外边距样式。网页中默认就存在内外边距的元素有<body>、<h1>~<h6>、<p>等。

为了更方便地控制网页中的元素，制作网页时，可使用如下代码清除元素的默认内外边距。

```
*{
    padding:0;          /*清除内边距*/
    margin:0;           /*清除外边距*/
}
```

清除元素默认内外边距后，网页效果如图 5-22 所示。

通过图 5-22 容易看出，清除元素默认内边距和外边距样式后，浏览器边界与网页内容之间的距离消失。

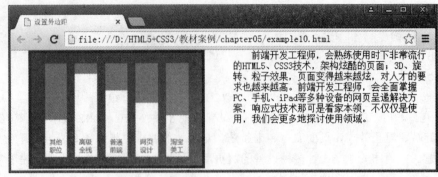

图 5-22 设置外边距

5.2.3 box-shadow 属性

在网页制作中,经常需要对盒子添加阴影效果。CSS3 中的 box-shadow 属性可以轻松实现阴影的添加,其基本语法格式如下。

box-shadow:像素值1 像素值2 像素值3 像素值4 颜色值 阴影类型;

在上面的语法格式中,box-shadow 属性共包含 6 个参数值,对它们的具体解释如表 5-3 所示。

表 5-3 box-shadow 属性参数值

参数值	说明
像素值1	表示元素水平阴影位置,可以为负值(必选属性)
像素值2	表示元素垂直阴影位置,可以为负值(必选属性)
像素值3	阴影模糊半径(可选属性)
像素值4	阴影扩展半径,不能为负值(可选属性)
颜色值	阴影颜色(可选属性)
阴影类型	内阴影(inset)/外阴影(默认)(可选属性)

表 5-3 列举了 box-shadow 属性参数值,其中"像素值 1"和"像素值 2"为必选参数值不可以省略,其余为可选参数值。不设置"阴影类型"参数时默认为"外阴影",设置"inset"参数值后,阴影类型变为内阴影。

下面通过一个为图片添加阴影的案例来演示 box-shadow 属性的用法和效果,如例 5-11 所示。

例 5-11 example11.html

```
1   <!doctype html>
2   <html>
3   <head>
4   <meta charset="utf-8">
5   <title>box-shadow 属性</title>
6   <style type="text/css">
7   img{
8       padding:20px;
```

```
9        border-radius:50%;
10       border:1px solid #ccc;
11       box-shadow:5px 5px 10px 2px #999 inset;
12    }
13 </style>
14 </head>
15 <body>
16 <img class="border" src="images/5.jpg" alt="2014 课程马上升级" />
17 </body>
18 </html>
```

在例 5-11 中，第 11 行代码定义了一个水平位置和垂直位置均为 5px，模糊半径为 10px，扩展半径为 2px 的浅灰色内阴影。

运行例 5-11，效果如图 5-23 所示。

在图 5-23 中，图片出现了内阴影效果。值得一提的是，同 text-shadow 属性（文字阴影属性）一样，box-shadow 属性也可以改变阴影的投射方向及添加多重阴影效果，示例代码如下。

```
box-shadow:5px 5px 10px 2px #999 inset,-5px -5px 10px 2px #333 inset;
```

示例代码对应效果如图 5-24 所示。

图 5-23 盒模型阴影

图 5-24 多重阴影

5.2.4 box-sizing 属性

当一个盒子的总宽度确定之后，要想给盒子添加边框或内边距，往往需要更改 width 属性值，才能保证盒子总宽度不变，操作起来烦琐且容易出错，运用 CSS3 的 box-sizing 属性可以轻松解决这个问题。box-sizing 属性用于定义盒子的宽度值和高度值是否包含元素的内边距和边框，其基本语法格式如下。

```
box-sizing: content-box/border-box;
```

在上面的语法格式中，box-sizing 属性的取值可以为 content-box 或 border-box，对它们的解释如下。

- content-box：浏览器对盒模型的解释遵从 W3C 标准，当定义 width 和 height 时，它的参数值不包括 border 和 padding。

- border-box：当定义 width 和 height 时，border 和 padding 的参数值被包含在 width 和 height 之内。

下面通过一个案例对 box-sizing 属性进行演示，如例 5-12 所示。

例 5-12 example12.html

```
1   <!doctype html>
2   <html>
3   <head>
4   <meta charset="utf-8">
5   <title>box-sizing</title>
6   <style type="text/css">
7   .box1{
8       width:300px;
9       height:100px;
10      padding-right:10px;
11      background:#F90;
12      border:10px solid #ccc;
13      box-sizing:content-box;
14      }
15  .box2{
16      width:300px;
17      height:100px;
18      padding-right:10px;
19      background:#F90;
20      border:10px solid #ccc;
21      box-sizing:border-box;
22      }
23  </style>
24  </head>
25  <body>
26  <div class="box1">content_box 属性</div>
27  <div class="box2">border_box 属性</div>
28  </body>
29  </html>
```

在例 5-12 中定义了两个盒子，并对它们设置相同的宽、高、右内边距和边框样式。并且，对第一个盒子定义 "box-sizing:content-box;" 样式，对第二个盒子定义 "box-sizing:border-box;" 样式。

运行例 5-12，效果如图 5-25 所示。

在图 5-25 中，应用了 "box-sizing:content-box;" 样式的盒子 1，宽度比 width 参数值多出 30px，总宽度变为 330px；而应用了 "box-sizing:border-box;" 样式的盒子 2，宽度等于 width 参数值，总宽度仍为 300px。

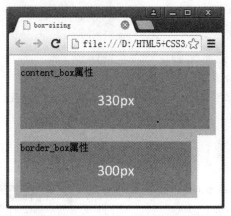

图 5-25 box-sizing 属性演示效果

可见应用 "box-sizing:border-box;" 样式后，盒子 border 和 padding 的参数值是被包含在 width 和 height 之内的。

5.3 背景属性

网页能通过背景图像给读者留下更深刻的印象，如节日题材的网站一般采用喜庆祥和的图片来突出效果，所以在网页设计中，合理控制背景颜色和背景图像至关重要。接下来本节将详细介绍 CSS 控制背景样式的方法。

5.3.1 设置背景颜色

在 CSS 中，使用 background-color 属性来设置网页元素的背景颜色，其属性值与文本颜色的取值一样，可使用预定义的颜色值、十六进制#RRGGBB 或 RGB 代码 rgb(r,g,b)。background-color 的默认值为 transparent，即背景透明，此时子元素会显示其父元素的背景。

下面通过一个案例来演示 background-color 属性的用法。新建 HTML 页面，在页面中添加标题和段落文本，然后通过 background-color 属性控制标题标记<h2>和主体标记<body>的背景颜色，如例 5-13 所示。

例 5-13   example13.html

```
1   <!doctype html>
2   <html>
3   <head>
4   <meta charset="utf-8">
5   <title>设置背景颜色</title>
6   <style type="text/css">
7   body{background-color: #CCC;}   /*设置网页的背景颜色*/
8   h2{
9       font-family:"微软雅黑";
10      color:#FFF;
11      background-color:#FC3;       /*设置标题的背景颜色*/
12  }
```

```
13    </style>
14   </head>
15   <body>
16   <h2>云课堂课程报名即可免费听</h2>
17   <p> 特大喜讯：云课堂课程全面开放，基础课程试听 3 天全免费，高级课程试听 1 天
全免费，不需要缴纳任何费用，只要申请，你就可以听课啦！</p>
18   </body>
19   </html>
```

在例 5-13 中，通过 background-color 属性分别控制标题和网页主体的背景颜色。

运行例 5-13，效果如图 5-26 所示。

在图 5-26 中，标题文本的背景颜色为黄色，段落文本显示父元素 body 的背景颜色。这是由于未对段落标记<p>设置背景颜色时，会默认为透明背景（transparent），所以段落将显示其父元素的背景颜色。

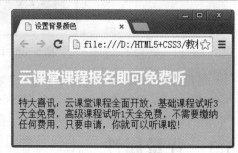

图 5-26　设置背景颜色

5.3.2　设置背景图像

背景不仅可以设置为某种颜色，还可以将图像作为元素的背景。在 CSS 中通过 background-image 属性设置背景图像。

以例 5-13 为基础，准备一张背景图像，如图 5-27 所示，将图像放置在 images 文件夹中，然后更改 body 元素的 CSS 样式代码：

```
body{
    background-color:#CCC;                              /*设置网页的背景颜色*/
    background-image:url(images/jianbian.png);   /*设置网页的背景图像*/
}
```

保存 HTML 文件，刷新网页，效果如图 5-28 所示。

图 5-27　背景图像素材

图 5-28　设置网页的背景图像

通过图 5-28 容易看出，背景图像自动沿着水平和竖直两个方向平铺，充满整个页面，并且覆盖了<body>的背景颜色。

5.3.3　背景与图片不透明度的设置

通过对前面知识点的学习，相信读者已经掌握背景颜色和背景图像的相关设置，下面将

在前面知识点的基础上做进一步延伸，通过引入 RGBA 模式和 opacity 属性，对背景与图片不透明度的设置进行详细讲解。

1. RGBA 模式

RGBA 是 CSS3 新增的颜色模式，它是 RGB 颜色模式的延伸，该模式是在红、绿、蓝三原色的基础上添加了不透明度参数。其语法格式为：

```
rgba(r,g,b,alpha);
```

在上面的语法格式中，前三个参数与 RGB 中的参数含义相同，alpha 参数是一个介于 0.0（完全透明）和 1.0（完全不透明）之间的数字。

例如，使用 RGBA 模式为 p 元素指定透明度为 0.5，颜色为红色的背景，代码如下。

```
p{background-color:rgba(255,0,0,0.5);}
```

2. opacity 属性

在 CSS3 中，使用 opacity 属性能够使任何元素呈现出透明效果。其语法格式为：

```
opacity: opacityValue;
```

在上述语法中，opacity 属性用于定义元素的不透明度，参数 opacityValue 表示不透明度的值，它是一个介于 0~1 的浮点数值。其中，0 表示完全透明，1 表示完全不透明，而 0.5 则表示半透明。

下面通过一个案例来演示如何使用 opacity 属性设置图像的透明度，如例 5-14 所示。

例 5-14 example14.html

```
1   <!doctype html>
2   <html>
3   <head>
4   <meta charset="utf-8">
5   <title>opacity 属性设置图像的透明度</title>
6   <style type="text/css">
7   #boxwrap{width:330px; margin:10px auto; border:solid 1px #FF6666;}
8   img:first-child{opacity:1;}
9   img:nth-child(2){opacity:0.8;}
10  img:nth-child(3){opacity:0.5;}
11  img:nth-child(4){opacity:0.2;}
12  </style>
13  </head>
14  <body>
15  <div id="boxwrap">
16  <img src="images/jingling.jpg" width="160" height="109">
17  <img src="images/jingling.jpg" width="160" height="109">
18  <img src="images/jingling.jpg" width="160" height="109">
19  <img src="images/jingling.jpg" width="160" height="109">
20  </div>
```

```
21    </body>
22    </html>
```

在例 5-14 中，通过使用 opacity 属性为同一张图片设置了不同的透明度，且 opacityValue 依次减小。

运行例 5-14，效果如图 5-29 所示。

图 5-29 opacity 属性设置图像的透明度

在图 5-29 中，4 张图片的透明度依次增加，这是因为 opacityValue 的值越小表示透明度越高。

5.3.4 设置背景图像平铺

默认情况下，背景图像会自动沿着水平和竖直两个方向平铺，如果不希望图像平铺，或者只沿着一个方向平铺，可以通过 background-repeat 属性来控制，该属性的取值如下。

- repeat：沿水平和竖直两个方向平铺（默认值）。
- no-repeat：不平铺（图像位于元素的左上角，只显示一个）。
- repeat-x：只沿水平方向平铺。
- repeat-y：只沿竖直方向平铺。

5.3.5 设置背景图像的位置

如果将背景图像的平铺属性 background-repeat 定义为 no-repeat，图像将默认以元素的左上角为基准点显示，如例 5-15 所示。

例 5-15 example15.html

```
1    <!doctype html>
2    <html>
3    <head>
4    <meta charset="utf-8">
5    <title>设置背景图像的位置</title>
6    <style type="text/css">
7    body{
8        background-image:url(images/wdjl.jpg);      /*设置网页的背景图像*/
9        background-repeat:no-repeat;                 /*设置背景图像不平铺*/
```

```
10      }
11    </style>
12  </head>
13  <body>
14    <h2>电商专题设计</h2>
15    <p>不管你现在是否从事电商，现在和未来电商都将成为你生活的一部分，双 11 就要来了，是买还是卖我们都需要双 11，如何完胜双 11，来这里，我们会告诉您更多关于双 11 的故事……</p>
16    <p>不管你现在是否从事电商，现在和未来电商都将成为你生活的一部分，双 11 就要来了，是买还是卖我们都需要双 11，如何完胜双 11，来这里，我们会告诉您更多关于双 11 的故事……</p>
17    <p>不管你现在是否从事电商，现在和未来电商都将成为你生活的一部分，双 11 就要来了，是买还是卖我们都需要双 11，如何完胜双 11，来这里，我们会告诉您更多关于双 11 的故事……</p>
18  </body>
19  </html>
```

在例 5-15 中，将主体元素<body>的背景图像定义为 no-repeat 不平铺。在浏览器中运行，效果如图 5-30 所示，背景图像位于 HTML 页面的左上角，即<body>元素的左上角。

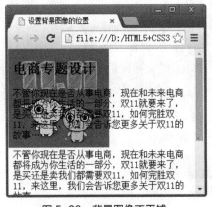
图 5-30　背景图像不平铺

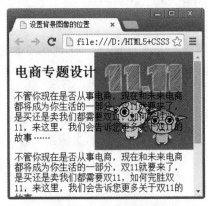
图 5-31　背景图像在右上角

如果希望背景图像出现在其他位置，就需要另一个 CSS 属性 background-position，设置背景图像的位置。例如，将例 5-15 中的背景图像定义在页面的右上角，可以更改 body 元素的 CSS 样式代码：

```
body{
    background-image:url(images/wdjl.jpg);   /*设置网页的背景图像*/
    background-repeat:no-repeat;             /*设置背景图像不平铺*/
    background-position:right top;           /*设置背景图像的位置*/
}
```

保存 HTML 文件，刷新网页，效果如图 5-31 所示，背景图像出现在页面的右上角。
在 CSS 中，background-position 属性的值通常设置为两个，中间用空格隔开，用于定义背景图像在元素的水平和垂直方向的坐标,如上面的"right top"。background-position 属性的默认值为"0 0"或"left top",即背景图像位于元素的左上角。

background-position 属性的取值有多种,具体如下。

(1)使用不同单位(最常用的是像素 px)的数值:直接设置图像左上角在元素中的坐标,如"background-position:20px 20px;"。

(2)使用预定义的关键字:指定背景图像在元素中的对齐方式。

- 水平方向值:left、center、right。
- 垂直方向值:top、center、bottom。

两个关键字的顺序任意,若只有一个值则另一个默认为 center。例如:

center   相当于   center center(居中显示)。
top   相当于   center top(水平居中、上对齐)。

(3)使用百分比:按背景图像和元素的指定点对齐。

- 0% 0%   表示图像左上角与元素的左上角对齐。
- 50% 50%   表示图像 50% 50%中心点与元素 50% 50%的中心点对齐。
- 20% 30%   表示图像 20% 30%的点与元素 20% 30%的点对齐。
- 100% 100% 表示图像右下角与元素的右下角对齐,而不是图像充满元素。

如果只有一个百分数,将作为水平值,垂直值则默认为 50%。

接下来将 background-position 的值定义为像素值来控制例 5-15 中背景图像的位置,body 元素的 CSS 样式代码如下。

```
body{
    background-image:url(images/wdjl.jpg);      /*设置网页的背景图像*/
    background-repeat:no-repeat;                /*设置背景图像不平铺*/
    background-position:50px 80px;              /*用像素值控制背景图像的位置*/
}
```

保存 HTML 文件,再次刷新网页,效果如图 5-32 所示。

图 5-32 控制背景图像的位置

在图 5-32 中,图像距离 body 元素的左边缘为 50px,距离上边缘为 80px。

5.3.6 设置背景图像固定

当网页中的内容较多时,在网页中设置的背景图像会随着页面滚动条的移动而移动,如

图 5-33 所示。

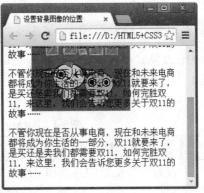

图 5-33　背景图像随着页面一起移动

如果希望背景图像固定在屏幕的某一位置，不随着滚动条移动，可以使用 background-attachment 属性来设置。background-attachment 属性有两个属性值，分别代表不同的含义。

- scroll：图像随页面元素一起滚动（默认值）。
- fixed：图像固定在屏幕上，不随页面元素滚动。

下面来控制例 5-15 中的背景图像，使其固定在屏幕上，body 元素的 CSS 样式代码如下。

```
body{
    background-image:url(images/wdjl.jpg);      /*设置网页的背景图像*/
    background-repeat:no-repeat;                /*设置背景图像不平铺*/
    background-position:50px 80px;              /*用像素值控制背景图像的位置*/
    background-attachment:fixed;                /*设置背景图像的位置固定*/
}
```

保存 HTML 文件，刷新页面，效果如图 5-34 所示。

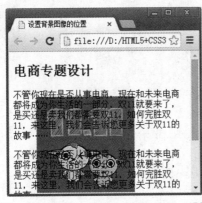

图 5-34　设置背景图像固定

在图 5-34 所示的页面中，无论如何拖动浏览器的滚动条，背景图像的位置都固定不变。

5.3.7　设置背景图像的大小

在 CSS2 及之前的版本，背景图像的大小是不可以控制的。要想使背景图像填充元素区域，只能预设较大的背景图像或者让背景图像以平铺的方式填充，操作起来烦琐不方便。运用

CSS3 中的 background-size 属性可以轻松解决这个问题。

在 CSS3 中，background-size 属性用于控制背景图像的大小，其基本语法格式如下。

```
background-size:属性值1 属性值2;
```

在上面的语法格式中，background-size 属性可以设置一个或两个值定义背景图像的宽高，其中属性值 1 为必选属性值，属性值 2 为可选属性值。属性值可以是像素值、百分比、"cover" 或 "contain" 关键字，具体解释如表 5-4 所示。

表 5-4　background-size 属性值

属性值	说明
像素值	设置背景图像的高度和宽度。第一个值设置宽度，第二个值设置高度。如果只设置一个值，则第二个值会默认为 auto
百分比	以父元素的百分比来设置背景图像的宽度和高度。第一个值设置宽度，第二个值设置高度。如果只设置一个值，则第二个值会默认为 auto
cover	把背景图像扩展至足够大，使背景图像完全覆盖背景区域。背景图像的某些部分也许无法显示在背景定位区域中
contain	把图像扩展至最大尺寸，以使其宽度和高度完全适应内容区域

下面通过一个案例对控制背景图像大小的方法进行演示，如例 5-16 所示。

例 5-16　example16.html

```
1   <!doctype html>
2   <html>
3   <head>
4   <meta charset="utf-8">
5   <title>设置背景图像的大小</title>
6   <style type="text/css">
7   div{
8       width:300px;
9       height:300px;
10      border:3px solid #666;
11      margin:0 auto;
12      background-color:#FCC;
13      background-image:url(images/JL.png);
14      background-repeat:no-repeat;
15      background-position:center center;
16  }
17  </style>
18  </head>
19  <body>
20  <div>300px 的盒子</div>
21  </body>
22  </html>
```

在例 5-16 中，定义了一个宽高均为 300px 的盒子，并为其填充一个居中显示的背景图片。运行例 5-16，效果如图 5-35 所示。

在图 5-35 中，背景图片居中显示。此时，运用 background-size 属性可以对图片的大小进行控制，为 div 添加 CSS 样式代码，具体如下。

```
background-size:100px 200px;
```

保存 HTML 文件，刷新页面，效果如图 5-36 所示。

图 5-35 背景图像填充　　　　　　图 5-36 控制背景图像大小

通过图 5-36 容易看出，背景图片被不成比例缩小，如果想要等比例控制图片大小，可以只设置一个属性值。

5.3.8 设置背景的显示区域

在默认情况下，background-position 属性总是以元素左上角为坐标原点定位背景图像，运用 CSS3 中的 background-origin 属性可以改变这种定位方式，自行定义背景图像的相对位置，其基本语法格式如下。

```
background-origin:属性值;
```

在上面的语法格式中，background-origin 属性有 3 种取值，分别表示不同的含义，具体解释如下。

- padding-box：背景图像相对于内边距区域来定位。
- border-box：背景图像相对于边框来定位。
- content-box：背景图像相对于内容来定位。

下面通过一个案例对 background-origin 属性的用法进行演示，如例 5-17 所示。

例 5-17　example17.html

```
1    <!doctype html>
2    <html>
3    <head>
4    <meta charset="utf-8">
5    <title>设置背景图像的显示区域</title>
6    <style type="text/css">
```

```
7   p{
8       width:300px;
9       height:200px;
10      border:8px solid #bbb;
11      padding:40px;
12      background-image:url(images/bg.png);
13      background-repeat:no-repeat;
14  }
15  </style>
16  </head>
17  <body>
18  <p>深邃的夜，携带了众多的琐碎徘徊在临溪石径。若说，人生在世，纵然莫过于可悲了。苍天有泪，为何而悲，问星辰，却是那一缕心事，六分深埋，三分寄尘埃，一分薄酒难平心中惆怅！低叹人生长路漫漫，看世间百态，烟花易冷，只有刹那芳华。红尘过往，万载纠结，亦喜、亦悲。</p>
19  </body>
20  </html>
```

在例 5-17 中为段落文本<p>添加背景图像。

运行例 5-17，效果如图 5-37 所示。

在图 5-37 中，背景图片在元素区域的左上角显示。此时对段落文本添加 background-origin 属性可以改变背景图像的位置。例如使背景图像相对于文本内容来定位，CSS 代码如下。

```
background-origin:content-box;    /*背景图像相对文本内容定位*/
```

保存 HTML 文件，刷新页面，效果如图 5-38 所示。

图 5-37　背景图像显示区域 1

图 5-38　背景图像显示区域 2

5.3.9　设置背景图像的裁剪区域

在 CSS 样式中，background-clip 属性用于定义背景图像的裁剪区域，其基本语法格式如下。

```
background-clip:属性值;
```

在语法格式上,background-clip 属性和 background-origin 属性的取值相似,但含义不同,具体解释如下。

- border-box:默认值,从边框区域向外裁剪背景。
- padding-box:从内边距区域向外裁剪背景。
- content-box:从内容区域向外裁剪背景。

下面通过一个案例来演示 background-clip 属性的用法,如例 5-18 所示。

例 5-18 example18.html

```
1   <!doctype html>
2   <html>
3   <head>
4   <meta charset="utf-8">
5   <title>设置背景图像的裁剪区域</title>
6   <style type="text/css">
7   p{
8       width:300px;
9       height:150px;
10      border:8px dotted #666;
11      padding:40px;
12      background-color:#CF9;
13      background-repeat:no-repeat;
14      }
15  </style>
16  </head>
17  <body>
18  <p>深邃的夜,携带了众多的琐碎徘徊在临溪石径。若说,人生在世,纵然莫过于可悲了。苍天有泪,为何而悲,问星辰,却是那一缕心事,六分深埋,三分寄尘埃,一分薄酒难平心中惆怅!低叹人生长路漫漫,看世间百态,烟花易冷,只有刹那芳华。红尘过往,万载纠结,亦喜、亦悲。</p>
19  </body>
20  </html>
```

在例 5-18 中,为段落文本<p>定义浅绿色的背景色。

运行例 5-18,效果如图 5-39 所示。

通过图 5-39 容易看出,背景颜色铺满了包括边框和内边距在内的整个区域,这时如果想要绿色背景只铺满文字部分,就需要设置背景图像的裁剪区域,为段落文本<p>添加如下所示的样式代码。

```
background-clip:content-box;   /*从内容区域向外裁剪背景*/
```

保存 HTML 文件,刷新页面,效果如图 5-40 所示。

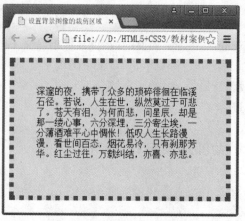
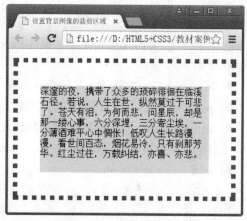

图 5-39 背景图像裁切 1　　　　　　图 5-40 背景图像裁切 2

5.3.10 设置多重背景图像

在 CSS3 之前的版本中，一个容器只能填充一张背景图片，如果重复设置，后设置的背景图片将覆盖之前的背景。CSS3 中增强了背景图像的功能，允许一个容器里显示多个背景图像，使背景图像效果更容易控制。但是 CSS3 中并没有为实现多背景图片提供对应的属性，而是通过 background-image、background-repeat、background-position 和 background-size 等属性提供多个属性值来实现多重背景图像效果，各属性值之间用逗号隔开。

下面通过一个案例对多重背景图像的设置方法进行演示，如例 5-19 所示。

例 5-19　example19.html

```
1   <!doctype html>
2   <html>
3   <head>
4   <meta charset="utf-8">
5   <title>设置背景图像的裁切位置</title>
6   <style type="text/css">
7   div{
8       width:300px;
9       height:300px;
10      border:1px dotted #999;
11      background-image:url(images/caodi.png),url(images/taiyang.png),url(images/tiankong.png);
12      background-repeat:no-repeat;
13      background-position:bottom,right top,center;
14      }
15  </style>
16  </head>
17  <body>
18  <div>设置多重背景图像</div>
19  </body>
20  </html>
```

在例 5-19 中，首先通过 background-image 属性定义了 3 张背景图，然后设置背景图的平铺方式为"no-repeat"，最后通过 background-position 属性分别设置 3 张背景图片的位置。其中"bottom"等价于"bottom center"用于设置草地的位置，"right top"用于设置太阳的位置，"center"等价于"center center"用于设置天空的位置。

运行例 5-19，效果如图 5-41 所示。

图 5-41 设置多重背景图像

5.3.11 背景复合属性

同边框属性一样，在 CSS 中背景属性也是一个复合属性，可以将背景相关的样式都综合定义在一个复合属性 background 中。使用 background 属性综合设置背景样式的语法格式如下。

```
background:[background-color] [background-image] [background-repeat] [background-attachment] [background-position] [background-size] [background-clip] [background-origin];
```

在上面的语法格式中，各个样式顺序任意，对于不需要的样式可以省略。

下面通过一个案例对 background 背景复合属性的用法进行演示，如例 5-20 所示。

例 5-20 example20.html

```
1   <!doctype html>
2   <html>
3   <head>
4   <meta charset="utf-8">
5   <title>背景复合属性</title>
6   <style type="text/css">
7   div{
8      width:200px;
9      height:200px;
10     border:5px dashed #B5FFFF;
11     padding:25px;
12     background:#B5FFFF url(images/caodi.png) no-repeat left bottom padding-box;
13  }
```

```
14    </style>
15    </head>
16    <body>
17    <div>走过红尘的纷扰，弹落灵魂沾染的尘埃，携一抹淡淡的情怀，迎着清馨的微风，
      坐在岁月的源头，看时光婆娑的舞步，让自己安静在时间的沙漏里，感受淡如清风，静若兰
      的唯美。</div>
18    </body>
19    </html>
```

在例 5-20 中，运用背景复合属性为 div 定义了背景颜色、背景图片、图像平铺方式、背景图像位置及裁剪区域等多个属性。

运行例 5-20，效果如图 5-42 所示。

图 5-42　背景复合属性

 多学一招：使用背景图像属性定义列表样式

list-style 是一个复合属性，用于控制列表项目符号的样式。在实际网页制作过程中，为了更高效地控制列表项目符号，通常将 list-style 的属性值定义为 none，然后通过为<li>设置背景图像的方式实现不同的列表项目符号。

下面通过一个案例演示通过背景属性定义列表项目符号的方法，如例 5-21 所示。

例 5-21　example21.html

```
1    <!doctype html>
2    <html>
3    <head>
4    <meta charset="utf-8">
5    <title>背景属性定义列表项目符号</title>
6    <style type="text/css">
7    li{
8        list-style:none;   /*清除列表的默认样式*/
9        height:26px;
```

```
10        line-height:26px;
11        background:url(images/book.png) no-repeat left center;   /*为
li 设置背景图像*/
12        padding-left:25px;
13    }
14 </style>
15 </head>
16 <body>
17 <h2>传智播客学科</h2>
18 <ul>
19      <li>网页平面</li>
20      <li>Java</li>
21      <li>PHP</li>
22      <li>.NET</li>
23 </ul>
24 </body>
25 </html>
```

在例 5-21 中，定义了一个无序列表，其中第 8 行代码通过"list-style:none;"清除列表的默认显示样式，第 11 行代码通过为<li>设置背景图像的方式来定义列表项目符号。

运行例 5-21，效果如图 5-43 所示。

在图 5-43 中，每个列表项前都添加了列表项目图像，如果需要调整列表项目图像只需更改<li>的背景样式即可。

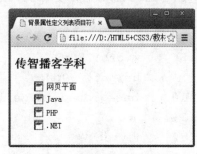

图 5-43　背景属性定义列表样式

5.4　CSS3 渐变属性

在 CSS3 之前如果需要添加渐变效果，通常要设置背景图像来实现。而 CSS3 中增加了渐变属性，通过渐变属性可以轻松实现渐变效果。CSS3 的渐变属性主要包括线性渐变和径向渐变，本节将对这两种常见的渐变方式进行讲解。

5.4.1　线性渐变

在线性渐变过程中，起始颜色会沿着一条直线按顺序过渡到结束颜色。运用 CSS3 中的"background-image:linear-gradient（参数值）;"样式可以实现线性渐变效果，其基本语法格式如下。

background-image:linear-gradient(渐变角度,颜色值 1,颜色值 2...,颜色值 n);

在上面的语法格式中，linear-gradient 用于定义渐变方式为线性渐变，括号内用于设定渐变角度和颜色值，具体解释如下。

● 渐变角度

渐变角度指水平线和渐变线之间的夹角，可以是以 deg 为单位的角度数值或"to"加"left""right""top"和"bottom"等关键词。在使用角度设定渐变起点的时候，0deg 对应"to top"，

90deg 对应 "to right"，180deg 对应 "to bottom"，270deg 对应 "to left"，整个过程就是以 bottom 为起点顺时针旋转，具体如图 5-44 所示。

当未设置渐变角度时，会默认为 "180deg" 等同于 "to bottom"。

● 颜色值

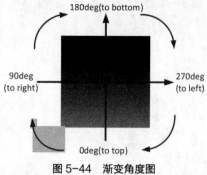

图 5-44　渐变角度图

颜色值用于设置渐变颜色，其中 "颜色值 1" 表示起始颜色，"颜色值 n" 表示结束颜色，起始颜色和结束颜色之间可以添加多个颜色值，各颜色值之间用 ","隔开。

下面通过一个案例对线性渐变的用法和效果进行演示，如例 5-22 所示。

例 5-22　example22.html

```
1   <!doctype html>
2   <html>
3   <head>
4   <meta charset="utf-8">
5   <title>线性渐变</title>
6   <style type="text/css">
7   div{
8       width:200px;
9       height:200px;
10      background-image:linear-gradient(30deg,#0f0,#00F);
11      }
12  </style>
13  </head>
14  <body>
15  <div></div>
16  </body>
17  </html>
```

在例 5-22 中，为 div 定义了一个渐变角度为 30deg、绿色（#0f0）到蓝色（#00f）的线性渐变。

运行例 5-22，效果如图 5-45 所示。

图 5-45　线性渐变 1

在图 5-45 中，实现了绿色到蓝色的线性渐变。值得一提的是，在每一个颜色值后面还可以书写一个百分比数值，用于标示颜色渐变的位置，具体示例代码如下：

```
background-image:linear-gradient(30deg,#0f0 50%,#00F 80%);
```

在上面的示例代码中，可以看做绿色（#0f0）由 50%的位置开始出现渐变至蓝色（#00f）位于 80%的位置结束渐变。可以用 Photoshop 中的渐变色块进行类比，如图 5-46 所示。

示例代码对应效果如图 5-47 所示。

图 5-46　定义渐变颜色位置

图 5-47　线性渐变 2

5.4.2　径向渐变

径向渐变是网页中另一种常用的渐变，在径向渐变过程中，起始颜色会从一个中心点开始，依据椭圆或圆形形状进行扩张渐变。运用 CSS3 中的 "background-image:radial-gradient（参数值）;" 样式可以实现径向渐变效果，其基本语法格式如下。

```
background-image:radial-gradient(渐变形状 圆心位置,颜色值 1,颜色值 2...,颜色值 n);
```

在上面的语法格式中，radial-gradient 用于定义渐变的方式为径向渐变，括号内的参数值用于设定渐变形状、圆心位置和颜色值，对各参数的具体介绍如下。

1. 渐变形状

渐变形状用来定义径向渐变的形状，其取值既可以是定义水平和垂直半径的像素值或百分比，也可以是相应的关键词。其中关键词主要包括两个值 "circle" 和 "ellipse"，具体解释如下。

- 像素值/百分比：用于定义形状的水平和垂直半径，如 "80px 50px" 表示一个水平半径为 80px，垂直半径为 50px 的椭圆形。
- circle：指定圆形的径向渐变。
- ellipse：指定椭圆形的径向渐变。

2. 圆心位置

圆心位置用于确定元素渐变的中心位置，使用 "at" 加上关键词或参数值来定义径向渐变的中心位置。该属性值类似于 CSS 中 background-position 属性值，如果省略则默认为"center"。该属性值主要有以下几种。

- 像素值/百分比：用于定义圆心的水平和垂直坐标，可以为负值。
- left：设置左边为径向渐变圆心的横坐标值。
- center：设置中间为径向渐变圆心的横坐标值或纵坐标。
- right：设置右边为径向渐变圆心的横坐标值。

- top:设置顶部为径向渐变圆心的纵标值。
- bottom:设置底部为径向渐变圆心的纵标值。

3. 颜色值

"颜色值 1"表示起始颜色,"颜色值 n"表示结束颜色,起始颜色和结束颜色之间可以添加多个颜色值,各颜色值之间用","隔开。

下面运用径向渐变来制作一个小球,如例 5-23 所示。

例 5-23　example23.html

```
1   <!doctype html>
2   <html>
3   <head>
4   <meta charset="utf-8">
5   <title>径向渐变</title>
6   <style type="text/css">
7   div{
8       width:200px;
9       height:200px;
10      border-radius:50%;           /*设置圆角边框*/
11      background-image:radial-gradient(ellipse at center,#0f0,#030);
                                     /*设置径向渐变*/
12      }
13  </style>
14  </head>
15  <body>
16  <div></div>
17  </body>
18  </html>
```

在例 5-23 中,为 div 定义了一个渐变形状为椭圆形,径向渐变位置在容器中心点,绿色(##0f0)到深绿色(##030)的径向渐变;同时使用"border-radius"属性将容器的边框设置为圆角。

运行例 5-23,效果如图 5-48 所示。

在图 5-48 中,实现了绿色到深绿色的径向渐变。

值得一提的是,同"线性渐变"类似,在"径向渐变"的颜色值后面也可以书写一个百分比数值,用于设置渐变的位置。

图 5-48　径向渐变

5.4.3　重复渐变

在网页设计中,经常会遇到在一个背景上重复应用渐变模式的情况,这时就需要使用重复渐变。重复渐变包括重复线性渐变和重复径向渐变,具体解释如下。

1. 重复线性渐变

在 CSS3 中,通过"background-image:repeating-linear-gradient(参数值);"样式可以实

现重复线性渐变的效果，其基本语法格式如下。

```
background-image:repeating-linear-gradient(渐变角度，颜色值 1，颜色值 2...，颜色值 n);
```

在上面的语法格式中，"repeating-linear-gradient（参数值）"用于定义渐变方式为重复线性渐变，括号内的参数取值和线性渐变相同，分别用于定义渐变角度和颜色值。

下面通过一个案例对重复线性渐变进行演示，如例 5-24 所示。

例 5-24　example24.html

```
1   <!doctype html>
2   <html>
3   <head>
4   <meta charset="utf-8">
5   <title>重复线性渐变</title>
6   <style type="text/css">
7   div{
8       width:200px;
9       height:200px;
10      background-image: repeating-linear-gradient(90deg,#E50743,#E8ED30 10%,#3FA62E 15%);
11      }
12  </style>
13  </head>
14  <body>
15  <div></div>
16  </body>
17  </html>
```

在例 5-24 中，为 div 定义了一个渐变角度为 90deg，红黄绿三色的重复线性渐变。

运行例 5-24，效果如图 5-49 所示。

图 5-49　重复线性渐变

2. 重复径向渐变

在 CSS3 中，通过"background-image:repeating-radial-gradient（参数值）;"样式可以实现重复线性渐变的效果，其基本语法格式如下。

```
background-image:repeating-radial-gradient(渐变形状 圆心位置,颜色值 1,颜色值 2...,颜色值 n);
```

在上面的语法格式中,"repeating-radial-gradient(参数值)"用于定义渐变方式为重复径向渐变,括号内的参数取值和径向渐变相同,分别用于定义渐变形状、圆心位置和颜色值。

下面通过一个案例对重复径向渐变进行演示,如例 5-25 所示。

例 5-25　example25.html

```
1   <!doctype html>
2   <html>
3   <head>
4   <meta charset="utf-8">
5   <title>重复径向渐变</title>
6   <style type="text/css">
7   div{
8       width:200px;
9       height:200px;
10      border-radius:50%;
11      background-image:repeating-radial-gradient(circle at 50% 50%, #E50743,#E8ED30 10%, #3FA62E 15%);
12      }
13  </style>
14  </head>
15  <body>
16  <div></div>
17  </body>
18  </html>
```

在例 5-25 中,为 div 定义了一个渐变形状为圆形,径向渐变位置在容器中心点,红、黄、绿三色径向渐变。

运行例 5-25,效果如图 5-50 所示。

图 5-50　重复径向渐变

5.5　阶段案例——制作音乐排行榜

本章前几节重点讲解了盒子模型的概念、盒子相关属性、线性渐变、径向渐变等。为了使读者更熟练地运用盒子模型相关属性控制页面中的各个元素，本节将通过案例的形式分步骤制作一个音乐排行榜模块，其效果如图 5-51 所示。

图 5-51　背景属性定义列表样式

5.5.1　分析效果图

1. 结构分析

如果把各个元素都看成具体的盒子，则效果图所示的页面由多个盒子构成。音乐排行榜模块整体主要由唱片背景和歌曲排名两部分构成。其中，唱片背景可以通过一个大的 div 进行整体控制，歌曲排名部分结构清晰，排序不分先后，可以通过无序列表<ul>进行定义。效果图 5-51 对应的结构如图 5-52 所示。

2. 样式分析

控制效果图 5-51 的样式主要分为以下几个部分。

（1）通过最外层的大盒子对页面的整体控制，需要对其设置宽度、高度、圆角、边框、渐变及内边距等样式，实现唱片背景效果。

（2）整体控制列表内容（ul），需要对其设置宽度、高度、圆角、阴影等样式。

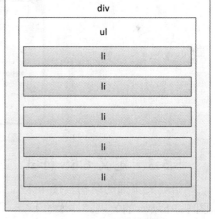

图 5-52　页面结构图

（3）设置 5 个列表项（li）的宽高、背景样式属性。其中第一个 li 需要添加多重背景图像，最后一个 li 底部要圆角化，需要对它们单独进行控制。

5.5.2　制作页面结构

根据上面的分析，可以使用相应的 HTML 标记来搭建网页结构，如例 5-26 所示。

例 5-26　example26.html

```
1  <!doctype html>
2  <html>
3  <head>
4  <meta charset="utf-8">
```

```
5      <title>音乐排行榜</title>
6    </head>
7    <body>
8      <div class="bg">
9        <ul>
10         <li class="tp"></li>
11         <li>vnessa-constance</li>
12         <li>dogffedrd-seeirtit</li>
13         <li>dsieirif-constance</li>
14         <li>wytuu-qeyounted</li>
15         <li class="yj">qurested-conoted</li>
16       </ul>
17     </div>
18   </body>
19 </html>
```

在例5-26所示的HTML结构代码中,最外层的div用于对音乐排行榜模块进行整体控制,其内部嵌套了一个<ul>无序列表,用于定义音乐排名。

运行例5-26,效果如图5-53所示。

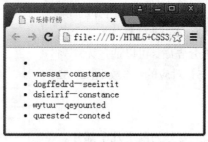

图5-53　HTML结构页面效果

5.5.3 定义CSS样式

搭建完页面的结构,接下来为页面添加 CSS 样式。本节采用从整体到局部的方式实现图5-51所示的效果,具体如下。

1. 定义基础样式

在定义CSS样式时,首先要清除浏览器默认样式,具体CSS代码如下。

```
*{margin:0; padding:0; list-style:none; outline:none;}
```

2. 整体控制歌曲排行榜模块

通过一个大的 div 对歌曲排行榜模块进行整体控制,根据效果图为其添加相应的样式代码,具体如下。

```
/*整体控制歌曲排行版模块*/
.bg{
  width:600px;
  height:550px;
```

```css
    background-image:repeating-radial-gradient(circle at 50% 50%,#333,
#000 1%);
    margin:50px auto;
    padding:40px;
    border-radius:50%;
    padding-top:50px;
    border:10px solid #ccc;
    }
```

3. 设置歌曲排名部分样式

歌曲排名部分整体可以看做是一个无序列表，需要为其添加圆角和阴影等样式，具体代码如下。

```css
/*歌曲排名部分*/
ul{
    width:372px;
    height:530px;
    background:#fff;
    border-radius:30px;
    box-shadow:15px 15px 12px #000;
    margin:0 auto;
}
ul li{
    width:372px;
    height:55px;
    background:#504d58 url(images/yinfu.png) no-repeat 70px 20px;
    margin-bottom:2px;
    font-size:18px;
    color:#d6d6d6;
    line-height:55px;
    text-align:center;
    font-family:"微软雅黑";
    }
```

4. 设置需要单独控制的列表项样式

在控制歌曲排名部分的无序列表中，第1个用于显示图片的列表项（li）和最后一个需要圆角化的列表项（li），需要单独控制，具体代码如下。

```css
/*需要单独控制的列表项*/
ul .tp{
    width:372px;
    height:247px;
    background:#fff;
    background-image:url(images/yinyue.jpg),url(images/wenzi.jpg);
```

```
        background-repeat:no-repeat;
        background-position:87px 16px,99px 192px;
        border-radius:30px 30px 0 0;
        }
    ul .yj{border-radius:0 0 30px 30px;}
```

至此,完成了效果图 5-51 所示歌曲排行榜模块的 CSS 样式部分。将该样式应用于网页后,效果如图 5-54 所示。

图 5-54 添加 CSS 样式后的页面效果

本章小结

本章首先介绍了盒子模型的概念,盒子模型相关的属性,然后讲解了背景属性和渐变属性,最后运用所学知识制作了一个音乐排行榜效果。

通过本章的学习,读者应该能够熟悉盒子模型的构成,熟练运用盒子模型相关属性控制网页中的元素,完成页面中一些简单模块的制作。

动手实践

学习完前面的内容,下面来动手实践一下吧。

请结合所学知识,运用 CSS 盒子模型的相关属性、背景属性及渐变属性制作一个播放器图标,效果如图 5-55 所示。

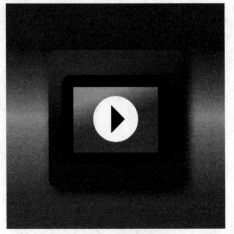

图 5-55 播放器图标

扫描右方二维码，查看动手实践步骤！

PART 6 第 6 章 浮动与定位

学习目标

- 理解元素的浮动，能够为元素设置浮动样式。
- 熟悉清除浮动的方法，可以使用不同方法清除浮动。
- 掌握元素的定位，能够为元素设置常见的定位模式。

默认情况下，网页中的元素会按照从上到下或从左到右的顺序一一罗列，如果按照这种默认的方式进行排版，网页将会单调、混乱。为了使网页的排版更加丰富、合理，在 CSS 中可以对元素设置浮动和定位样式。本章将对元素的浮动和定位进行详细讲解。

6.1 元素的浮动

初学者在设计一个页面时，通常会按照默认的排版方式，将页面中的元素从上到下一一罗列，如图 6-1 所示。这样的布局看起来呆板、不美观，那么，如何对页面重新排版，如图 6-2 所示，使页面变得整齐、有序呢？这就需要为元素设置浮动。本节将对元素的浮动进行详细讲解。

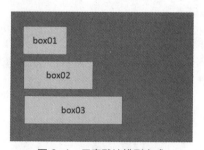

图 6-1 元素默认排列方式

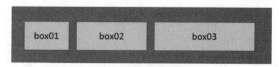

图 6-2 元素浮动后的排列方式

6.1.1 元素的浮动属性 float

浮动属性作为 CSS 的重要属性，在网页布局中至关重要。在 CSS 中，通过 float 属性来定义浮动，所谓元素的浮动是指设置了浮动属性的元素会脱离标准文档流的控制，移动到其父元素中指定位置的过程。其基本语法格式为：

选择器{float:属性值;}

在上面的语法中，常用的 float 属性值有 3 个，具体如表 6-1 所示。

表 6-1 float 的常用属性值

属性值	描述
left	元素向左浮动
right	元素向右浮动
none	元素不浮动（默认值）

下面通过一个案例来学习 float 属性的用法，如例 6-1 所示。

例 6-1　example01.html

```
1  <!doctype html>
2  <html>
3  <head>
4  <meta charset="utf-8">
5  <title>元素的浮动</title>
6  <style type="text/css">
7  .father{                        /*定义父元素的样式*/
8     background:#ccc;
9     border:1px dashed #999;
10 }
11 .box01,.box02,.box03{           /*定义box01、box02、box03三个盒子的样式*/
12    height:50px;
13    line-height:50px;
14    background:#FF9;
15    border:1px solid #F33;
16    margin:15px;
17    padding:0px 10px;
18 }
19 p{                              /*定义段落文本的样式*/
20    background:#FCF;
21    border:1px dashed #F33;
22    margin:15px;
23    padding:0px 10px;
24 }
25 </style>
26 </head>
27 <body>
28 <div class="father">
29    <div class="box01">box01</div>
30    <div class="box02">box02</div>
31    <div class="box03">box03</div>
```

```
32      <p>这里是浮动盒子外围的段落文本,这里是浮动盒子外围的段落文本,这里是浮
        动盒子外围的段落文本,这里是浮动盒子外围的段落文本,这里是浮动盒子外围的段落文本,
        这里是浮动盒子外围的段落文本,这里是浮动盒子外围的段落文本,这里是浮动盒子外围的
        段落文本,这里是浮动盒子外围的段落文本。</p>
33     </div>
34    </body>
35  </html>
```

在例 6-1 中,所有的元素均不应用 float 属性,也就是说元素的 float 属性值都为其默认值 none。运行例 6-1,效果如图 6-3 所示。

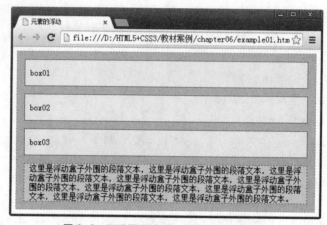

图 6-3 不设置浮动时元素的默认排列效果

在图 6-3 中,box01、box02、box03 及段落文本从上到下一一罗列。可见如果不对元素设置浮动,则该元素及其内部的子元素将按照标准文档流的样式显示,即块元素占据页面整行。

接下来,在例 6-1 的基础上演示元素的左浮动效果。以 box01 为设置对象,对其应用左浮动样式,具体 CSS 代码如下。

```
.box01 {                    /*定义 box01 左浮动*/
    float:left;
}
```

保存 HTML 文件,刷新页面,效果如图 6-4 所示。

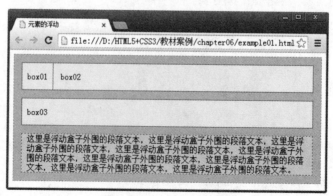

图 6-4 box01 左浮动效果

通过图 6-4 容易看出，设置左浮动的 box01 漂浮到了 box02 的左侧，也就是说 box01 不再受文档流控制，出现在了一个新的层次上。

接下来，在上述案例的基础上，继续为 box02 设置左浮动，具体 CSS 代码如下。

```
.box01,.box02{                    /*定义box01、box02 左浮动*/
   float:left;
}
```

保存 HTML 文件，刷新页面，效果如图 6-5 所示。

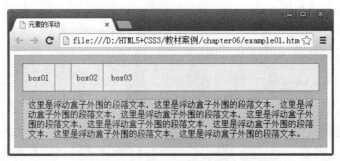

图 6-5　box01 和 box02 同时左浮动效果

在图 6-5 中，box01、box02、box03 三个盒子整齐地排列在同一行，可见通过应用"float:left;"样式可以使 box01 和 box02 同时脱离标准文档流的控制向左漂浮。

接下来，在上述案例的基础上，继续为 box03 设置左浮动，具体 CSS 代码如下。

```
.box01,.box02,.box03{             /*定义box01、box02、box03 左浮动*/
   float:left;
}
```

保存 HTML 文件，刷新页面，效果如图 6-6 所示。

图 6-6　box01、box02、box03 同时左浮动效果

在图 6-6 中，box01、box02、box03 三个盒子排列在同一行，同时，周围的段落文本将环绕盒子，出现了图文混排的网页效果。

需要说明的是，float 的另一个属性值"right"在网页布局时也会经常用到，它与"left"属性值的用法相同但方向相反。应用了"float:right;"样式的元素将向右侧浮动，读者要学会举一反三。

注意：

对元素同时定义 float 和 margin-left 或 margin-right 属性时，在 IE6 浏览器中，出现的左外边距或右外边距将是所设置的 margin-left 或 margin-right 值的两倍，这就是网页制作中经常出现的"IE6 双倍边距"问题。

6.1.2 清除浮动

在网页中，由于浮动元素不再占用原文档流的位置，使用浮动时会影响后面相邻的固定元素。例如，图 6-6 中的段落文本，受到其周围元素浮动的影响，产生了位置上的变化。这时，如果要避免浮动对其他元素的影响，就需要清除浮动。在 CSS 中，使用 clear 属性清除浮动，其基本语法格式如下：

选择器{clear:属性值;}

在上面的语法中，clear 属性的常用值有 3 个，具体如表 6-2 所示。

表 6-2 clear 的常用属性值

属性值	描述
left	不允许左侧有浮动元素（清除左侧浮动的影响）
right	不允许右侧有浮动元素（清除右侧浮动的影响）
both	同时清除左右两侧浮动的影响

下面通过对例 6-1 中的<p>标记应用 clear 属性来清除浮动元素对段落文本的影响，如例 6-2 所示。

例 6-2 example02.html

```
1   <!doctype html>
2   <html>
3   <head>
4   <meta charset="utf-8">
5   <title>清除元素的左浮动</title>
6   <style type="text/css">
7   .father{                      /*定义父元素的样式*/
8     background:#ccc;
9     border:1px dashed #999;
10  }
11  .box01,.box02,.box03{         /*定义box01、box02、box03三个盒子的样式*/
12    height:50px;
13    line-height:50px;
14    background:#FF9;
15    border:1px solid #F33;
16    margin:15px;
17    padding:0px 10px;
18    float:left;                 /*定义box01、box02、box03左浮动*/
19  }
20  p{                            /*定义段落文本的样式*/
```

```
21      background:#FCF;
22      border:1px dashed #F33;
23      margin:15px;
24      padding:0px 10px;
25      clear:left;                    /*清除左浮动*/
26    }
27    </style>
28  </head>
29  <body>
30  <div class="father">
31      <div class="box01">box01</div>
32      <div class="box02">box02</div>
33      <div class="box03">box03</div>
34      <p>这里是浮动盒子外围的段落文本，这里是浮动盒子外围的段落文本，这里是浮动盒子外围的段落文本，这里是浮动盒子外围的段落文本，这里是浮动盒子外围的段落文本，这里是浮动盒子外围的段落文本，这里是浮动盒子外围的段落文本，这里是浮动盒子外围的段落文本，这里是浮动盒子外围的段落文本。</p>
35  </div>
36  </body>
37  </html>
```

在上面的代码中，第 25 行代码用于清除段落文本左侧浮动元素的影响。此时，保存 HTML 文件，刷新页面，效果如图 6-7 所示。

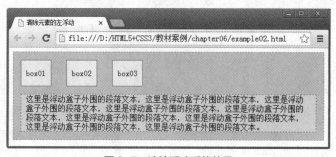

图 6-7 清除浮动后的效果

通过图 6-7 可以看出，清除段落文本左侧的浮动后，段落文本不再受到浮动元素的影响，而是按照元素自身的默认排列方式，独占一行，排列在浮动元素 box01、box02、box03 的下面。

需要注意的是，clear 属性只能清除元素左右两侧浮动的影响。然而在制作网页时，经常会遇到一些特殊的浮动影响。例如，对子元素设置浮动时，如果不对其父元素定义高度，则子元素的浮动会对父元素产生影响，如例 6-3 所示。

例 6-3　example03.html

```
1   <!doctype html>
2   <html>
```

```
3    <head>
4    <meta charset="utf-8">
5    <title>清除浮动</title>
6    <style type="text/css">
7    .father{                              /*没有给父元素定义高度*/
8        background:#ccc;
9        border:1px dashed #999;
10   }
11   .box01,.box02,.box03{
12       height:50px;
13       line-height:50px;
14       background:#f9c;
15       border:1px dashed #999;
16       margin:15px;
17       padding:0px 10px;
18       float:left;                       /*定义box01、box02、box03三个盒子左浮动*/
19   }
20   </style>
21   </head>
22   <body>
23   <div class="father">
24       <div class="box01">box01</div>
25       <div class="box02">box02</div>
26       <div class="box03">box03</div>
27   </div>
28   </body>
29   </html>
```

在例 6-3 中，为 box01、box02、box03 三个子盒子定义左浮动，同时，不给其父元素设置高度。

运行例 6-3，效果如图 6-8 所示。

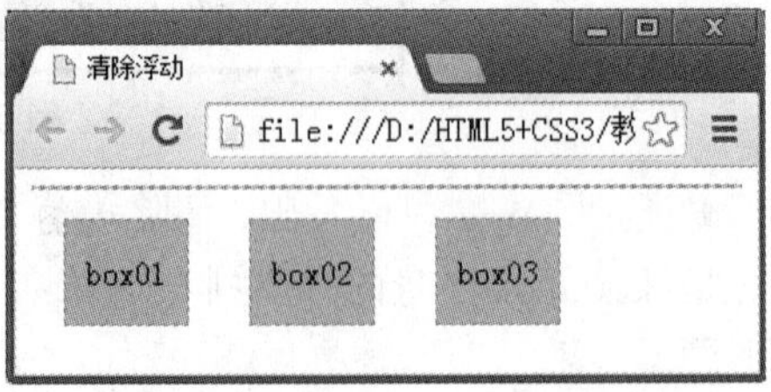

在图 6-8 中，由于受到子元素浮动的影响，没有设置高度的父元素变成了一条直线，即父元素不能自适应子元素的高度了。

我们知道子元素和父元素为嵌套关系，不存在左右位置，所以使用 clear 属性并不能清除子元素浮动对父元素的影响。那么对于这种情况该如何清除浮动呢？下面总结 3 种常用的清除浮动的方法，具体介绍如下。

图 6-8 子元素浮动对父元素的影响

方法一：使用空标记清除浮动

在浮动元素之后添加空标记，并对该标记应用 "clear:both" 样式，可清除元素浮动所产生的影响，这个空标记可以为<div>、<p>、<hr />等任何标记。下面，在例 6-3 的基础上，演示使用空标记清除浮动的方法，如例 6-4 所示。

例 6-4　example04.html

```
1   <!doctype html>
2   <html>
3   <head>
4   <meta charset="utf-8">
5   <title>空标记清除浮动</title>
6   <style type="text/css">
7   .father{                         /*没有给父元素定义高度*/
8       background:#ccc;
9       border:1px dashed #999;
10  }
11  .box01,.box02,.box03{
12      height:50px;
13      line-height:50px;
14      background:#f9c;
15      border:1px dashed #999;
16      margin:15px;
17      padding:0px 10px;
18      float:left;                  /*定义box01、box02、box03三个盒子左浮动*/
19  }
20  .box04{ clear:both;}             /*对空标记应用clear:both;*/
21  </style>
22  </head>
23  <body>
24  <div class="father">
25      <div class="box01">box01</div>
26      <div class="box02">box02</div>
27      <div class="box03">box03</div>
28      <div class="box04"></div>    <!--在浮动元素后添加空标记-->
29  </div>
30  </body>
31  </html>
```

例 6-4 中，在浮动元素 box01、box02、box03 之后添加 class 为 box04 的空 div，然后对 box04 应用 "clear:both;" 样式。

运行例 6-4，效果如图 6-9 所示。

在图 6-9 中，父元素被其子元素撑开了，即子元素的浮动对父元素的影响已经不存在。

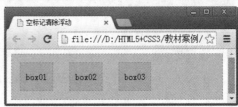

图 6-9　空标记清除浮动效果

需要注意的是，上述方法虽然可以清除浮动，但是在无形中增加了毫无意义的结构元素

（空标记），因此在实际工作中不建议使用。

方法二：使用 overflow 属性清除浮动

对元素应用"overflow:hidden;"样式，也可以清除浮动对该元素的影响，该方法弥补了空标记清除浮动的不足。下面继续在例 6-3 的基础上，演示使用 overflow 属性清除浮动的方法，如例 6-5 所示。

例 6-5 example05.html

```
1   <!doctype html>
2   <html>
3   <head>
4   <meta charset="utf-8">
5   <title>overflow 属性清除浮动</title>
6   <style type="text/css">
7   .father{                        /*没有给父元素定义高度*/
8       background:#ccc;
9       border:1px dashed #999;
10      overflow:hidden;            /*对父元素应用 overflow:hidden;*/
11  }
12  .box01,.box02,.box03{
13      height:50px;
14      line-height:50px;
15      background:#f9c;
16      border:1px dashed #999;
17      margin:15px;
18      padding:0px 10px;
19      float:left;                 /*定义 box01、box02、box03 三个盒子左浮动*/
20  }
21  </style>
22  </head>
23  <body>
24  <div class="father">
25      <div class="box01">box01</div>
26      <div class="box02">box02</div>
27      <div class="box03">box03</div>
28  </div>
29  </body>
30  </html>
```

在例 6-5 中，对父元素应用"overflow:hidden;"样式来清除子元素浮动对父元素的影响。

运行例 6-5，效果如图 6-10 所示。

在图 6-10 中，父元素又被其子元素撑开了，即子元素浮动对父元素的影响已经不存在。

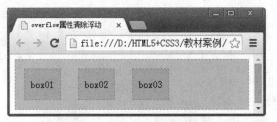

图 6-10 overflow 属性清除浮动效果

方法三：使用 after 伪对象清除浮动

使用 after 伪对象也可以清除浮动，但是该方法只适用于 IE8 及以上版本浏览器和其他非 IE 浏览器。使用 after 伪对象清除浮动时需要注意以下两点。

（1）必须为需要清除浮动的元素伪对象设置"height:0;"样式，否则该元素会比其实际高度高出若干像素。

（2）必须在伪对象中设置 content 属性，属性值可以为空，如"content: """;"。

下面，继续在例 6-3 的基础上，演示使用 after 伪对象清除浮动的方法，如例 6-6 所示。

例 6-6　example06.html

```
1   <!doctype html>
2   <html>
3   <head>
4   <meta charset="utf-8">
5   <title>使用after伪对象清除浮动</title>
6   <style type="text/css">
7   .father{                    /*没有给父元素定义高度*/
8     background:#ccc;
9     border:1px dashed #999;
10  }
11  .father:after{              /*对父元素应用after伪对象样式*/
12    display:block;
13    clear:both;
14    content:"";
15    visibility:hidden;
16    height:0;
17  }
18  .box01,.box02,.box03{
19    height:50px;
20    line-height:50px;
21    background:#f9c;
22    border:1px dashed #999;
23    margin:15px;
24    padding:0px 10px;
25    float:left;               /*定义box01、box02、box03三个盒子左浮动*/
26  }
```

```
27    </style>
28   </head>
29   <body>
30   <div class="father">
31       <div class="box01">box01</div>
32       <div class="box02">box02</div>
33       <div class="box03">box03</div>
34   </div>
35   </body>
36   </html>
```

在例 6-6 中，第 11~17 行代码用于为父元素应用 after 伪对象样式来清除浮动。

运行例 6-6，效果如图 6-11 所示。

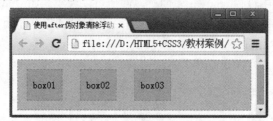

图 6-11   after 伪对象清除浮动效果

在图 6-11 中，父元素又被其子元素撑开了，即子元素浮动对父元素的影响已经不存在。

6.2 overflow 属性

overflow 属性是 CSS 中的重要属性。当盒子内的元素超出盒子自身的大小时，内容就会溢出，如果想要规范溢出内容的显示方式，就需要使用 overflow 属性，其基本语法格式如下。

选择器{overflow:属性值;}

在上面的语法中，overflow 属性的属性值有 4 个，分别表示不同的含义，具体如表 6-3 所示。

表 6-3   overflow 的常用属性值

属性值	描述
visible	内容不会被修剪，会呈现在元素框之外（默认值）
hidden	溢出内容会被修剪，并且被修剪的内容是不可见的
auto	在需要时产生滚动条，即自适应所要显示的内容
scroll	溢出内容会被修剪，且浏览器会始终显示滚动条

下面通过一个案例来演示 overflow 属性的用法和效果，如例 6-7 所示。

例 6-7   example07.html

```
1    <!doctype html>
2    <html>
```

```
3   <head>
4   <meta charset="utf-8">
5   <title>overflow 属性</title>
6   <style type="text/css">
7   div{
8       width:100px;
9       height:140px;
10      background:#F99;
11      overflow:visible;        /*溢出内容呈现在元素框之外*/
12  }
13  </style>
14  </head>
15  <body>
16  <div>
17  当盒子内的元素超出盒子自身的大小时，内容就会溢出，如果想要规范溢出内容的显
    示方式，就需要使用 overflow 属性，它用于规范元素中溢出内容的显示方式。
18  </div>
19  </body>
20  </html>
```

在例 6-7 中，第 11 行代码通过 "overflow:visible;" 样式，定义溢出的内容不会被修剪，而呈现在元素框之外。一般而言，并没有必要设定 overflow 的属性为 visible，除非你想覆盖它在其他地方设定的值。

运行例 6-7，效果如图 6-12 所示。

在图 6-12 中，溢出的内容不会被修剪，而呈现在元素框之外。

如果希望溢出的内容被修剪，且不可见，可将 overflow 的属性值定义为 hidden。接下来，在例 6-7 的基础上进行演示，将第 11 行代码更改如下。

```
overflow:hidden;              /*溢出内容被修剪，且不可见*/
```

保存 HTML 文件，刷新页面，效果如图 6-13 所示。

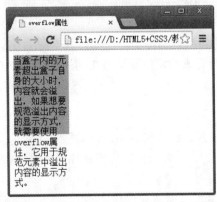

图 6-12　定义 "overflow:visible;" 效果

图 6-13　定义 "overflow: hidden;" 效果

从图 6-13 可以看出，使用 "overflow: hidden;" 可以将溢出内容修剪，并且被修剪的内容

不可见。

另外，如果希望元素框能够自适应其内容的多少，在内容溢出时，产生滚动条，否则，则不产生滚动条，可以将 overflow 的属性值定义为 auto。接下来，继续在例 6-7 的基础上进行演示，将第 11 行代码更改如下。

```
overflow:auto;          /*根据需要产生滚动条*/
```

保存 HTML 文件，刷新页面，效果如图 6-14 所示。

在图 6-14 中，元素框的右侧产生了滚动条，拖动滚动条即可查看溢出的内容。当盒子中的内容减少时，滚动条就会消失。

值得一提的是，当定义 overflow 的属性值为 scroll 时，元素框中也会产生滚动条。接下来，继续在例 6-7 的基础上进行演示，将第 11 行代码更改如下。

```
overflow:scroll;        /*始终显示滚动条*/
```

保存 HTML 文件，刷新页面，效果如图 6-15 所示。

图 6-14　定义"overflow: auto;"效果

图 6-15　定义"overflow: scroll;"效果

在图 6-15 中，元素框中出现了水平和竖直方向的滚动条。与"overflow: auto;"不同，当定义"overflow: scroll;"时，不论元素是否溢出，元素框中的水平和竖直方向的滚动条都始终存在。

6.3　元素的定位

浮动布局虽然灵活，但是却无法对元素的位置进行精确的控制。在 CSS 中，通过定位属性可以实现网页中元素的精确定位。下面，本节将对元素的定位属性及常用的几种定位方式进行详细讲解。

6.3.1　元素的定位属性

制作网页时，如果希望元素出现在某个特定的位置，就需要使用定位属性对元素进行精确定位。元素的定位就是将元素放置在页面的指定位置，主要包括定位模式和边偏移两部分。

1. 定位模式

在 CSS 中，position 属性用于定义元素的定位模式，其基本语法格式如下。

```
选择器{position:属性值;}
```

在上面的语法中，position 属性的常用值有 4 个，分别表示不同的定位模式，具体如表 6-4 所示。

表 6-4　position 属性的常用值

值	描述
static	静态定位（默认定位方式）
relative	相对定位，相对于其原文档流的位置进行定位
absolute	绝对定位，相对于其上一个已经定位的父元素进行定位
fixed	固定定位，相对于浏览器窗口进行定位

从表 6-4 可以看出，定位的方法有多种，分别为静态定位（static）、相对定位（relative）、绝对定位（absolute）及固定定位(fixed)，后面将对它们进行详细讲解。

2. 边偏移

定位模式（position）仅仅用于定义元素以哪种方式定位，并不能确定元素的具体位置。在 CSS 中，通过边偏移属性 top、bottom、left 或 right 来精确定义定位元素的位置，具体解释如表 6-5 所示。

表 6-5　边偏移设置方式

边偏移属性	描述
top	顶端偏移量，定义元素相对于其父元素上边线的距离
bottom	底部偏移量，定义元素相对于其父元素下边线的距离
left	左侧偏移量，定义元素相对于其父元素左边线的距离
right	右侧偏移量，定义元素相对于其父元素右边线的距离

从表 6-5 可以看出，边偏移可以通过 top、bottom、left、right 进行设置，其取值为不同单位的数值或百分比，示例如下。

```
position:relative;      /*相对定位*/
left:50px;              /*距左边线 50px*/
top:10px;               /*距顶部边线 10px*/
```

6.3.2　静态定位 static

静态定位是元素的默认定位方式，当 position 属性的取值为 static 时，可以将元素定位于静态位置。所谓静态位置就是各个元素在 HTML 文档流中默认的位置。

任何元素在默认状态下都会以静态定位来确定自己的位置，所以当没有定义 position 属性时，并不说明该元素没有自己的位置，它会遵循默认值显示为静态位置。在静态定位状态下，无法通过边偏移属性（top、bottom、left 或 right）来改变元素的位置。

6.3.3　相对定位 relative

相对定位是将元素相对于它在标准文档流中的位置进行定位，当 position 属性的取值为 relative 时，可以将元素定位于相对位置。对元素设置相对定位后，可以通过边偏移属性改变元素的位置，但是它在文档流中的位置仍然保留。

下面通过一个案例来演示对元素设置相对定位的方法和效果，如例6-8所示。

例6-8 example08.html

```html
1   <!doctype html>
2   <html>
3   <head>
4   <meta charset="utf-8">
5   <title>元素的定位</title>
6   <style type="text/css">
7   body{ margin:0px; padding:0px; font-size:18px; font-weight:bold;}
8   .father{
9       margin:10px auto;
10      width:300px;
11      height:300px;
12      padding:10px;
13      background:#ccc;
14      border:1px solid #000;
15  }
16  .child01,.child02,.child03{
17      width:100px;
18      height:50px;
19      line-height:50px;
20      background:#ff0;
21      border:1px solid #000;
22      margin:10px 0px;
23      text-align:center;
24  }
25  .child02{
26      position:relative;          /*相对定位*/
27      left:150px;                 /*距左边线150px*/
28      top:100px;                  /*距顶部边线100px*/
29  }
30  </style>
31  </head>
32  <body>
33  <div class="father">
34      <div class="child01">child-01</div>
35      <div class="child02">child-02</div>
36      <div class="child03">child-03</div>
37  </div>
38  </body>
39  </html>
```

在例 6-8 中，对 child02 设置相对定位模式，并通过边偏移属性 left 和 top 改变它的位置，如第 25～29 行代码所示。

运行例 6-8，效果如图 6-16 所示。

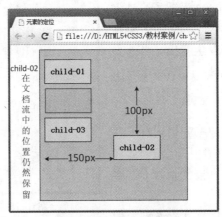

图 6-16　相对定位效果

通过图 6-16 不难看出，对 child02 设置相对定位后，它会相对于其自身的默认位置进行偏移，但是它在文档流中的位置仍然保留。

6.3.4　绝对定位 absolute

绝对定位是将元素依据最近的已经定位（绝对、固定或相对定位）的父元素进行定位，若所有父元素都没有定位，则依据 body 根元素（浏览器窗口）进行定位。当 position 属性的取值为 absolute 时，可以将元素的定位模式设置为绝对定位。

下面在例 6-8 的基础上，将 child02 的定位模式设置为绝对定位，即将第 25～29 行代码更改如下。

```
.child02{
    position:absolute;          /*绝对定位*/
    left:150px;                 /*距左边线 150px*/
    top:100px;                  /*距顶部边线 100px*/
}
```

保存 HTML 文件，刷新页面，效果如图 6-17 所示。

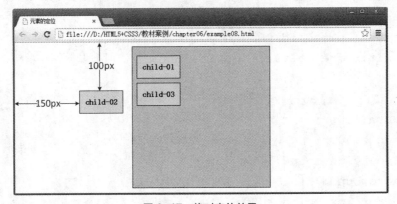

图 6-17　绝对定位效果

在图 6-17 中，设置为绝对定位的元素 child02，依据浏览器窗口进行定位。并且，这时 child03 占据了 child02 的位置，即 child02 脱离了标准文档流的控制，不再占据标准文档流中的空间。

在上面的案例中，对 child02 设置了绝对定位，当浏览器窗口放大或缩小时，child02 相对于其直接父元素的位置都将发生变化。当缩小浏览器窗口时，页面将呈现图 6-18 所示效果，很明显 child02 相对于其直接父元素的位置发生了变化。

然而在网页中，一般需要子元素相对于其直接父元素的位置保持不变，即子元素依据其直接父元素绝对定位，如果直接父元素不需要定位，该怎么办呢？

图 6-18　缩小浏览器窗口效果

对于上述情况，可将直接父元素设置为相对定位，但不对其设置偏移量，然后再对子元素应用绝对定位，并通过偏移属性对其进行精确定位。这样父元素既不会失去其空间，同时还能保证子元素依据直接父元素准确定位。

下面通过一个案例来演示子元素依据其直接父元素准确定位的方法，如例 6-9 所示。

例 6-9　example09.html

```
1   <!doctype html>
2   <html>
3   <head>
4   <meta charset="utf-8">
5   <title>子元素相对于直接父元素定位</title>
6   <style type="text/css">
7   body{ margin:0px; padding:0px; font-size:18px; font-weight:bold;}
8   .father{
9     margin:10px auto;
10    width:300px;
11    height:300px;
12    padding:10px;
13    background:#ccc;
14    border:1px solid #000;
15    position:relative;            /*相对定位，但不设置偏移量*/
16  }
17  .child01,.child02,.child03{
18    width:100px;
19    height:50px;
20    line-height:50px;
21    background:#ff0;
22    border:1px solid #000;
```

```
23      margin:10px 0px;
24      text-align:center;
25   }
26   .child02{
27      position:absolute;         /*绝对定位*/
28      left:150px;                /*距左边线150px*/
29      top:100px;                 /*距顶部边线100px*/
30   }
31   </style>
32   </head>
33   <body>
34   <div class="father">
35      <div class="child01">child-01</div>
36      <div class="child02">child-02</div>
37      <div class="child03">child-03</div>
38   </div>
39   </body>
40   </html>
```

在例 6-9 中，第 15 行代码用于对父元素设置相对定位，但不对其设置偏移量。同时，第 26～30 行代码用于对子元素 child02 设置绝对定位，并通过偏移属性对其进行精确定位。

运行例 6-9，效果如图 6-19 所示。

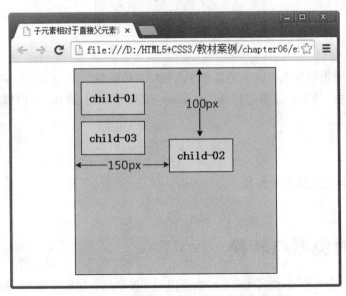

图 6-19　子元素相对于直接父元素绝对定位效果

在图 6-19 中，子元素相对于父元素进行偏移。这时，无论如何缩放浏览器的窗口，子元素相对于其直接父元素的位置都将保持不变。

注意：

（1）如果仅设置绝对定位，不设置边偏移，则元素的位置不变，但其不再占用标准文档流中的空间，与上移的后续元素重叠。

（2）定义多个边偏移属性时，如果 left 和 right 冲突，以 left 为准，top 和 bottom 冲突，以 top 为准。

6.3.5 固定定位 fixed

固定定位是绝对定位的一种特殊形式，它以浏览器窗口作为参照物来定义网页元素。当 position 属性的取值为 fixed 时，即可将元素的定位模式设置为固定定位。

当对元素设置固定定位后，它将脱离标准文档流的控制，始终依据浏览器窗口来定义自己的显示位置。不管浏览器滚动条如何滚动，也不管浏览器窗口的大小如何变化，该元素都会始终显示在浏览器窗口的固定位置。但是，由于 IE6 不支持固定定位，因此，在实际工作中较少使用，本书在这里暂不做详细介绍。

6.3.6 z-index 层叠等级属性

当对多个元素同时设置定位时，定位元素之间有可能会发生重叠，如图 6-20 所示。

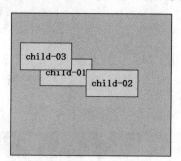

图 6-20 定位元素发生重叠

在 CSS 中，要想调整重叠定位元素的堆叠顺序，可以对定位元素应用 z-index 层叠等级属性，其取值可为正整数、负整数和 0。z-index 的默认属性值是 0，取值越大，定位元素在层叠元素中越居上。

注意：

z-index 属性仅对定位元素生效。

6.4 元素的类型与转换

在前面的章节中介绍 CSS 属性时，经常会提到"仅适用于块级元素"，那么究竟什么是块级元素，在 HTML 标记语言中元素又是如何分类的呢？接下来，本节将对元素的类型与转换进行详细讲解。

6.4.1 元素的类型

HTML 标记语言提供了丰富的标记，用于组织页面结构。为了使页面结构的组织更加轻松、合理，HTML 标记被定义成了不同的类型，一般分为块标记和行内标记，也称块元素和行内元素。了解它们的特性可以为使用 CSS 设置样式和布局打下基础，具体如下。

1. 块元素

块元素在页面中以区域块的形式出现，其特点是，每个块元素通常都会独自占据一整行或多整行，可以对其设置宽度、高度、对齐等属性，常用于网页布局和网页结构的搭建。

常见的块元素有<h1>~<h6>、<p>、<div>、<ul>、<ol>、<li>等，其中<div>标记是最典型的块元素。

2. 行内元素

行内元素也称内联元素或内嵌元素，其特点是，不必在新的一行开始，同时，也不强迫其他元素在新的一行显示。一个行内元素通常会和它前后的其他行内元素显示在同一行中，它们不占有独立的区域，仅仅靠自身的字体大小和图像尺寸来支撑结构，一般不可以设置宽度、高度、对齐等属性，常用于控制页面中文本的样式。

常见的行内元素有<strong>、<b>、<em>、<i>、<del>、<s>、<ins>、<u>、<a>、<span>等，其中<span>标记是最典型的行内元素。

下面通过一个案例来进一步认识块元素与行内元素，如例 6-10 所示。

例 6-10　example10.html

```
1   <!doctype html>
2   <html>
3   <head>
4   <meta charset="utf-8">
5   <title>块元素和行内元素</title>
6   <style type="text/css">
7   h2{              /*定义 h2 的背景颜色、宽度、高度、文本水平对齐方式*/
8       background:#FCC;
9       width:350px;
10      height:50px;
11      text-align:center;
12  }
13  p{background:#090;}        /*定义 p 的背景颜色*/
14  strong{          /*定义 strong 的背景颜色、宽度、高度、文本水平对齐方式*/
15      background:#FCC;
16      width:360px;
17      height:50px;
18      text-align:center;
19  }
20  em{background:#FF0;}       /*定义 em 的背景颜色*/
21  del{background:#CCC;}      /*定义 del 的背景颜色*/
22  </style>
23  </head>
24  <body>
```

```
25    <h2>h2 标记定义的文本。</h2>
26    <p>p 标记定义的文本。</p>
27    <strong>strong 标记定义的文本。</strong>
28    <em>em 标记定义的文本。</em>
29    <del>del 标记定义的文本。</del>
30    </body>
31    </html>
```

在例 6-10 中，首先使用块标记<h2>、<p>和行内标记<strong>、<em>、<del>定义文本，然后对它们应用不同的背景颜色，同时，对<h2>和<strong>应用相同的宽度、高度和对齐属性。

运行例 6-10，效果如图 6-21 所示。

图 6-21　块元素和行内元素的显示效果

从图 6-21 可以看出，不同类型的元素在页面中所占的区域不同。块元素<h2>和<p>各自占据一个矩形的区域，虽然<h2>和<p>相邻，但是它们不会排在同一行中，而是依次竖直排列，其中，设置了宽高和对齐属性的<h2>按设置的样式显示，未设置宽高和对齐属性的<p>则左右撑满页面。然而行内元素<strong>、<em>和<del>排列在同一行，遇到边界则自动换行，虽然对<strong>设置了和<h2>相同的宽高和对齐属性，但是在实际的显示效果中并不会生效。

值得一提的是，行内元素通常嵌套在块元素中使用，而块元素却不能嵌套在行内元素中。例如，可以将例 6-10 中的<strong>、<em>和<del>嵌套在<p>标记中，代码如下。

```
<p>
    <strong>strong 标记定义的文本。</strong>
    <em>em 标记定义的文本。</em>
    <del>del 标记定义的文本。</del>
</p>
```

保存 HTML 文件，刷新网页，效果如图 6-22 所示。

从图 6-22 可以看出，当行内元素嵌套在块元素中时，就会在块元素上占据一定的范围，成为块元素的一部分。

总结例 6-10 可以得出，块元素通常独占一行（逻辑行），可以设置宽高和对齐属性，而行内元素通常不独占一行，不可以设置宽高和对齐属性。行内元素可以嵌套在块元素中，而块元素不可以嵌套在行内元素中。

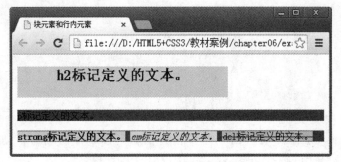

图 6-22 行内元素嵌套在块元素中

注意：

在行内元素中有几个特殊的标记——\<img /\>和\<input /\>，可以对它们设置宽高和对齐属性，有些资料可能会称它们为行内块元素。

6.4.2 \<span\>标记

与\<div\>一样，\<span\>也作为容器标记被广泛应用在 HTML 语言中。和\<div\>标记不同的是\<span\>是行内元素，\<span\>与\</span\>之间只能包含文本和各种行内标记，如加粗标记\<strong\>、倾斜标记\<em\>等，\<span\>中还可以嵌套多层\<span\>。

\<span\>标记常用于定义网页中某些特殊显示的文本，配合 class 属性使用。它本身没有固定的格式表现，只有应用样式时，才会产生视觉上的变化。当其他行内标记都不合适时，就可以使用\<span\>标记。

下面通过一个案例来演示\<span\>标记的使用，如例 6-11 所示。

例 6-11 example11.html

```
1   <!doctype html>
2   <html>
3   <head>
4   <meta charset="utf-8">
5   <title>span 标记</title>
6   <style type="text/css">
7   #header{                    /*设置当前 div 中文本的通用样式*/
8       font-family:"黑体";
9       font-size:14px;
10      color:#515151;
11  }
12  #header .chuanzhi{          /*控制第 1 个 span 中的特殊文本*/
13      color:#0174c7;
14      font-size:20px;
15      padding-right:20px;
16  }
17  #header .course{            /*控制第 2 个 span 中的特殊文本*/
18      font-size:18px;
```

```
19        color:#ff0cb2;
20     }
21     </style>
22  </head>
23  <body>
24  <div id="header">
25      <span class="chuanzhi">传智播客</span>前端与移动开发课程<span class="course">上线啦</span>，欢迎广大学子踊跃报名！
26  </div>
27  </body>
28  </html>
```

在例6-11中，使用<div>标记定义一些文本，并且在<div>中嵌套两对<span>，用于控制某些特殊显示的文本，然后使用CSS分别设置它们的样式。

运行例6-11，效果如图6-23所示。

图6-23 span元素的使用

在图6-23中，特殊显示的文本"传智播客"和"上线啦"，都是通过CSS控制<span>标记设置的。

由例6-11可以看出，<span>标记可以嵌套于<div>标记中，成为它的子元素，但是反过来则不成立，即<span>标记中不能嵌套<div>标记。从<div>和<span>之间的区别和联系，可以更深刻地理解块元素和行内元素。

6.4.3 元素的转换

网页是由多个块元素和行内元素构成的盒子排列而成的。如果希望行内元素具有块元素的某些特性，如可以设置宽高，或者需要块元素具有行内元素的某些特性，如不独占一行排列，可以使用display属性对元素的类型进行转换。

display属性常用的属性值及含义如下。

- inline：此元素将显示为行内元素（行内元素默认的display属性值）。
- block：此元素将显示为块元素（块元素默认的display属性值）。
- inline-block：此元素将显示为行内块元素，可以对其设置宽高和对齐等属性，但是该元素不会独占一行。
- none：此元素将被隐藏，不显示，也不占用页面空间，相当于该元素不存在。

下面通过一个案例来演示display属性的用法和效果，如例6-12所示。

例6-12 example12.html

```
1  <!doctype html>
2  <html>
```

```
3   <head>
4   <meta charset="utf-8">
5   <title>元素的转换</title>
6   <style type="text/css">
7   div,span{                             /*同时设置div和span的样式*/
8       width:200px;                      /*宽度*/
9       height:50px;                      /*高度*/
10      background:#FCC;                  /*背景颜色*/
11      margin:10px;                      /*外边距*/
12  }
13  .d_one,.d_two{display:inline;}        /*将前两个div转换为行内元素*/
14  .s_one{display:inline-block;}         /*将第一个span转换为行内块元素*/
15  .s_three{display:block;}              /*将第三个span转换为块元素*/
16  </style>
17  </head>
18  <body>
19  <div class="d_one">第一个div中的文本</div>
20  <div class="d_two">第二个div中的文本</div>
21  <div class="d_three">第三个div中的文本</div>
22  <span class="s_one">第一个span中的文本</span>
23  <span class="s_two">第二个span中的文本</span>
24  <span class="s_three">第三个span中的文本</span>
25  </body>
26  </html>
```

在例6-12中,定义了三对<div>和三对<span>标记,为它们设置相同的宽度、高度、背景颜色和外边距。同时,对前两个<div>应用"display:inline;"样式,使它们从块元素转换为行内元素,对第一个和第三个<span>分别应用"display: inline-block;"和"display:inline;"样式,使它们分别转换为行内块元素和行内元素。

运行例6-12,效果如图6-24所示。

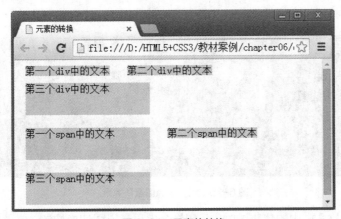

图6-24　元素的转换

从图 6-24 可以看出，前两个<div>排列在了同一行，靠自身的文本内容支撑其宽高，这是因为它们被转换成了行内元素。而第一个和第三个<span>则按固定的宽高显示，不同的是前者不会独占一行，后者独占一行，这是因为它们分别被转换成了行内块元素和块元素。

在上面的例子中，使用 display 的相关属性值，可以实现块元素、行内元素和行内块元素之间的转换。如果希望某个元素不被显示，还可以使用"display:none;"进行控制。例如，希望上面例子中的第三个<div>不被显示，可以在 CSS 代码中增加如下样式。

```
.d_three{display:none;}                    /*隐藏第三个 div*/
```

保存 HTML 页面，刷新网页，效果如图 6-25 所示。

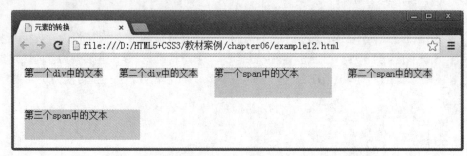

图 6-25　定义 display 为 none 后的效果

从图 6-25 可以看出，当定义元素的 display 属性为 none 时，该元素将从页面消失，不再占用页面空间。

注意：

仔细观察图 6-24 可以发现，前两个<div>与第三个<div>之间的垂直外边距，并不等于前两个<div>的 margin-bottom 与第三个<div>的 margin-top 之和。这是因为前两个<div>被转换成了行内元素，而行内元素只可以定义左右外边距，定义上下外边距时无效。

6.5　阶段案例——制作网页焦点图

本章前几节重点讲解了元素的浮动、定位及清除浮动。为了使读者更好地运用浮动与定位组织页面，本节将通过案例的形式分步骤制作一个网页焦点图，其默认效果如图 6-26 所示。

图 6-26　网页焦点图默认效果

当鼠标移上图 6-26 中的焦点图时，两侧将会出现焦点图切换按钮，效果如图 6-27 所示。

图 6-27　鼠标移上焦点图效果

6.5.1　分析效果图

1. 结构分析

观察效果图 6-26 不难看出，焦点图模块整体上可以分为 3 部分：焦点图、切换图标、切换按钮。焦点图可以使用<img>标记；切换图标由 6 个小图标组成，可以使用无序列表<ul>、<li>搭建结构；焦点图切换按钮可以使用两个<a>标记定义。效果图 6-26 对应的结构如图 6-28 所示。

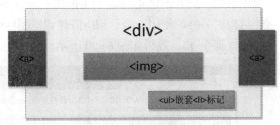

图 6-28　焦点图页面结构图

2. 样式分析

控制效果图 6-26 的样式主要分为 4 个部分，具体如下。

（1）通过<div>对整个页面进行整体控制，需要设置相对定位方式。
（2）通过<a>标记控制左右两侧的切换按钮样式及其位置，并设置左浮动样式。
（3）通过<ul>>整体控制切换图标模块，需要设置绝对定位方式。
（4）通过<li>控制每一个切换小图标，需要设置每个小图标的显示效果。

6.5.2　制作页面结构

根据上面的分析，使用相应的 HTML 标记搭建网页结构，如例 6-13 所示。

例 6-13　example13.html

```
1   <!doctype html>
2   <html>
3   <head>
4   <meta charset="utf-8">
5   <title>车载音乐页面</title>
6   </head>
7   <body>
8   <div>
9       <img src="images/11.jpg" alt="车载音乐">
10      <a href="#"class="left"></a>
11      <a href="#" class="right"></a>
12      <ul>
13         <li class="max"></li>
```

```
14          <li></li>
15          <li></li>
16          <li></li>
17          <li></li>
18          <li></li>
19       </ul>
20    </div>
21 </body>
22 </html>
```

在例 6-13 中，通过最外层的<div>对车载音乐页面进行整体控制，并使用<img>标记插入焦点图片。同时，定义 class 为 left 和 right 的两对<a>标记，来搭建焦点图左右两侧切换按钮的结构。另外，使用<ul>、<li>搭建切换图标模块的 6 个小图标。

运行例 6-13，效果如图 6-29 所示。

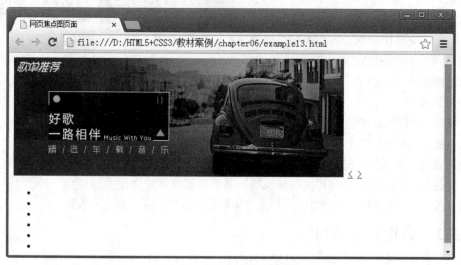

图 6-29 HTML 结构页面效果

6.5.3 定义 CSS 样式

搭建完页面的结构，接下来为页面添加 CSS 样式。本节采用从整体到局部的方式实现图 6-26 和图 6-27 所示的效果，具体如下。

1. 定义基础样式

首先定义页面的统一样式，具体 CSS 代码如下。

```
/*重置浏览器的默认样式*/
*{margin:0; padding:0; border:0; list-style:none;}
/*全局控制*/
a{text-decoration:none; font-size:30px;color:#fff;}
```

2. 控制整体大盒子

制作页面结构时，我们定义了一对<div></div>来对网页焦点图模块进行整体控制，设置其宽度和高度固定。由于切换按钮和切换图标需要依据大盒子进行定位，所以需要对其设置相对定位方式。另外，为了使页面在浏览器中居中，可以对其应用外边距属性 margin，具体 CSS 代码如下。

```
div{                            /*整体控制页面*/
    width:580px;
    height:200px;
    margin:50px auto;
    position:relative;          /*设置相对定位*/
}
```

3. 整体控制左右两边的切换按钮

通过效果图 6-27 可以看出，当鼠标移上焦点图时，图片两侧会添加焦点图切换按钮，需要为<a>元素应用 float 属性，并设置宽高、背景色。另外，切换按钮显示为圆角、半透明效果，需要对其设置圆角边框样式，并设置背景的不透明度。同时，设置切换按钮中的文本样式。最后，通过"display:none;"设置按钮隐藏，具体 CSS 代码如下。

```
a{                              /*整体控制左右两边的切换按钮*/
    float:left;
    width:25px;
    height:90px;
    line-height:90px;
    background:#333;
    opacity:0.7;                /*设置元素的不透明度*/
    border-radius:4px;
    text-align:center;
    display:none;               /*把 a 元素隐藏起来*/
    cursor:pointer;             /*把鼠标指针变成小手的形状*/
}
```

4. 控制左右两侧切换按钮的位置和状态

由于左右两侧的切换按钮位置不同，需要分别对其进行绝对定位，并设置不同的偏移量。另外，当鼠标移上焦点图时，图片两侧的切换按钮将会显示，需要对其应用"display:block;"样式，具体 CSS 代码如下。

```
.left{                          /*控制左边切换按钮的位置*/
    position:absolute;
    left:-12px;
    top:60px;
}
.right{                         /*控制右边切换按钮的位置*/
    position:absolute;
    right:-12px;
    top:60px;
}
```

```
div:hover a{                    /*设置鼠标移上时切换按钮显示*/
    display:block;
}
```

5. 整体控制焦点图的切换图标模块

观察效果图 6-26 可以看出,焦点图的切换图标由 6 个小图标组成,需要对其进行整体控制,并通过绝对定位来控制位置。另外,切换图标显示为圆角、半透明样式,需要设置圆角边框,并设置背景的不透明度。同时,为了使切换图标模块中的小图标居中对齐,可以设置"text-align"属性,具体 CSS 代码如下。

```
ul{                             /*整体控制焦点图的切换图标模块*/
    width:110px;
    height:20px;
    background:#333;
    opacity:0.5;
    border-radius:8px;
    position:absolute;
    right:30px;
    bottom:20px;
    text-align:center;
}
```

6. 控制每个切换小图标

观察焦点图切换模块的 6 个小图标,除了第 1 个小图标,其他小图标都显示为灰色、圆形效果,需要对其设置宽高、背景色及圆角边框样式。另外,所有小图标在一行内显示,需要将<li>转换为行内块元素,具体 CSS 代码如下。

```
li{                             /*控制每个切换小图标*/
    width:5px;
    height:5px;
    background:#ccc;
    border-radius:50%;
    display:inline-block; /*转换为行内块元素*/
}
```

7. 单独控制第一个切换小图标

根据上面的分析,第 1 个切换小图标的显示效果与其他小图标不同,需要对其单独设置宽度、圆角边框及背景色样式,具体 CSS 代码如下。

```
.max{                           /*单独控制第一个切换小图标*/
    width:12px;
    background:#03BDE4;
    border-radius:6px;
}
```

至此，我们完成了效果图 6-26 所示的网页焦点图模块。将该样式应用于网页后，效果如图 6-30 所示。当鼠标移上焦点图时，页面效果如图 6-31 所示。

图 6-30　网页焦点图页面效果

图 6-31　鼠标移上焦点图页面效果

本章小结

本章首先介绍了元素的浮动、不同浮动方向所呈现的效果、清除浮动的常用方法，然后讲解了元素的定位属性及网页中常见的几种定位模式，最后讲解了元素的类型及相互间的转换。在本章的最后，使用浮动、定位进行布局，并通过元素间的转换制作了一个网页焦点图模块。

通过本章的学习，读者应该能够熟练地运用浮动和定位进行网页布局，掌握清除浮动的几种常用方法，理解元素的类型与转换。

动手实践

学习完前面的内容，下面来动手实践一下吧。

请结合给出的素材，运用浮动和定位制作一个团购页面，效果如图 6-32 所示。

图6-32 团购页面效果展示

扫描右方二维码,查看动手实践步骤!

第 7 章 表单的应用

学习目标

- 了解表单功能，能够快速创建表单。
- 掌握表单相关元素，能够准确定义不同的表单控件。
- 掌握表单样式的控制，能够美化表单界面。

表单是 HTML 网页中的重要元素，它通过收集来自用户的信息，并将信息发送给服务器端程序处理，来实现网上注册、网上登录、网上交易等多种功能。本章将对表单控件和属性及如何使用 CSS 控制表单样式进行详细讲解。

7.1 认识表单

对于"表单"读者可能比较陌生，其实它们在互联网上随处可见，如注册页面中的用户名和密码输入、性别选择、提交按钮等都是用表单相关的标记定义的。简单地说，"表单"是网页上用于输入信息的区域，用来实现网页与用户的交互、沟通。本节将带领读者认识并创建表单。

7.1.1 表单的构成

在网页中，一个完整的表单通常由表单控件（也称为表单元素）、提示信息和表单域 3 个部分构成，如图 7-1 和图 7-2 所示，即为一个简单的 HTML 表单界面及其构成。

图 7-1 HTML 表单界面

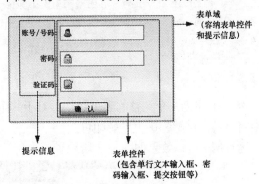

图 7-2 HTML 表单的构成

对于表单构成中的表单控件、提示信息和表单域的具体解释如下。

- 表单控件：包含了具体的表单功能项，如单行文本输入框、密码输入框、复选框、提交按钮、搜索框等。
- 提示信息：一个表单中通常还需要包含一些说明性的文字，提示用户进行填写和操作。
- 表单域：相当于一个容器，用来容纳所有的表单控件和提示信息，可以通过它定义、处理表单数据所用程序的 url 地址及数据提交到服务器的方法。如果不定义表单域，表单中的数据就无法传送到后台服务器。

7.1.2 创建表单

在 HTML5 中，\<form>\</form>标记被用于定义表单域，即创建一个表单，以实现用户信息的收集和传递，\<form> \</form>中的所有内容都会被提交给服务器。创建表单的基本语法格式如下。

```
<form action="url 地址" method="提交方式" name="表单名称">
    各种表单控件
</form>
```

在上面的语法中，\<form>与\</form>之间的表单控件是由用户自定义的，action、method 和 name 为表单标记\<form>的常用属性，分别用于定义 url 地址、提交方式及表单名称。

下面通过一个案例来演示表单的创建，如例 7-1 所示。

例 7-1　example01.html

```
1   <!doctype html>
2   <html>
3   <head>
4   <meta charset="utf-8">
5   <title>创建表单</title>
6   </head>
7   <body>
8   <form action="http://www.mysite.cn/index.asp" method="post">
                                                                <!--表单域-->
9       账号：                                                   <!--提示信息-->
10      <input type="text" name="zhanghao" />                   <!--表单控件-->
11      密码：                                                   <!--提示信息-->
12      <input type="password" name="mima" />                   <!--表单控件-->
13      <input type="submit" value="提交"/>                      <!--表单控件-->
14  </form>
15  </body>
16  </html>
```

例 7-1 即为一个完整的表单结构，对于其中的表单标记和标记的属性，在本章后面的小节中将会具体讲解，这里了解即可。

运行例 7-1，效果如图 7-3 所示。

图 7-3　创建表单

7.2 表单属性

在 HTML5 中，表单拥有多个属性，通过设置表单属性可以实现提交方式、自动完成、表单验证等不同的表单功能。下面将对 form 标记的相关属性进行讲解，具体如下。

1. action 属性

在表单收集到信息后，需要将信息传递给服务器进行处理，action 属性用于指定接收并处理表单数据的服务器程序的 url 地址。例如：

```
<form action="form_action.asp">
```

表示当提交表单时，表单数据会传送到名为 "form_action.asp" 的页面去处理。

action 的属性值可以是相对路径或绝对路径，还可以为接收数据的 E-mail 邮箱地址。例如：

```
<form action=mailto:htmlcss@163.com>
```

表示当提交表单时，表单数据会以电子邮件的形式传递出去。

2. method 属性

method 属性用于设置表单数据的提交方式，其取值为 get 或 post。在 HTML5 中，可以通过 form 标记的 method 属性指明表单处理服务器处理数据的方法，示例代码如下。

```
<form action="form_action.asp" method="get">
```

在上面的代码中，get 为 method 属性的默认值，采用 get 方法，浏览器会与表单处理服务器建立连接，然后直接在一个传输步骤中发送所有的表单数据。

如果采用 post 方法，浏览器将会按照下面两步来发送数据。首先，浏览器将与 action 属性中指定的表单处理服务器建立联系，然后，浏览器按分段传输的方法将数据发送给服务器。

另外，采用 get 方法提交的数据将显示在浏览器的地址栏中，保密性差，且有数据量的限制。而 post 方式的保密性好，并且无数据量的限制，所以使用 method="post"可以大量的提交数据。

3. name 属性

name 属性用于指定表单的名称，以区分同一个页面中的多个表单。

4. autocomplete 属性

autocomplete 属性用于指定表单是否有自动完成功能。所谓"自动完成"是指将表单控件输入的内容记录下来，当再次输入时，会将输入的历史记录显示在一个下拉列表里，以实现自动完成输入。

autocomplete 属性有 2 个值，对它们的解释如下。

- on：表单有自动完成功能。
- off：表单无自动完成功能。

下面为页面中的<form>标记指定 autocomplete 属性，并将该属性的值指定为 on，如例 7-2 所示。

例 7-2 example02.html

```
1    <!doctype html>
```

```
2   <html>
3   <head>
4   <meta charset="utf-8">
5   <title>autocomplete 属性的使用</title>
6   </head>
7   <body>
8   <form id="formBox" autocomplete="on">
9   用户名：<input type="text" id="autofirst" name="autofirst"/><br/><br/>
10  昵  称：<input type="text" id="autosecond" name="autosecond"/><br/><br/>
11  <input type="submit" value="提交"/>
12  </form>
13  </body>
14  </html>
```

运行例 7-2，效果如图 7-4 所示。

这时，在"用户名"的文本输入框中依次输入"admin""about""传智播客"，分别单击"提交"按钮。然后，再单击"用户名"文本输入框时，效果如图 7-5 所示。

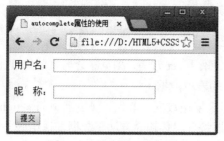 

图 7-4　页面默认显示效果　　　　　　图 7-5　用户名自动完成效果

通过图 7-5 可以看出，设置 autocomplete 属性值为"on"可以使表单控件拥有自动完成功能。

值得一提的是，autocomplete 属性不仅可以用于 form 元素，还可以用于所有输入类型的 input 元素。

5. novalidate 属性

novalidate 属性指定在提交表单时取消对表单进行有效的检查。为表单设置该属性时，可以关闭整个表单的验证，这样可以使 form 内的所有表单控件不被验证。

下面通过一个案例来演示 novalidate 属性的用法，如例 7-3 所示。

例 7-3　example03.html

```
1   <!doctype html>
2   <html>
3   <head>
4   <meta charset="utf-8">
5   <title>novalidate 属性取消表单验证</title>
6   </head>
7   <body>
```

```
8   <form action="form_action.asp" method="get" novalidate="true">
9   请输入电子邮件地址：<input type="email" name="user_email"/>
10  <input type="submit" value="提交"/>
11  </form>
12  </body>
13  </html>
```

在例 7-3 中，对 form 标记应用 "novalidate="true""样式，来取消表单验证。

运行例 7-3，并在文本框中输入邮件地址 "123456"，如图 7-6 所示。此时，单击 "提交" 按钮，表单将不对输入的表单数据进行任何验证，即可进行提交操作。

图 7-6　novalidate 属性取消表单验证

注意：

<form>标记的属性并不会直接影响表单的显示效果。要想让一个表单有意义，就必须在<form>与</form>之间添加相应的表单控件。

7.3　input 元素及属性

<input />元素是表单中最常见的元素，网页中常见的单行文本框、单选按钮、复选框等都是通过它定义的。在 HTML5 中，<input />标记拥有多种输入类型及相关属性，其常用属性如表 7-1 所示。本节将对 input 元素的相关属性进行讲解。

表 7-1　Input 元素的相关属性

属性	属性值	描述
type	text	单行文本输入框
	password	密码输入框
	radio	单选按钮
	checkbox	复选框
	button	普通按钮
	submit	提交按钮
	reset	重置按钮
	image	图像形式的提交按钮
	hidden	隐藏域
	file	文件域
	email	E-mail 地址的输入域
	url	URL 地址的输入域

续表

属性		属性值	描述
type	number		数值的输入域
	range		一定范围内数字值的输入域
	Date pickers (date, month, week, time, datetime, datetime-local)		日期和时间的输入类型
	search		搜索域
	color		颜色输入类型
	tel		电话号码输入类型
name	由用户自定义		控件的名称
value	由用户自定义		input 控件中的默认文本值
size	正整数		input 控件在页面中的显示宽度
readonly	readonly		该控件内容为只读（不能编辑修改）
disabled	disabled		第一次加载页面时禁用该控件（显示为灰色）
checked	checked		定义选择控件默认被选中的项
maxlength	正整数		控件允许输入的最多字符数
autocomplete	on/off		设定是否自动完成表单字段内容
autofocus	autofocus		指定页面加载后是否自动获取焦点
form	form 元素的 id		设定字段隶属于哪一个或多个表单
list	datalist 元素的 id		指定字段的候选数据值列表
multiple	multiple		指定输入框是否可以选择多个值
min、max 和 step	数值		规定输入框所允许的最大值、最小值及间隔
pattern	字符串		验证输入的内容是否与定义的正则表达式匹配
placeholder	字符串		为 input 类型的输入框提供一种提示
required	required		规定输入框填写的内容不能为空

7.3.1 input 元素的 type 属性

在 HTML5 中，<input>元素拥有多个 type 属性值，用于定义不同的控件类型。下面对不同的 input 控件进行讲解。

（1）单行文本输入框<input type="text" />

单行文本输入框常用来输入简短的信息，如用户名、账号、证件号码等，常用的属性有 name、value、maxlength。

（2）密码输入框<input type="password" />

密码输入框用来输入密码，其内容将以圆点的形式显示。

（3）单选按钮<input type="radio" />

单选按钮用于单项选择，如选择性别、是否操作等。需要注意的是，在定义单选按钮时，必须为同一组中的选项指定相同的 name 值，这样"单选"才会生效。此外，可以对单选按钮应用 checked 属性，指定默认选中项。

（4）复选框<input type="checkbox" />

复选框常用于多项选择，如选择兴趣、爱好等，可对其应用 checked 属性，指定默认选中项。

（5）普通按钮<input type="button" />

普通按钮常常配合 javascript 脚本语言使用，读者了解即可。

（6）提交按钮<input type="submit" />

提交按钮是表单中的核心控件，用户完成信息的输入后，一般都需要单击提交按钮才能完成表单数据的提交。可以对其应用 value 属性，改变提交按钮上的默认文本。

（7）重置按钮<input type="reset" />

当用户输入的信息有误时，可单击重置按钮取消已输入的所有表单信息。可以对其应用 value 属性，改变重置按钮上的默认文本。

（8）图像形式的提交按钮<input type="image" />

图像形式的提交按钮与普通的提交按钮在功能上基本相同，只是它用图像替代了默认的按钮，外观上更加美观。需要注意的是，必须为其定义 src 属性指定图像的 url 地址。

（9）隐藏域<input type=" hidden" />

隐藏域对于用户是不可见的，通常用于后台的程序，读者了解即可。

（10）文件域<input type="file" />

当定义文件域时，页面中将出现一个文本框和一个"浏览..."按钮，用户可以通过填写文件路径或直接选择文件的方式，将文件提交给后台服务器。

为了更好地理解和应用这些属性，接下来通过一个案例来演示它们的使用，如例 7-4 所示。

例 7-4 example04.html

```
1   <!doctype html>
2   <html>
3   <head>
4   <meta charset="utf-8">
5   <title>input 控件</title>
6   </head>
7   <body>
8   <form action="#" method="post">
9       用户名：                        <!--text 单行文本输入框-->
10      <input type="text" value="张三" maxlength="6" /><br /><br />
11      密码：                          <!--password 密码输入框-->
12      <input type="password" size="40" /><br /><br />
13      性别：                          <!--radio 单选按钮-->
14      <input type="radio" name="sex" checked="checked" />男
15      <input type="radio" name="sex" />女<br /><br />
```

```
16     兴趣：                                              <!--checkbox 复选框-->
17     <input type="checkbox" />唱歌
18     <input type="checkbox" />跳舞
19     <input type="checkbox" />游泳<br /><br />
20     上传头像：
21     <input type="file" /><br /><br />                   <!--file 文件域-->
22     <input type="submit" />                             <!--submit 提交按钮-->
23     <input type="reset" />                              <!--reset 重置按钮-->
24     <input type="button" value="普通按钮" />            <!--button 普通按钮-->
25     <input type="image" src="images/login.gif" />       <!--image 图像域-->
26     <input type="hidden" />                             <!--hidden 隐藏域-->
27     </form>
28   </body>
29 </html>
```

在例 7-4 中，通过对<input />元素应用不同的 type 属性值，来定义不同类型的 input 控件，并对其中的一些控件应用<input />标记的其他可选属性。例如，在第 10 行代码中，通过 maxlength 和 value 属性定义单行文本输入框中允许输入的最多字符数和默认显示文本，在第 12 行代码中，通过 size 属性定义密码输入框的宽度，在第 14 行代码中通过 name 和 checked 属性定义单选按钮的名称和默认选中项。

运行例 7-4，效果如图 7-7 所示。

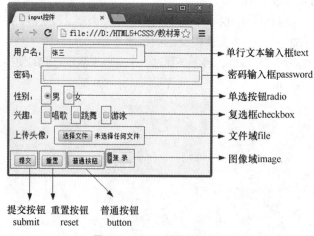

图 7-7　input 控件效果展示

在图 7-7 中，不同类型的 input 控件外观不同，当对它们进行具体的操作时，如输入用户名和密码、选择性别和兴趣等，显示的效果也不一样。例如，当在密码输入框中输入内容时，其中的内容将以圆点的形式显示，而不会像用户名中的内容一样显示为明文，如图 7-8 所示。

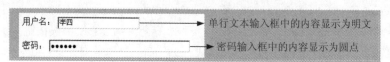

图 7-8　密码框中内容显示为圆点

（11）email 类型 <input type="email" />

email 类型的 input 元素是一种专门用于输入 E-mail 地址的文本输入框，用来验证 email 输入框的内容是否符合 E-mail 邮件地址格式；如果不符合，将提示相应的错误信息。

（12）url 类型 <input type="url" />

url 类型的 input 元素是一种用于输入 URL 地址的文本框。如果所输入的内容是 URL 地址格式的文本，则会提交数据到服务器；如果输入的值不符合 URL 地址格式，则不允许提交，并且会有提示信息。

（13）tel 类型 <input type="tel" />

tel 类型用于提供输入电话号码的文本框，由于电话号码的格式千差万别，很难实现一个通用的格式。因此，tel 类型通常会和 pattern 属性配合使用，关于 pattern 属性将在下面的小节中进行讲解。

（14）search 类型 <input type="search" />

search 类型是一种专门用于输入搜索关键词的文本框，它能自动记录一些字符，如站点搜索或者 Google 搜索。在用户输入内容后，其右侧会附带一个删除图标，单击这个图标按钮可以快速清除内容。

（15）color 类型 <input type="color" />

color 类型用于提供设置颜色的文本框，用于实现一个 RGB 颜色输入。其基本形式是 #RRGGBB，默认值为#000000，通过 value 属性值可以更改默认颜色。单击 color 类型文本框，可以快速打开拾色器面板，方便用户可视化选取一种颜色。

下面通过设置 input 元素的 type 属性来演示不同类型的文本框的用法，如例 7-5 所示。

例 7-5　example05.html

```
1   <!doctype html>
2   <html>
3   <head>
4   <meta charset="utf-8">
5   <title>input 类型</title>
6   </head>
7   <body>
8   <form action="#" method="get">
9   请输入您的邮箱：<input type="email" name="formmail"/><br/>
10  请输入个人网址：<input type="url" name="user_url"/><br/>
11  请输入电话号码：<input type="tel" name="telphone" pattern="^\d{11}$"/><br/>
12  输入搜索关键词：<input type="search" name="searchinfo"/><br/>
13  请选取一种颜色：<input type="color" name="color1"/>
14  <input type="color" name="color2" value="#FF3E96"/>
15  <input type="submit" value="提交"/>
16  </form>
17  </body>
18  </html>
```

在例 7-5 中，通过 input 元素的 type 属性将文本框分别设置为 email 类型、url 类型、tel

类型、search 类型以及 color 类型。其中，第 11 行代码，通过 pattern 属性设置 tel 文本框中的输入长度为 11 位。

运行例 7-5，效果如图 7-9 所示。

在图 7-9 所示的页面中，分别在前三个文本框中输入不符合格式要求的文本内容，依次单击"提交"按钮，效果分别如图 7-10～图 7-12 所示。

图 7-9　input 类型默认效果　　　　图 7-10　email 类型验证提示效果

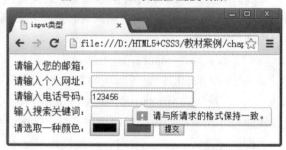

图 7-11　url 类型验证提示效果　　　图 7-12　tel 类型的验证提示效果

在第四个文本框中输入要搜索的关键词，搜索框右侧会出现一个"×"按钮，如图 7-13 所示。单击这个按钮，可以清除已经输入的内容。

单击第五个文本框中的颜色文本框，会弹出如图 7-14 所示的颜色选取器。在颜色选取器中，用户可以选择一种颜色，也可以选取后单击"添加到自定义颜色"按钮，将选取的颜色添加到自定义颜色中，如图 7-15 所示。

图 7-13　输入搜索关键词效果

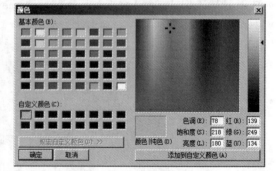

图 7-14　弹出颜色选取器　　　　　　图 7-15　添加自定义颜色

另外，如果输入框中输入的内容符合文本框中要求的格式，单击"提交"按钮，则会提交数据到服务器。

注意：

需要注意的是，不同的浏览器对 url 类型的输入框的要求有所不同，在多数浏览器中，要求用户必须输入完整的 URL 地址，并且允许地址前有空格的存在。例如，在图 7-11 所示的文本框中，输入"http://www.itcast.cn/"，则可以提交成功。

（16）number 类型 <input type="number" />

number 类型的 input 元素用于提供输入数值的文本框。在提交表单时，会自动检查该输入框中的内容是否为数字。如果输入的内容不是数字或者数字不在限定范围内，则会出现错误提示。

number 类型的输入框可以对输入的数字进行限制，规定允许的最大值和最小值、合法的数字间隔或默认值等，具体属性说明如下。

- value：指定输入框的默认值。
- max：指定输入框可以接受的最大的输入值。
- min：指定输入框可以接受的最小的输入值。
- step：输入域合法的间隔，如果不设置，默认值是 1。

下面通过一个案例来演示 number 类型的 input 元素的用法，如例 7-6 所示。

例 7-6　example06.html

```
1  <!doctype html>
2  <html>
3  <head>
4  <meta charset="utf-8">
5  <title>number 类型的使用</title>
6  </head>
7  <body>
8  <form action="#" method="get">
9  请输入数值：<input type="number" name="number1" value="1" min="1" max="20" step= "4"/><br/>
10 <input type="submit" value="提交"/>
11 </form>
12 </body>
13 </html>
```

在例 7-6 中，将 input 元素的 type 属性设置为 number 类型，并且分别设置 min、max 和 step 属性的值。

运行例 7-6，效果如图 7-16 所示。

通过图 7-16 可以看出，number 类型文本框中的默认值为"1"；读者可以手动在输入框中输入数值或者通过单击输入框的数值按钮来控制数据。例如，当单击输入框中向上的小三角时，效果如图 7-17 所示。

图 7-16 number 类型的默认值效果

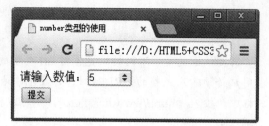
图 7-17 number 类型的 step 属性值效果

通过图 7-17 可以看到，number 类型文本框中的值变为了 "5"，这是因为第 9 行代码中将 step 属性的值设置为了 "4"。另外，当在文本框中输入 "25" 时，由于 max 属性值为 "20"，所以将出现提示信息，效果如图 7-18 所示。

需要注意的是，如果在 number 文本输入框中输入一个不符合 number 格式的文本 "num01"，单击 "提交" 按钮，将会出现验证提示信息，效果如图 7-19 所示。

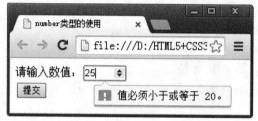
图 7-18 number 类型的 max 属性值效果

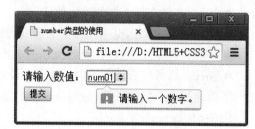
图 7-19 不符合 number 类型的验证效果

（17）range 类型<input type="range" />

range 类型的 input 元素用于提供一定范围内数值的输入范围，在网页中显示为滑动条。它的常用属性与 number 类型一样，通过 min 属性和 max 属性，可以设置最小值与最大值，通过 step 属性指定每次滑动的步幅。

（18）Date pickers 类型<input type= "date, month, week…" />

Date pickers 类型是指时间日期类型，HTML5 中提供了多个可供选取日期和时间的输入类型，用于验证输入的日期，具体如表 7-2 所示。

表 7-2　时间和日期类型

时间和日期类型	说明
date	选取日、月、年
month	选取月、年
week	选取周和年
time	选取时间（小时和分钟）
datetime	选取时间、日、月、年（UTC 时间）
datetime-local	选取时间、日、月、年（本地时间）

在表 7-2 中，UTC 是 Universal Time Coordinated 的英文缩写，即 "协调世界时"，又称世界标准时间。简单地说，UTC 时间就是 0 时区的时间。例如，如果北京时间为早上 8 点，则 UTC 时间为 0 点，即 UTC 时间比北京时间晚 8 小时。

下面在 HTML5 中添加多个 input 元素，分别指定这些元素的 type 属性值为时间日期类型，如例 7-7 所示。

例 7-7　example07.html

```
1   <!doctype html>
2   <html>
3   <head>
4   <meta charset="utf-8">
5   <title>时间日期类型的使用</title>
6   </head>
7   <body>
8   <form action="#" method="get">
9     <input type="date"/> 
10    <input type="month"/> 
11    <input type="week"/> 
12    <input type="time"/> 
13    <input type="datetime"/> 
14    <input type="datetime-local"/>
15    <input type="submit" value="提交"/>
16  </form>
17  </body>
18  </html>
```

运行例 7-7，效果如图 7-20 所示。

用户可以直接向输入框中输入内容，也可以单击输入框之后的按钮进行选择。例如，当单击选取日、月、年的时间日期按钮时，效果如图 7-21 所示。

同样，当选取周和年的时间日期类型按钮时，效果如图 7-22 所示。

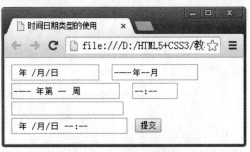

图 7-20　时间日期类型的应用

图 7-21　选取日、月、年的时间日期类型

图 7-22　选取周和年的时间日期类型

注意：

对于浏览器不支持的 input 元素输入类型，将会在网页中显示为一个普通输入框。

7.3.2　input 元素的其他属性

除了 type 属性之外，<input />标记还可以定义很多其他的属性，以实现不同的功能，具体如表 7-1 所示。对于其中的某些属性，前面已经介绍并使用过了，如 name、value 和 autocomplete 属性等，读者可自行查阅。下面将介绍 input 元素的其他几种常用属性，具体如下。

（1）autofocus 属性

在访问 Google 主页时，页面中的文字输入框会自动获得光标焦点，以便输入关键词。在 HTML5 中，autofocus 属性用于指定页面加载后是否自动获取焦点。

下面通过一个案例来演示 autofocus 属性的使用，如例 7-8 所示。

例 7-8　example08.html

```
1   <!doctype html>
2   <html>
3   <head>
4   <meta charset="utf-8">
5   <title>autofocus 属性的使用</title>
6   </head>
7   <body>
8   <form action="#" method="get">
9   请输入搜索关键词：<input type="text" name="user_name" autocomplete="off" autofocus= "autofocus"/><br/>
10  <input type="submit" value="提交" />
11  </form>
12  </body>
13  </html>
```

在例 7-8 中，首先向表单中添加一个<input />元素，然后通过 "autocomplete="off"" 将自动完成功能设置为关闭状态。同时，将 autofocus 属性设置为 autofocus，指定在页面加载完毕后自动获取焦点。

运行例 7-8，效果如图 7-23 所示。

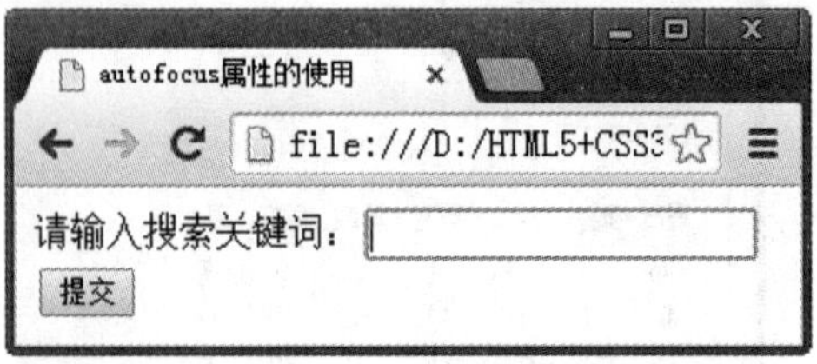

从图 7-23 可以看出，<input />元素输入框在页面加载后自动获取焦点，并且关闭了自动完成功能。

（2）form 属性

在 HTML5 之前，如果用户要提交一个表单，必须把相关的控件元素都放在表单内部，即 <form>和</form>标签之间。在提交表单时，会将页面中不是表单子元素的控件直接忽略掉。

图 7-23　autofocus 属性自动获取焦点

HTML5 中的 form 属性，可以把表单内的子元素写在页面中的任一位置，只需为这个元素指定 form 属性并设置属性值为该表单的 id 即可。此外，form 属性还允许规定一个表单控件从属于多个表单。

下面通过一个案例来演示 form 属性的使用，如例 7-9 所示。

例 7-9　example09.html

```
1   <!doctype html>
2   <html>
3   <head>
4   <meta charset="utf-8">
5   <title>autofocus 属性的使用</title>
6   </head>
7   <body>
8   <form action="#" method="get" id="user_form">
9   请输入您的姓名：<input type="text" name="first_name"/>
10  <input type="submit" value="提交" />
11  </form>
12  <p>下面的输入框在 form 元素外，但因为指定了 form 属性为表单的 id，所以该输入框仍然属于表单的一部分。</p>
13  请输入您的昵称：<input type="text" name="last_name" form="user_form"/><br/>
14  </body>
15  </html>
```

在例 7-9 中，分别添加两个<input />元素，并且第二个<input />元素不在<form></form>标记中。另外，指定第二个<input />元素的 form 属性值为该表单的 id。

此时，如果在输入框中分别输入姓名和昵称，则 first_name 和 last_name 将分别被赋值为输入的值。例如，在姓名处输入"张三"，昵称处输入"小张"，效果如图 7-24 所示。

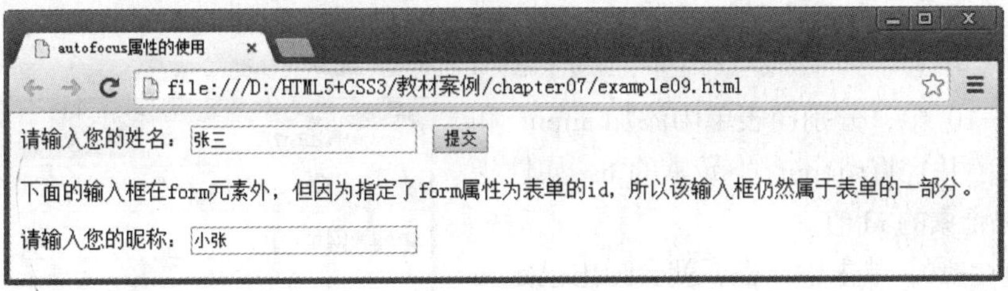

图 7-24　输入姓名和昵称

单击"提交"按钮，在浏览器的地址栏中可以看到"first_name=张三&last_name=小张"的字样，表示服务器端接收到"name="张三""和"name="小张""的数据，如图 7-25 所示。

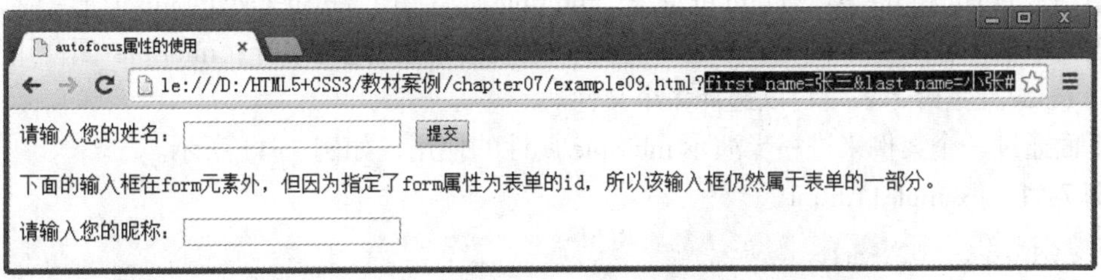

图 7-25　地址中提交的数据

注意：

form 属性适用于所有的 input 输入类型。在使用时，只需引用所属表单的 id 即可。

（3）list 属性

在上面的小节中，已经学习了如何通过 datalist 元素实现数据列表的下拉效果。而 list 属性用于指定输入框所绑定的 datalist 元素，其值是某个 datalist 元素的 id。

下面通过一个案例来进一步学习 list 属性的使用，如例 7-10 所示。

例 7-10   example10.html

```
1   <!doctype html>
2   <html>
3   <head>
4   <meta charset="utf-8">
5   <title>list 属性的使用</title>
6   </head>
7   <body>
8   <form action="#" method="get">
9   请输入网址：<input type="url" list="url_list" name="weburl"/>
10  <datalist id="url_list">
11     <option label="新浪" value="http://www.sina.com.cn"></option>
12     <option label="搜狐" value="http://www.sohu.com"></option>
13     <option label="传智" value="http://www.itcast.cn/"></option>
14  </datalist>
15  <input type="submit" value="提交"/>
16  </form>
17  </body>
18  </html>
```

在例 7-10 中，分别向表单中添加 input 和 datalist 元素，并且将<input />元素的 list 属性指定为 datalist 元素的 id 值。

运行例 7-10，单击输入框，就会弹出已定义的网址列表，效果如图 7-26 所示。

（4）multiple 属性

multiple 属性指定输入框可以选择多个值，该属性适用于 email 和 file 类型的 input 元素。multiple 属性用于 email 类型的 input 元素时，表示可以向文本框中输入多个 E-mail 地址，多个地址之间通过逗号隔开；multiple 属性用于 file 类型的 input 元素时，表示可以选择多个文件。

图 7-26   list 属性的应用

下面通过一个案例来进一步演示 multiple 属性的使用，如例 7-11 所示。

例 7-11   example11.html

```
1   <!doctype html>
2   <html>
```

```
3    <head>
4    <meta charset="utf-8">
5    <title>multiple 属性的使用</title>
6    </head>
7    <body>
8    <form action="#" method="get">
9    电子邮箱：<input type="email" name="myemail" multiple="multiple"/>
  （如果电子邮箱有多个，请使用逗号分隔）<br/><br/>
10   上传照片：<input type="file" name="selfile" multiple="multiple"/>
<br/><br/>
11   <input type="submit" value="提交"/>
12   </form>
13   </body>
14   </html>
```

在例 7-11 中，分别添加 email 类型和 file 类型的 input 元素，并且使用 multiple 属性指定输入框可以选择多个值。运行例 7-11，效果如图 7-27 所示。

如果想要向文本框中输入多个 E-mail 地址，可以将多个地址之间通过逗号分隔；如果想要选择多张照片，可以按下 ctrl 键选择多个文件，效果如图 7-28 所示。

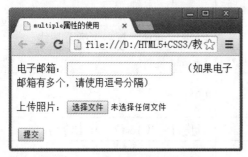
图 7-27　multiple 属性的应用

图 7-28　multiple 属性指定输入框选择多个值

（5）min、max 和 step 属性

HTML5 中的 min、max 和 step 属性用于为包含数字或日期的 input 输入类型规定限值，也就是给这些类型的输入框加一个数值的约束，适用于 date、pickers、number 和 range 标签。具体属性说明如下。

- max：规定输入框所允许的最大输入值。
- min：规定输入框所允许的最小输入值。
- step：为输入框规定合法的数字间隔，如果不设置，默认值是 1。

由于前面介绍 input 元素的 number 类型时，已经讲解过 min、max 和 step 属性的使用，这里不再举例说明。

（6）pattern 属性

pattern 属性用于验证 input 类型输入框中，用户输入的内容是否与所定义的正则表达式相匹配。pattern 属性适用于的类型是：text、search、url、tel、email 和 password 的 <input/> 标记。常用的正则表达式如表 7-3 所示。

表 7-3 常用的正则表达式和说明

正则表达式	说明
^[0-9]*$	数字
^\d{n}$	n 位的数字
^\d{n,}$	至少 n 位的数字
^\d{m,n}$	m-n 位的数字
^(0|[1-9][0-9]*)$	零和非零开头的数字
^([1-9][0-9]*)+(.[0-9]{1,2})?$	非零开头的最多带两位小数的数字
^(\-|\+)?\d+(\.\d+)?$	正数、负数和小数
^\d+$或^[1-9]\d*\|0$	非负整数
^-[1-9]\d*|0$或^((-\d+)\|(0+))$	非正整数
^[\u4e00-\u9fa5]{0,}$	汉字
^[A-Za-z0-9]+$或^[A-Za-z0-9]{4,40}$	英文和数字
^[A-Za-z]+$	由 26 个英文字母组成的字符串
^[A-Za-z0-9]+$	由数字和 26 个英文字母组成的字符串
^\w+$或^\w{3,20}$	由数字、26 个英文字母或者下划线组成的字符串
^[\u4E00-\u9FA5A-Za-z0-9_]+$	中文、英文、数字包括下划线
^\w+([-+.]\w+)*@\w+([-.]\w+)*\.\w+([-.]\w+)*$	E-mail 地址
[a-zA-z]+://[^\s]*或^http://([\w-]+\.)+[\w-]+(/[\w-./?%&=]*)?$	URL 地址
^\d{15}|\d{18}$	身份证号（15 位、18 位数字）
^([0-9]){7,18}(x|X)?$或^\d{8,18}\|[0-9x]{8,18}\|[0-9X]{8,18}?$	以数字、字母 x 结尾的短身份证号码
^[a-zA-Z][a-zA-Z0-9_]{4,15}$	账号是否合法（字母开头，允许 5~16 字节，允许字母数字下划线）
^[a-zA-Z]\w{5,17}$	密码（以字母开头，长度为 6~18，只能包含字母、数字和下划线）

了解了 pattern 属性以及常用的正则表达式，下面通过一个案例进行演示，如例 7-12 所示。

例 7-12　example12.html

```
1    <!doctype html>
2    <html>
3    <head>
4    <meta charset="utf-8">
5    <title>pattern 属性</title>
6    </head>
```

```
7    <body>
8    <form action="#" method="get">
9    账    号：<input type="text" name="username"
pattern="^ [a-zA-Z] [a-zA-Z0-9_]{4,15}$" />（以字母开头，允许 5~16 字节，
允许字母数字下划线）<br/>
10   密    码：<input type="password" name="pwd"
pattern="^[a-zA- Z]\w{5,17}$" />（以字母开头，长度在 6~18，只能包含字母、
数字和下划线）<br/>
11   身份证号：<input type="text" name="mycard" pattern="^\d{15}|\d{18}
$" />（15 位、18 位数字）<br/>
12   E-mail 地址：<input type="email" name="myemail" pattern="^\w+([-
+.]\w+)*@\w+([-.]\ w+)*\.\w+([-.]\w+)*$"/>
13   <input type="submit" value="提交"/>
14   </form>
15   </body>
16   </html>
```

在例 7-12 中，第 9~12 行代码分别用于插入"账号""密码""身份证号""E-mail 地址"的输入框，并且通过 pattern 属性来验证输入的内容是否与所定义的正则表达式相匹配。

运行例 7-12，效果如图 7-29 所示。

当输入的内容与所定义的正则表达式格式不相匹配时，单击"提交"按钮，效果如图 7-30、图 7-31 所示。

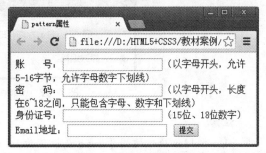

图 7-29　pattern 属性的应用

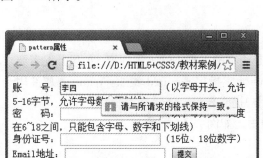

图 7-30　账号验证提示信息　　　　图 7-31　E-mail 地址验证提示信息

（7）placeholder 属性

placeholder 属性用于为 input 类型的输入框提供相关提示信息，以描述输入框期待用户输入何种内容。在输入框为空时显式出现，而当输入框获得焦点时则会消失。

下面通过一个案例来演示 placeholder 属性的使用，如例 7-13 所示。

例 7-13　　example13.html

```
1    <!doctype html>
2    <html>
3    <head>
```

```
4    <meta charset="utf-8">
5    <title>placeholder 属性</title>
6    </head>
7    <body>
8    <form action="#" method="get">
9    请输入邮政编码：<input type="text" name="code" pattern="[0-9]{6}" placeholder="请输入 6 位数的邮政编码" />
10   <input type="submit" value="提交"/>
11   </form>
12   </body>
13   </html>
```

在例 7-13 中，使用 pattern 属性来验证输入的邮政编码是否是 6 位数的数字，使用 placeholder 属性来提示输入框中需要输入的内容。

运行例 7-13，效果如图 7-32 所示。

图 7-32 placeholder 属性的应用

注意：

placeholder 属性适用于 type 属性值为 text、search、url、tel、email 及 password 的<input/>标记。

（8）required 属性

HTML5 中的输入类型，不会自动判断用户是否在输入框中输入了内容，如果开发者要求输入框中的内容是必须填写的，那么需要为 input 元素指定 required 属性。required 属性用于规定输入框填写的内容不能为空，否则不允许用户提交表单。

下面通过一个案例来演示 required 属性的使用，如例 7-14 所示。

例 7-14 example14.html

```
1    <!doctype html>
2    <html>
3    <head>
4    <meta charset="utf-8">
5    <title>required 属性</title>
6    </head>
7    <body>
8    <form action="#" method="get">
9    请输入姓名：<input type="text" name="user_name" required="required"/>
10   <input type="submit" value="提交"/>
```

```
11    </form>
12  </body>
13  </html>
```

在例7-14中，为<input/>元素指定了required属性。当输入框中内容为空时，单击"提交"按钮，将会出现提示信息，效果如图7-33所示。用户必须在输入内容后，才允许提交表单。

图7-33　required属性的应用

7.4　其他表单元素

在7.3节中，介绍了一系列的input控件。除了input元素外，HTML5表单元素还包括textarea、select、datalist、keygen、output等，本节将对它们进行详细讲解。

7.4.1　textarea元素

当定义input控件的type属性值为text时，可以创建一个单行文本输入框。但是，如果需要输入大量的信息，单行文本输入框就不再适用，为此HTML语言提供了<textarea></textarea>标记。通过textarea控件可以轻松地创建多行文本输入框，其基本语法格式如下。

```
<textarea cols="每行中的字符数" rows="显示的行数">
    文本内容
</textarea>
```

在上面的语法格式中，cols和rows为<textarea>标记的必须属性，其中cols用来定义多行文本输入框每行中的字符数，rows用来定义多行文本输入框显示的行数，它们的取值均为正整数。

值得一提的是，<textarea>元素除了cols和rows属性外，还拥有几个可选属性，分别为disabled、name和readonly，详见表7-4。

表7-4　textarea可选属性

属性	属性值	描述
name	由用户自定义	控件的名称
readonly	readonly	该控件内容为只读（不能编辑修改）
disabled	disabled	第一次加载页面时禁用该控件（显示为灰色）

下面通过一个案例来演示<textarea>元素的使用，如例7-15所示。

例7-15　example15.html

```
1  <!doctype html>
2  <html>
```

```
3   <head>
4   <meta charset="utf-8">
5   <title>textarea 控件</title>
6   </head>
7   <body>
8   <form action="#" method="post">
9   评论：<br />
10      <textarea cols="60" rows="8">
11  评论的时候，请遵纪守法并注意语言文明，多给文档分享人一些支持。
12      </textarea><br />
13      <input type="submit" value="提交"/>
14  </form>
15  </body>
16  </html>
```

在例 7-15 中，通过<textarea></textarea>标记定义一个多行文本输入框，并对其应用 clos 和 rows 属性来设置多行文本输入框每行中的字符数和显示的行数。在多行文本输入框之后，通过将 input 控件的 type 属性值设置为 submit，定义了一个提交按钮。同时，为了使网页的格式更加清晰，在代码中的某些部分应用了换行标记
。

运行例 7-15，效果如图 7-34 所示。

在图 7-34 中，出现了一个多行文本输入框，用户可以对其中的内容进行编辑和修改。

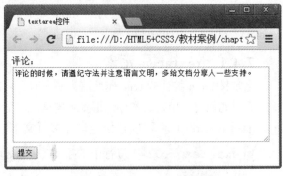

图 7-34 textarea 元素的应用

注意：

各浏览器对 cols 和 rows 属性的理解不同，当对 textarea 控件应用 cols 和 rows 属性时，多行文本输入框在各浏览器中的显示效果可能会有差异。所以在实际工作中，更常用的方法是使用 CSS 的 width 和 height 属性来定义多行文本输入框的宽高。

7.4.2 select 元素

浏览网页时，经常会看到包含多个选项的下拉菜单，如选择所在的城市、出生年月、兴趣爱好等。图 7-35 所示即为一个下拉菜单，当单击下拉符号"▼"时，会出现一个选择列表，如图 7-36 所示。要想制作这种下拉菜单效果，就需要使用 select 元素。

图 7-35 下拉菜单

图 7-36 下拉菜单的选择列表

使用 select 元素定义下拉菜单的基本语法格式如下。

```
<select>
    <option>选项 1</option>
    <option>选项 2</option>
    <option>选项 3</option>
    ...
</select>
```

在上面的语法中，<select></select>标记用于在表单中添加一个下拉菜单，<option></option>标记嵌套在<select></select>标记中，用于定义下拉菜单中的具体选项，每对<select></select>中至少应包含一对<option></option>。

值得一提的是，在 HTML5 中，可以为<select>和<option>标记定义属性，以改变下拉菜单的外观显示效果，具体如表 7-5 所示。

表 7-5 <select>和<option>标记的常用属性

标记名	常用属性	描述
<select>	size	指定下拉菜单的可见选项数（取值为正整数）
	multiple	定义 multiple="multiple"时，下拉菜单将具有多项选择的功能，方法为按住 Ctrl 键的同时选择多项
<option>	selected	定义 selected =" selected "时，当前项即为默认选中项

下面通过一个案例来演示几种不同的下拉菜单效果，如例 7-16 所示。

例 7-16　example16.html

```
1   <!doctype html>
2   <html>
3   <head>
4   <meta charset="utf-8">
5   <title>select 控件</title>
6   </head>
7   <body>
8   <form action="#" method="post">
9   所在校区：<br />
10      <select>                                           <!--最基本的下拉菜单-->
11          <option>-请选择-</option>
12          <option>北京</option>
13          <option>上海</option>
14          <option>广州</option>
15          <option>武汉</option>
16          <option>成都</option>
17      </select><br /><br />
18  特长（单选）:<br />
19      <select>
```

```html
20        <option>唱歌</option>
21        <option selected="selected">画画</option>  <!--设置默认选中项-->
22        <option>跳舞</option>
23     </select><br /><br />
24     爱好（多选）：<br />
25     <select multiple="multiple" size="4">  <!--设置多选和可见选项数-->
26        <option>读书</option>
27        <option selected="selected">写代码</option> <!--设置默认选中项-->
28        <option>旅行</option>
29        <option selected="selected">听音乐</option> <!--设置默认选中项-->
30        <option>踢球</option>
31     </select><br /><br />
32     <input type="submit" value="提交"/>
33  </form>
34  </body>
35  </html>
```

在例 7-16 中，通过<select>、<option>标记及相关属性创建了 3 个不同的下拉菜单，其中第 1 个为最基本的下拉菜单，第 2 个为设置了默认选项的单选下拉菜单，第 3 个为设置了两个默认选项的多选下拉菜单。在下拉菜单之后，通过 input 控件定义了一个提交按钮。同时，为了使网页的格式更加清晰，在代码中的某些部分应用了换行标记
。

运行例 7-16，效果如图 7-37 所示。

在图 7-37 中，第 1 个下拉菜单中的默认选项为其所有选项中的第一项，即不对<option>标记应用 selected 属性时，下拉菜单中的默认选项为第一项，第 2 个下拉菜单中的默认选项为设置了 selected 属性的选项，第 3 个下拉菜单将显示为列表的形式，其中有 2 个默认选项，按住 Ctrl 键时可同时选择多项。

上面实现了不同的下拉菜单效果，但是，在实际网页制作过程中，有时候需要对下拉菜单中的选项进行分组，这样当存在很多选项时，要想找到相应的选项就会更加容易。如图 7-38 所示即为选项分组后的下拉菜单中选项的展示效果。

图 7-37　下拉菜单展示

图 7-38　选项分组后的下拉菜单选项展示

要想实现如图 7-38 所示的效果，可以在下拉菜单中使用<optgroup></optgroup>标记，下面通过一个具体的案例来演示为下拉菜单中的选项分组的方法和效果，如例 7-17 所示。

例 7-17　example17.html

```
1   <!doctype html>
2   <html>
3   <head>
4   <meta charset="utf-8">
5   <title>为下拉菜单中的选项分组</title>
6   </head>
7   <body>
8   <form action="#" method="post">
9   城区：<br />
10    <select>
11        <optgroup label="北京">
12            <option>东城区</option>
13            <option>西城区</option>
14            <option>朝阳区</option>
15            <option>海淀区</option>
16        </optgroup>
17        <optgroup label="上海">
18            <option>浦东新区</option>
19            <option>徐汇区</option>
20            <option>虹口区</option>
21        </optgroup>
22    </select>
23  </form>
24  </body>
25  </html>
```

在例 7-17 中，<optgroup></optgroup>标记用于定义选项组，必须嵌套在<select></select>标记中，一对<select></select>中通常包含多对<optgroup></optgroup>。在<optgroup>与</optgroup>之间为<option> </option>标记定义的具体选项。需要注意的是，<optgroup>标记有一个必需属性 label，用于定义具体的组名。

运行例 7-17，会出现如图 7-39 所示的下拉菜单，当单击下拉符号"▼"时，效果如图 7-40 所示，下拉菜单中的选项被清晰地分组了。

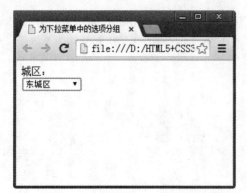

图 7-39　选项分组后的下拉菜单 1　　　　图 7-40　选项分组后的下拉菜单 2

多学一招：使用 Dreamweaver 工具生成表单控件

通过前面的介绍已经知道，在 HTML 中有多种表单控件，牢记这些表单控件，对于读者来说比较困难。然而 Dreamweaver 工具很贴心，使用 Dreamweaver 可以轻松地生成各种表单控件，具体步骤如下。

（1）选择菜单栏中的【窗口】→【插入】选项，会弹出插入栏，默认效果如图 7-41 所示。

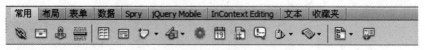

图 7-41　插入栏默认效果

（2）单击插入栏上方的"表单"选项，会弹出相应的表单工具组，如图 7-42 所示。

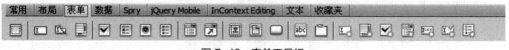

图 7-42　表单工具组

（3）单击表单工具组中不同的选项，即可生成不同的表单控件，例如单击"　"选项时，会生成一个单行文本输入框。

7.4.3　datalist 元素

datalist 元素用于定义输入框的选项列表，列表通过 datalist 内的 option 元素进行创建。如果用户不希望从列表中选择某项，也可以自行输入其他内容。datalist 元素通常与 input 元素配合使用来定义 input 的取值。在使用<datalist>标记时，需要通过 id 属性为其指定一个唯一的标识，然后为 input 元素指定 list 属性，将该属性值设置为 option 元素对应的 id 属性值即可。

下面通过一个案例来演示 datalist 元素的使用，如例 7-18 所示。

例 7-18　example18.html

```
1   <!doctype html>
2   <html>
3   <head>
4   <meta charset="utf-8">
5   <title>datalist 元素</title>
```

```
6   </head>
7   <body>
8   <form action="#" method="post">
9   请输入用户名：<input type="text" list="namelist"/>
10  <datalist id="namelist">
11      <option>admin</option>
12      <option>lucy</option>
13      <option>lily</option>
14  </datalist>
15  <input type="submit" value="提交" />
16  </form>
17  </body>
18  </html>
```

在例 7-18 中，首先向表单中添加一个 input 元素，并将其 list 属性值设置为"namelist"。然后，添加 id 名为"namelist"的 datalist 元素，并通过 datalist 内的 option 元素创建列表。

运行例 7-18，效果如图 7-43 所示。

图 7-43　datalist 元素的效果

7.4.4　keygen 元素

keygen 元素用于表单的密钥生成器，能够使用户验证更为安全、可靠。当提交表单时会生成两个键：一个是私钥，它存储在客户端；另一个是公钥，它被发送到服务器，验证用户的客户端证书。如果新的浏览器能够对 keygen 元素的支持度再增强一些，则有望使其成为一种有用的安全标准。

keygen 元素拥有多个属性，常用属性及说明如表 7-6 所示。

表 7-6　keygen 元素的常用属性

属性	说明
autofocus	使 keygen 字段在页面加载时获得焦点
challenge	如果使用，则将 keygen 的值设置为在提交时询问
disabled	禁用 keytag 字段
form	定义该 keygen 字段所属的一个或多个表单
keytype	定义 keytype。rsa 生成 RSA 密钥
name	定义 keygen 元素的唯一名称。name 属性用于在提交表单时搜集字段的值

下面通过一个案例来演示 keygen 元素的使用，如例 7-19 所示。

例 7-19　example19.html

```
1   <!doctype html>
2   <html>
3   <head>
4   <meta charset="utf-8">
5   <title>keygen 元素</title>
6   </head>
7   <body>
8   <form action="#" method="get">
9   请输入用户名：<input type="text" name="user_name"/><br/>
10  请选择加密强度：<keygen name="security"/><br/>
11  <input type="submit" value="提交" />
12  </form>
13  </body>
14  </html>
```

在例 7-19 中，使用 keygen 元素并且设置其 name 属性值为"security"来定义提交表单时搜集字段的值。

运行例 7-19，效果如图 7-44 所示。

在图 7-44 中，keygen 元素的下拉菜单中可以选择密钥强度，在 Chrome 浏览器种包括 2048（高强度）和 1024（中等强度）两种，效果如图 7-45 所示。

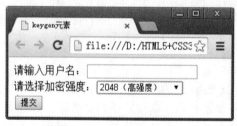
图 7-44　keygen 元素的应用

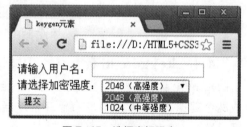
图 7-45　选择密钥强度

7.4.5　output 元素

output 元素用于不同类型的输出，可以在浏览器中显示计算结果或脚本输出。其常用属性有 3 个，具体如表 7-7 所示。

表 7-7　output 元素常用属性

属性	说明
for	定义输出域相关的一个或多个元素
form	定义输入字段所属的一个或多个表单
name	定义对象的唯一名称

关于 output 元素及其相关属性，读者只需了解即可，不必做过多研究。

7.5 CSS 控制表单样式

使用表单的目的是为了提供更好的用户体验，在网页设计时，不仅需要设置表单相应的功能，而且希望表单控件的样式更加美观，使用 CSS 可以轻松控制表单控件的样式。本节将通过一个具体的案例来讲解 CSS 对表单样式的控制，其效果如图 7-46 所示。

图 7-46 CSS 控制表单样式效果图

图 7-46 所示的表单界面可以分为左、右两部分，其中左边为提示信息，右边为具体的表单控件。可以通过在<p>标记中嵌套<span>标记和<input>标记进行布局。HTML 结构代码如例 7-20 所示。

例 7-20　example20.html

```
1   <!doctype html>
2   <html>
3   <head>
4   <meta charset="utf-8">
5   <title>CSS 控制表单样式</title>
6   </head>
7   <body>
8   <form action="#" method="post">
9     <p>
10        <span>账号：</span>
11        <input type="text" name="username" value="admin" class="num" pattern="^[a-zA-Z][a-zA-Z0-9_]{4,15}$" />
12    </p>
13    <p>
14        <span>密码：</span>
15         <input type="password" name="pwd" class="pass" pattern="^[a-zA-Z]\w{5,17}$"/>
16    </p>
17    <p>
18       <input type="button" class="btn01" value="登录"/>
19       <input type="button" class="btn02" value="注册"/>
20    </p>
21  </form>
22  </body>
23  </html>
```

在例 7-20 中，使用表单<form>嵌套<p>标记进行整体布局，并分别使用<span>标记和<input>标记来定义提示信息及不同类型的表单控件。

运行例 7-20，效果如图 7-47 所示。

图 7-47 搭建表单界面的结构

在图 7-47 中,出现了具有相应功能的表单控件。为了使表单界面更加美观,接下来使用 CSS 对其进行修饰,具体代码如下。

```
1    <style type="text/css">
2    body{ font-size:12px; font-family:"宋体";}              /*全局控制*/
3    body,form,input,p{ padding:0; margin:0; border:0;} /*重置浏览器的
默认样式*/
4    form{
5        width:320px;
6        height:150px;
7        padding-top:20px;
8        margin:50px auto;                       /*使表单在浏览器中居中*/
9        background:#f5f8fd;                     /*为表单添加背景颜色*/
10       border-radius:20px;                     /*设置圆角边框*/
11       border:3px solid #4faccb;
12   }
13   p{
14       margin-top:15px;
15       text-align:center;
16   }
17   p span{
18       width:40px;
19       display:inline-block;
20       text-align:right;
21   }
22   .num,.pass{              /*对文本框设置共同的宽、高、边框、内边距*/
23       width:152px;
24       height:18px;
25       border:1px solid #38a1bf;
26       padding:2px 2px 2px 22px;
27   }
28   .num{                    /*定义第一个文本框的背景、文本颜色*/
29       background:url(images/1.jpg) no-repeat 5px center #FFF;
30       color:#999;
31   }
```

```
32    .pass{                                    /*定义第二个文本框的背景*/
33        background:url(images/2.jpg) no-repeat 5px center #FFF;
34    }
35    .btn01,.btn02{
36        width:60px;
37        height:25px;
38        border-radius:3px;                    /*设置圆角边框*/
39        border:1px solid #6b5d50;
40        margin-left:30px;
41    }
42    .btn01{ background:#3bb7ea;}               /*设置第一个按钮的背景色*/
43    .btn02{ background:#fb8c16;}               /*设置第二个按钮的背景色*/
44    </style>
```

这时,保存 HTML 文件,刷新页面,效果如图 7-48 所示。

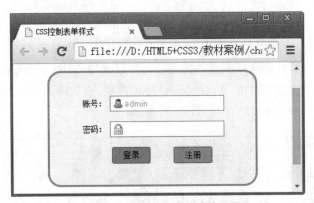

图 7-48　CSS 控制表单样式效果展示

上面的案例中,我们使用 CSS 轻松实现了对表单控件的字体、边框、背景和内边距的控制。在使用 CSS 控制表单样式时,读者还需要注意以下几个问题。

(1)由于 form 是块元素,重置浏览器的默认样式时,需要清除其内边距 padding 和外边距 margin,如上面 CSS 样式代码中的第 3 行代码所示。

(2)input 控件默认有边框效果,当使用<input />标记定义各种按钮时,通常需要清除其边框,如上面 CSS 样式代码中的第 3 行代码所示。

(3)通常情况下需要对文本框和密码框设置 2~3 像素的内边距,以使用户输入的内容不会紧贴输入框,如上面 CSS 样式代码中的第 26 行代码所示。

7.6　阶段案例——制作信息登记表

本章前几节重点讲解了表单及其属性、常见的表单控件及属性,以及如何使用 CSS 控制表单样式。为了使读者能够更好地运用表单组织页面,本节将通过案例的形式分步骤制作一个信息登记表,其效果如图 7-49 所示。

图 7-49 传智学员信息登记表效果展示

7.6.1 分析效果图

1. 结构分析

观察效果图 7-49，可以看出界面整体上可以通过一个<div>大盒子控制，大盒子内部主要由表单构成。其中，表单由上面的标题和下面的表单控件两部分构成，标题部分可以使用<h2>标记定义，表单控件模块排列整齐，每一行可以使用<p>标记搭建结构；另外，每一行由左右两部分构成，左边为提示信息，由<span>标记控制，右边为具体的表单控件，由<input/>标记布局。效果图 7-49 对应的结构如图 7-50 所示。

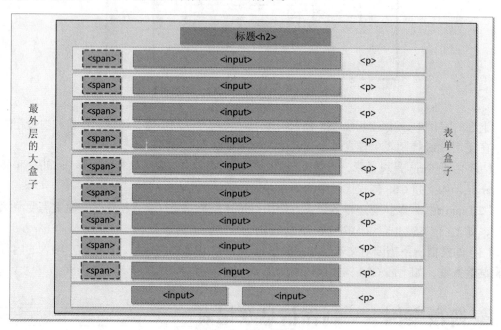

图 7-50 页面结构图

2. 样式分析

控制效果图 7-49 的样式主要分为 6 个部分，具体如下。

（1）通过最外层的大盒子对页面进行整体控制，对其设置宽高、背景图片及相对定位。

（2）通过<form>标记对表单进行整体控制，对其设置宽高、边距、边框样式及绝对定位。

（3）通过<h2>标记控制标题的文本样式，对其设置对齐、外边距样式。

（4）通过<p>标记控制每一行的学员信息模块，对其设置外边距样式。

（5）通过<span>标记控制提示信息，将其转换为行内块元素，对其设置宽度、右内边距及右对齐。

（6）通过<input/>标记控制输入框的宽高、内边距和边框样式。

7.6.2 制作页面结构

根据上面的分析，使用相应的 HTML 标记来搭建网页结构，如例 7-21 所示。

例 7-21　example21.html

```
1   <!doctype html>
2   <html>
3   <head>
4   <meta charset="utf-8">
5   <title>传智学员信息登记表</title>
6   </head>
7   <body>
8   <div class="bg">
9       <form action="#" method="get" autocomplete="off">
10      <h2>传智学员信息登记表</h2>
11      <p><span>用户登录名：</span><input type="text" name="user_name" value="myemail @163.com" disabled readonly />（不能修改，只能查看）</p>
12      <p><span>真实姓名：</span><input type="text" name="real_name" pattern="^[\u4e00-\ u9fa5]{0,}$" placeholder="例如：王明" required autofocus/>（必须填写，只能输入汉字）</p>
13      <p><span>真实年龄：</span><input type="number" name="real_lage" value="24" min="15" max="120" required/>（必须填写）</p>
14      <p><span>出生日期：</span><input type="date" name="birthday" value="1990-10-1" required/>（必须填写）</p>
15      <p><span>电子邮箱：</span><input type="email" name="myemail" placeholder="123456 @126.com" required multiple/>（必须填写）</p>
16      <p><span>身份证号：</span><input type="text" name="card" required pattern="^\d {8,18}|[0-9x]{8,18}|[0-9X]{8,18}?$"/>（必须填写，能够以数字、字母 x 结尾的短身份证号）</p>
17      <p><span>手机号码：</span><input type="tel" name="telephone" pattern="^\d {11}$" required/>（必须填写）</p>
18      <p><span>个人主页：</span><input type="url" name="myurl" list="urllist" placeholder="http://www.itcast.cn" pattern="^http://([\w-]+\.)+[\w-]+(/[\w-./?%&=]*)?$"/>（请选择网址）
19      <datalist id="urllist">
20      <option>http://www.itcast.cn</option>
```

```
21        <option>http://www.boxuegu.com</option>
22        <option>http://www.w3school.com.cn</option>
23      </datalist>
24    </p>
25    <p class="lucky"><span>幸运颜色: </span><input type="color" name="lovecolor" value= "#fed000"/>（请选择你喜欢的颜色）</p>
26    <p class="btn">
27      <input type="submit" value="提交"/>
28      <input type="reset" value="重置"/>
29    </p>
30   </form>
31  </div>
32 </body>
33 </html>
```

在例 7-21 所示的 HTML 结构代码中，通过定义 class 为 bg 的大盒子来对最外层的大盒子进行整体控制。第 9 行代码，使用<form>标记对表单进行整体控制，并将其 autocomplete 属性值设置为"off"。第 11～25 行代码，使用<p>标记搭建每一行信息模块的整体结构。其中，使用<span>标记控制左边的"提示信息"，使用<input/>标记控制右边的表单控件。另外，通过为表单控件设置不同的属性来实现不同的功能。第 26～29 行代码，通过<p>标记嵌套两个<input/>标记来搭建"提交""重置"按钮的结构。

运行例 7-21，效果如图 7-51 所示。

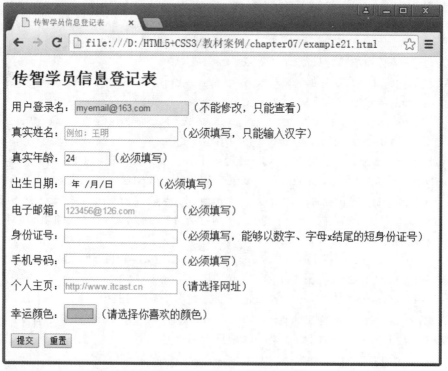

图 7-51 HTML 结构页面效果

7.6.3 定义 CSS 样式

搭建完页面的结构后，接下来使用 CSS 对页面的样式进行修饰。本节采用从整体到局部的方式实现效果图 7-49 所示的效果，具体如下。

1. 定义基础样式

首先定义页面的统一样式。CSS 代码如下：

```css
body{font-size:12px; font-family:"微软雅黑";}           /*全局控制*/
body,form,input,h1,p{padding:0; margin:0; border:0; }  /*重置浏览器的
默认样式*/
```

2. 整体控制界面

观察效果图 7-49，可以看出界面整体上由一个大盒子控制，使用<div>标记搭建结构，并设置其宽高属性。另外，为了使页面更加丰富、美观，可以使用 CSS 为页面添加背景图片，并将平铺方式设置为不平铺。此外，由于表单模块需要依据最外层的大盒子进行绝对定位，所以需要将<div>大盒子设置为相对定位。CSS 代码如下：

```css
.bg{
    width:1431px;
    height:717px;
    background:url(images/form_bg.jpg) no-repeat;  /*添加背景图片*/
    position:relative;                              /*设置相对定位*/
}
```

3. 整体控制表单

制作页面结构时，我们使用<form>标记对表单界面进行整体控制，设置其宽度和高度固定。同时，表单需要依据最外层的大盒子进行绝对定位，并设置其偏移量。另外，为了使边框和内容之间拉开距离，需要设置 30 像素的左内边距。CSS 代码如下：

```css
form{
    width:600px;
    height:400px;
    margin:50px auto;           /*使表单在浏览器中居中*/
    padding-left:30px;          /*使边框和内容之间拉开距离*/
    position:absolute;          /*设置绝对定位*/
    left:48%;
    top:10%;
}
```

4. 制作标题部分

对于效果图 7-49 中的标题部分，需要使其居中对齐。另外，为了使标题和上下表单内容之间有一定的距离，可以对标题设置合适的外边距。CSS 代码如下：

```css
h2{                              /*控制标题*/
    text-align:center;
    margin:16px 0;
}
```

5. 整体控制每行信息

观察效果图 7-49 中的表单部分，可以发现，每行信息模块都独占一行，包括提示信息和表单控件两部分。另外，行与行之间拉开一定的距离，需要设置上外边距。CSS 代码如下：

```css
p{margin-top:20px;}
```

6. 控制左边的提示信息

由于表单左侧的提示信息居右对齐，且和右边的表单控件之间存在一定的间距，需要设置其对齐方式及合适的右内边距。同时，需要通过将<span>标记转换为行内块元素并设置其宽度来实现。CSS 代码如下：

```css
p span{
    width:75px;
    display:inline-block;           /*将行内元素转换为行内块元素*/
    text-align:right;               /*居右对齐*/
    padding-right:10px;
}
```

7. 控制右边的表单控件

观察右边的表单控件，可以看出表单右边包括多个不同类型的输入框，需要定义它们的宽高及边框样式。另外，为了使输入框与输入内容之间拉开一些距离，需要设置内边距 padding。此外，幸运颜色输入框的宽高大于其他输入框，需要单独设置其样式。CSS 代码如下：

```css
p input{                            /*设置所有的输入框样式*/
    width:200px;
    height:18px;
    border:1px solid #38a1bf;
    padding:2px;                    /*设置输入框与输入内容之间拉开一些距离*/
}
.lucky input{                       /*单独设置幸运颜色输入框样式*/
    width:100px;
    height:24px;
}
```

8. 控制下方的两个按钮

对于表单下方的提交和重置按钮，需要设置其宽度、高度及背景色。另外，为了设置按钮与上边和左边的元素拉开一定的距离，需要对其设置合适的上、左外边距。同时，按钮边框显示为圆角样式，需要通过"border-radius"属性设置其边框效果。此外，需要设置按钮内文字的字体、字号及颜色。CSS 代码如下：

```css
.btn input{                         /*设置两个按钮的宽高、边距及边框样式*/
    width:100px;
    height:30px;
```

```
            background:#93b518;
            margin-top:20px;
            margin-left:75px;
            border-radius:3px;                         /*设置圆角边框*/
            font-size:18px;
            font-family:"微软雅黑";
            color:#fff;
            }
```

至此，我们就完成了效果图 7-49 所示的传智学员信息登记表的 CSS 样式部分。将该样式应用于网页后，效果如图 7-52 所示。

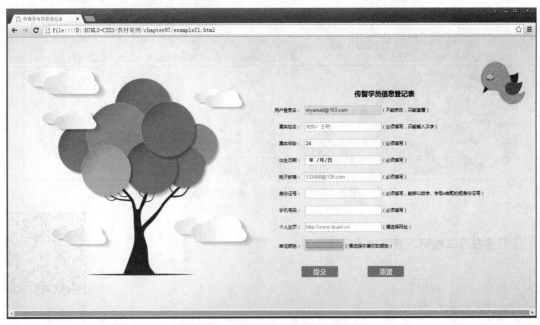

图 7-52　添加 CSS 样式后的页面效果

本章小结

本章首先介绍了表单的构成及如何创建表单，然后，重点讲解了 input 元素及其相关属性，并介绍了 textarea、select、datalist、keygen 等表单中的重要元素。最后，通过表单进行布局，并使用 CSS 对表单进行修饰，制作出了一个信息登记表模块。

通过本章的学习，读者应该能够掌握常用的表单控件及其相关属性，并能够熟练地运用表单组织页面元素。

动手实践

学习完前面的内容，下面来动手实践一下吧。

请结合给出的素材，运用表单控件及相关属性实现图 7-53 所示的会员注册模块。

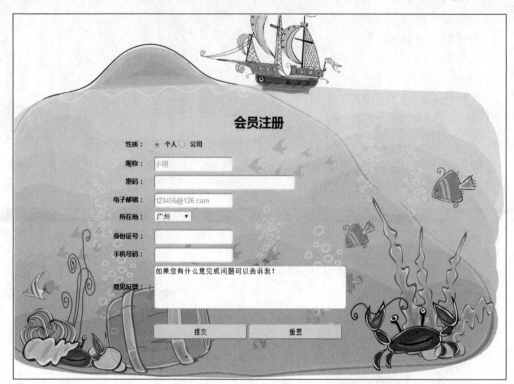

图 7-53 "会员注册"模块效果展示

扫描右方二维码，查看动手实践步骤！

PART 8 第 8 章 多媒体技术

学习目标

- 熟悉 HTML5 多媒体特性。
- 了解 HTML5 支持的音频和视频格式。
- 掌握 HTML5 中视频的相关属性，能够在 HTML5 页面中添加视频文件。
- 掌握 HTML5 中音频的相关属性，能够在 HTML5 页面中添加音频文件。
- 了解 HTML5 中视频、音频的一些常见操作，并能够应用到网页制作中。

在网页设计中，多媒体技术主要是指在网页上运用音频、视频传递信息的一种方式。在网络传输速度越来越快的今天，音频和视频技术已经被越来越广泛的应用在网页设计中，比起静态的图片和文字，音频和视频可以为用户提供更直观、丰富的信息。本章将对 HTML5 多媒体的特性以及创建音频和视频的方法进行详细讲解。

8.1 HTML5 多媒体的特性

在 HTML5 出现之前并没有将视频和音频嵌入到页面的标准方式，多媒体内容在大多数情况下都是通过第三方插件或集成在 Web 浏览器的应用程序置于页面中。例如，目前最流行的方法是通过 Adobe 的 FlashPlayer 插件将视频和音频嵌入到网页中。图 8-1 所示即为网页中 FlashPlayer 插件的安装对话框。

图 8-1 FlashPlayer 插件对话框

通过这样的方式实现的音视频功能，不仅需要借助第三方插件而且实现代码复杂冗长，运用 HTML5 中新增的 video 标签和 audio 标签可以避免这样的问题。在 HTML5 语法中，video 标签用于为页面添加视频，audio 标签用于为页面添加音频，这样用户就可以不用下载第三方插件，直接观看网页中的多媒体内容。

8.2 多媒体的支持条件

虽然 HTML5 提供的音视频嵌入方式简单易用，但在实际操作中却要考虑视频音频编解码器、浏览器等众多因素。接下来，本节将对视频音频编解码器、多媒体格式和浏览器的支持情况进行详细讲解。

8.2.1 视频和音频编解码器

由于视频和音频的原始数据一般都比较大，如果不对其进行编码就放到互联网上，传播时会消耗大量时间，无法实现流畅的传输或播放。这时通过视频和音频编解码器对视频和音频文件进行压缩，就可以实现视频和音频的正常传输和播放。

1. 视频编解码器

视频编解码器定义了多媒体数据流编码和解码的算法。其中编码器主要是对数据流进行编码操作，用于存储和传输。解码器主要是对视频文件进行解码，例如使用视频播放器观看视频，就需要先进行解码，然后再播放视频。目前，使用最多的 HTML5 视频解码文件是 H.264、Theora 和 VP8，对它们的具体介绍如下。

- H.264

H.264 是国际标准化组织（ISO）和国际电信联盟（ITU）共同提出的继 MPEG4 之后的新一代数字视频压缩格式，是 ITU-T 以 H.26x 系列为名称命名的视频编解码技术标准之一。

- Theora

Theora 是免费开放的视频压缩编码技术，可以支持从 VP3 HD 高清到 MPEG-4/DiVX 视频格式。

- VP8

VP8 是第八代的 On2 视频，能以更少的数据提供更高质量的视频，而且只需较小的处理能力即可播放视频。

2. 音频编解码器

音频编解码器定义了音频数据流编码和解码的算法。与视频编解码器的工作原理一样，音频编码器主要用于对数据流进行编码操作，解码器主要用于对音频文件进行解码。目前，使用最多的 HTML5 音频解码文件是 AAC、MP3 和 Ogg，对它们的具体介绍如下。

- AAC

AAC 是高级音频编码（Advanced Audio Coding）的简称，该音频编码是基于 MPEG-2 的音频编码技术，目的是取代 MP3 格式。2000 年 MPEG-4 标准出现后，AAC 重新集成了其特性，加入了 SBR 技术和 PS 技术。

- MP 3

MP3 是"MPEG-1 音频层 3"的简称。它被设计用来大幅度地降低音频数据量。利用该技术，可以将音乐以 1:10 甚至 1:12 的压缩率压缩成容量较小的文件，而音质并不会明显地下降。

- Ogg

Ogg 全称为 Ogg Vorbis，是一种新的音频压缩格式，类似于 MP3 等现有的音乐格式。OGG Vorbis 有一个很出众的特点，就是支持多声道。

8.2.2 多媒体的格式

运用 HTML5 的 video 和 audio 标签可以在页面中嵌入视频或音频文件，如果想要这些文件在页面中加载播放，还需要设置正确的多媒体格式，下面具体介绍 HTML5 中视频和音频的一些常见格式。

1. 视频格式

视频格式包含视频编码、音频编码和容器格式。在 HTML5 中嵌入的视频格式主要包括 Ogg、MPEG4、WebM 等，具体介绍如下。

- Ogg：指带有 Theora 视频编码和 Vorbis 音频编码的 Ogg 文件。
- MPEG4：指带有 H.264 视频编码和 AAC 音频编码的 MPEG4 文件。
- WebM：指带有 VP8 视频编码和 Vorbis 音频编码的 WebM 文件。

2. 音频格式

音频格式是指要在计算机内播放或是处理音频文件。在 HTML5 中嵌入的音频格式主要包括 Vorbis、MP3、Wav 等，具体介绍如下。

- Vorbis：是类似 AAC 的另一种免费、开源的音频编码，是用于替代 MP3 的下一代音频压缩技术。
- MP3：是一种音频压缩技术，其全称是动态影像专家压缩标准音频层面 3（Moving Picture Experts Group Audio Layer III），简称为 MP3。它被设计用来大幅度地降低音频数据量。
- Wav：是录音时用的标准的 Windows 文件格式，文件的扩展名为"WAV"，数据本身的格式为 PCM 或压缩型，属于无损音乐格式的一种。

8.2.3 支持视频和音频的浏览器

到目前为止，很多浏览器已经实现了对 HTML5 中 video 和 audio 元素的支持。各浏览器的支持情况如表 8-1 所示。

表 8-1 浏览器对 video 和 audio 的支持情况

浏览器	支持版本
IE	9.0 及以上版本
Firefox	3.5 及以上版本
Opear	10.5 及以上版本
Chrome	3.0 及以上版本
Safari	3.2 及以上版本

表 8-1 列举了各主流浏览器对 video 和 audio 元素的支持情况。但在不同的浏览器上显示视频的效果也略有不同。如图 8-2 和图 8-3 所示，即为视频在 Firefox 和 Chrome 浏览器中显示的样式。

对比图 8-2 和图 8-3 容易看出，在不同的浏览器中，相同的视频其播放控件的显示样式却不同。这是因为每一个浏览器对内置视频控件样式的定义不同，这也就导致了在不同浏览器中会显示不同的控件样式。

图 8-2　Firefox 浏览器

图 8-3　Chrome 浏览器

8.3　嵌入视频和音频

通过上一节的学习，相信读者对 HTML5 中视频和音频的相关知识有了初步了解。接下来本节将进一步讲解视频和音频的嵌入方法以及多媒体文件的调用，使读者能够熟练运用 video 元素和 audio 元素创建视频音频文件。

8.3.1　在 HTML5 中嵌入视频

在 HTML5 中，video 标签用于定义播放视频文件的标准，它支持三种视频格式，分别为 Ogg、WebM 和 MPEG4，其基本语法格式如下。

```
<video src="视频文件路径" controls="controls"></video>
```

在上面的语法格式中，src 属性用于设置视频文件的路径，controls 属性用于为视频提供播放控件，这两个属性是 video 元素的基本属性。并且<video>和</video>之间还可以插入文字，用于在不支持 video 元素的浏览器中显示。

下面通过一个案例来演示嵌入视频的方法，如例 8-1 所示。

例 8-1 example01

```
1   <!doctype html>
2   <html>
3   <head>
4   <meta charset="utf-8">
5   <title>在 HTML5 中嵌入视频</title>
6   </head>
7   <body>
8   <video src="video/pian.mp4" controls="controls">浏览器不支持 video 标签</video>
9   </body>
10  </html>
```

在例 8-1 中，第 8 行代码通过使用 video 标签来嵌入视频。

运行例 8-1，效果如图 8-4 所示。

图 8-4 嵌入视频

图 8-4 显示的是视频未播放的状态，界面底部是浏览器添加的视频控件，用于控制视频播放的状态，当单击"播放"按钮时，即可播放视频，如图 8-5 所示。

图 8-5 播放视频

值得一提的是，在 video 元素中还可以添加其他属性，来进一步优化视频的播放效果，具体如表 8-2 所示。

表 8-2 video 元素常见属性

属性	值	描述
autoplay	autoplay	当页面载入完成后自动播放视频。
loop	loop	视频结束时重新开始播放。
preload	auto/meta/none	如果出现该属性，则视频在页面加载时进行加载，并预备播放。如果使用"autoplay"，则忽略该属性。
poster	url	当视频缓冲不足时，该属性值链接一个图像，并将该图像按照一定的比例显示出来。

下面在例 8-1 的基础上，对 video 标签应用新属性，来优化视频播放效果，代码如下。

```
<video src="video/pian.mp4" controls="controls" autoplay="autoplay" loop="loop">浏览器不支持 video 标签</video>
```

在上面的代码中，为 video 元素增加了 "autoplay="autoplay"" 和 "loop="loop"" 两个样式。

保存 HTML 文件，刷新页面，效果如图 8-6 所示。

图 8-6 自动和循环播放视频

在图 8-6 所示的视频播放界面中，实现了页面加载后自动播放视频和循环播放视频的效果。

8.3.2 在 HTML5 中嵌入音频

在 HTML5 中，audio 标签用于定义播放音频文件的标准，它支持三种音频格式，分别为 Ogg、MP3 和 wav，其基本格式如下。

```
<audio src="音频文件路径" controls="controls"></audio>
```

在上面的基本格式中，src 属性用于设置音频文件的路径，controls 属性用于为音频提供播放控件，这和 video 元素的属性非常相似。同样< audio >和</ audio >之间也可以插入文字，用于不支持 audio 元素的浏览器显示。

下面通过一个案例来演示嵌入音频的方法，如例8-2所示。

例 8-2　example02

```
1   <!doctype html>
2   <html>
3   <head>
4   <meta charset="utf-8">
5   <title>在HTML5中嵌入音频</title>
6   </head>
7   <body>
8   <audio src="music/1.mp3" controls="controls">浏览器不支持audio标签</audio>
9   </body>
10  </html>
```

在例8-2中，第8行代码的audio标签用于嵌入音频。
运行例8-2，效果如图8-7所示。

图8-7显示的是音频控件，用于控制音频文件的播放状态，单击"播放"按钮时，即可播放音频文件。

值得一提的是，在audio元素中还可以添加其他属性，来进一步优化音频的播放效果，具体如表8-3所示。

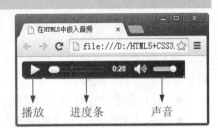

图 8-7　播放音频

表 8-3　audio元素常见属性

属性	值	描述
autoplay	autoplay	当页面载入完成后自动播放音频
loop	loop	音频结束时重新开始播放
preload	preload	如果出现该属性，则音频在页面加载时进行加载，并预备播放。如果使用 "autoplay"，则忽略该属性

表8-3列举的audio元素的属性和video元素是相同的，这些相同的属性在嵌入音视频时是通用的。

8.3.3　音、视频中的source元素

虽然HTML5支持Ogg、MPEG4和WebM的视频格式以及Vorbis、MP3和WAV的音频格式，但各浏览器对这些格式却不完全支持，具体如表8-4所示。

表 8-4　浏览器支持的视频音频格式

	视频格式				
	IE 9 以上	Firefox 4.0 以上	Opera 10.6 以上	Chrome 6.0 以上	Safari 3.0 以上
ogg	×	支持	支持	支持	×
mpeg4	支持	支持	支持	支持	支持
WebM	×	支持	支持	支持	×

音频格式					
ogg	×	支持	支持	支持	×
mp3	支持	支持	支持	支持	支持
wav	×	支持	支持	支持	支持

为了使音、视频能够在各个浏览器中正常播放，往往需要提供多种格式的音、视频文件。在 HTML5 中，运用 source 元素可以为 video 元素或 audio 元素提供多个备用文件。运用 source 元素添加音频的基本格式如下。

```
<audio controls="controls">
    <source src="音频文件地址" type="媒体文件类型/格式">
    <source src="音频文件地址" type="媒体文件类型/格式">
    ……
</audio>
```

在上面的语法格式中，可以指定多个 source 元素为浏览器提供备用的音频文件。source 元素一般设置两个属性。

- src：用于指定媒体文件的 URL 地址。
- type：指定媒体文件的类型。

例如，为页面添加一个在 Firefox4.0 和 Chorme6.0 中都可以正常播放的音频文件，代码如下。

```
<audio controls="controls">
    <source src="music/1.mp3" type="audio/mp3">
    <source src="music/1.wav" type="audio/wav">
</audio>
```

在上面的示例代中，由于 Firefox4.0 不支持 MP3 格式的音频文件，因此在网页中嵌入音频文件时，还需要通过 source 元素指定一个 wav 格式的音频文件，使其能够在 Firefox4.0 中正常播放。

source 元素添加视频的方法和音频类似，只需要把 audio 标签换成 video 标签即可，具体格式如下。

```
<video controls="controls">
    <source src="视频文件地址" type="媒体文件类型/格式">
    <source src="视频文件地址" type="媒体文件类型/格式">
    ……
</video>
```

例如，为页面添加一个在 Firefox4.0 和 IE9 中都可以正常播放的视频文件，代码如下。

```
<video controls="controls">
    <source src="video/1.ogg" type="video/ogg">
    <source src="video/1.mp4" type="video/mp4">
</video>
```

在上面的示例代码中，Firefox4.0 支持 Ogg 格式的视频文件，IE9 支持 MPEG4 格式的视频文件。

8.3.4 调用网页多媒体文件

在网页中调用多媒体文件的方法主要有两种，一种是上节介绍的调用本地多媒体文件，另一种是调用指定 url 地址的互联网多媒体文件。在网页设计中，运用"src"属性即可调用多媒体文件，该属性不仅可以指定相对路径的多媒体文件，还可以指定一个完整的 URL 地址。下面以获取网络歌曲的 URL 地址为例，分步骤介绍调用互联网多媒体文件的方法。

（1）获取音、视频文件的 URL

打开网页，在搜索工具栏输入搜索关键词"MP3"，页面中会出现下载歌曲的网站链接，如图 8-8 所示。

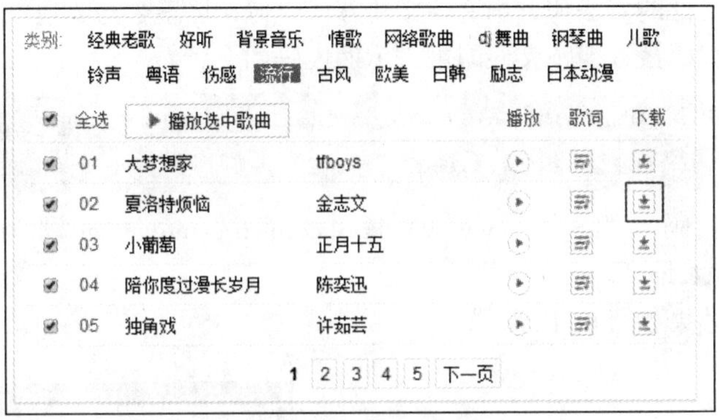

图 8-8 网站链接

选择一首歌曲，单击线框标示的下载按钮，弹出图 8-9 所示的歌曲下载界面。

图 8-9 歌曲下载界面

选择"标准品质"的 MP3 音乐，单击下载按钮，弹出图 8-10 所示的歌曲下载对话框。

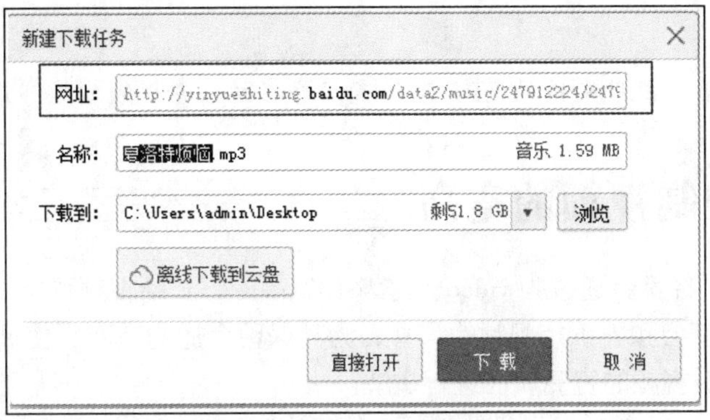

图 8-10 歌曲下载对话框

在图 8-10 中，线框标示的部分即为歌曲的 URL 地址，选中并复制 URL 路径。

（2）插入音频文件

将复制的 URL 路径粘贴到音频文件的示例代码中，具体如下。

```
<audio src="http://yinyueshiting.baidu.com/data2/music/247912224/24791165410800064.mp3?xcode=8b646dd1d51bff5805ffee87c3adb48c" controls="controls">调用网络音频文件</audio>
```

在上面的示例代码中"http://yinyueshiting.baidu.com/data2/music/247912224/24791165410800064.mp3?xcode=8b646dd1d51bff5805ffee87c3adb48c"为当前可以访问的互联网音频文件的 URL 地址。示例代码对应效果如图 8-11 所示。

单击图 8-11 中的播放按钮，即可播放网络音频文件。

调用网络视频文件的方法和调用音频文件方法类似，也需要获取相关视频文件的 URL 地址，然后通过相关代码插入视频文件即可，示例代码如下。

```
<video src="http://www.w3school.com.cn/i/movie.ogg" controls="controls">调用网络视频文件</video>
```

在上面的示例代码中"http://www.w3school.com.cn/i/movie.ogg"即为当前可以访问的互联网视频文件的 URL 地址。

示例代码对应效果如图 8-12 所示。

图 8-11 调用网络音频文件

图 8-12 调用网络视频文件

注意：

只有当互联网音、视频文件的 URL 地址确实存在时，音视频才能够正常播放。

8.4 CSS 控制视频的宽高

在 HTML5 中，经常会通过为 video 元素添加宽高的方式给视频预留一定的空间，这样浏览器在加载页面时就会预先确定视频的尺寸，为其保留合适的空间，使页面的布局不产生变化。接下来本节将对视频的宽高属性进行讲解。

运用 width 和 height 属性可以设置视频文件的宽度和高度，如例 8-3 所示。

例 8-3　example03

```
1   <!doctype html>
2   <html>
3   <head>
4   <meta charset="utf-8">
5   <title>CSS 控制视频的宽高</title>
6   <style type="text/css">
7   *{
8       margin:0;
9       padding:0;
10  }
11  div{
12      width:600px;
13      height:300px;
14      border:1px solid #000;
15  }
16  video{
17      width:200px;
18      height:300px;
19      background:#F90;
20      float:left;
21  }
22  p{
23      width:200px;
24      height:300px;
25      background:#999;
26      float:left;
27  }
28  </style>
29  </head>
30  <body>
31  <h2>视频布局样式</h2>
32  <div>
33  <p>占位色块</p>
34  <video src="video/pian.mp4" controls="controls">浏览器不支持 video 标签</video>
35  <p>占位色块</p>
36  </div>
37  </body>
38  </html>
```

在例 8-3 中，设置大盒子 div 的宽度为 600px，高度为 300px。在其内部嵌套一个 video 标签和 2 个 p 标签，设置宽度均为 200px，高度均为 300px，并运用浮动属性让它们排列在一排显示。

运行例 8-3，效果如图 8-13 所示。

在图 8-13 中，由于定义了视频的宽高，因此浏览器在加载时会为其预留合适的空间，此时视频和段落文本成一行排列在大盒子的内部，页面布局没有变化。

如果更改例 8-3 中的代码，删除视频的宽度和高度属性，代码如下。

```
video{
    background:#F90;
    float:left;
}
```

保存 HTML 文件，刷新页面，效果如图 8-14 所示。

图 8-13　定义视频宽高

图 8-14　删除视频宽高

通过图 8-14 容易看出，视频和其中一个灰色文本模块被挤到了大盒子下面。这是因为未定义视频宽度和高度时，视频按原始大小显示，此时浏览器因为没有办法预定义视频尺寸，只能按照正常尺寸加载视频，导致页面布局混乱。

注意：

通过 width 和 height 属性来缩放视频，这样的视频即使在页面上看起来很小，但它的原始大小依然没变，因此要运用相关软件对视频进行压缩。

8.5　视频和音频的方法和事件

video 元素和 audio 元素相关，它们的接口方法和接口事件也基本相同，接下来本节将对 video 和 audio 元素的方法和事件进行详细讲解。

1. video 和 audio 的方法

HTML5 为 video 和 audio 提供了接口方法，具体介绍如表 8-5 所示。

表 8-5　video 和 audio 的方法

方法	描述
load()	加载媒体文件，为播放做准备。通常用于播放前的预加载，也会用于重新加载媒体文件
play()	播放媒体文件。如果视频没有加载，则加载并播放；如果视频是暂停的，则变为播放
pause()	暂停播放媒体文件
canPlayType()	测试浏览器是否支持指定的媒体类型

2. video 和 audio 的事件

HTML5 还为 video 和 audio 元素提供了一系列的接口事件，具体如表 8-6 所示。

表 8-6　video 和 audio 的事件

事件	描述
play	当执行方法 play() 时触发
playing	正在播放时触发
pause	当执行了方法 pause() 时触发
timeupdate	当播放位置被改变时触发
ended	当播放结束后停止播放时触发
waiting	在等待加载下一帧时触发
ratechange	在当前播放速率改变时触发
volumechange	在音量改变时触发
canplay	以当前播放速率，需要缓冲时触发
canplaythrough	以当前播放速率，不需要缓冲时触发
durationchange	当播放时长改变时触发
loadstart	在浏览器开始在网上寻找数据时触发
progress	当浏览器正在获取媒体文件时触发
suspend	当浏览器暂停获取媒体文件，且文件获取并没有正常结束时触发
abort	当中止获取媒体数据时触发。但这种中止不是由错误引起的
error	当获取媒体过程中出错时触发
emptied	当所在网络变为初始化状态时触发
stalled	浏览器尝试获取媒体数据失败时触发
loadedmetadata	在加载完媒体元数据时触发
loadeddata	在加载完当前位置的媒体播放数据时触发
seeking	浏览器正在请求数据时触发
seeked	浏览器停止请求数据时触发

表 8-5 和表 8-6 列举了 video 和 audio 常用的方法和事件，在使用 video 和 audio 元素读取或播放媒体文件时，会触发一系列的事件，但这些事件需要用 JavaScript 脚本来捕获，才可以进行相应的处理。因此在学习 JavaScript 之前，关于视频和音频的事件和方法了解即可无需掌握。

8.6 HTML5 音、视频发展趋势

虽然 HTML5 日趋完善，但是直到现在，HTML5 音视频标准仍然有待改进。例如，对编码解码的支持、字幕的控制等，具体介绍如下。

1. 流式音频、视频

目前的 HTML5 视频范围中，还没有比特率切换标准，所以对视频的支持仅限于全部加载完毕再播放的方式。但流媒体格式是比较理想的格式，在将来的设计中，需要在这个方面进行规范。

2. 跨资源的共享

HTML5 的媒体受到了 HTTP 跨资源共享的限制。HTML5 针对跨资源共享提供了专门的规范，这种规范不仅局限于音频和视频。

3. 字幕支持

如果在 HTML5 中对音频和视频进行编辑可能还需要对字幕的控制。基于流行的字幕格式 SRT 的字幕支持规范仍在编写中。

4. 编码解码的支持

使用 HTML5 最大的缺点在于缺少通用编解码的支持。随着时间的推移，最终会形成一个通用的、高效率的编解码器，未来多媒体的形式也会比现在更加丰富。

8.7 阶段案例——制作音乐播放界面

本章前几节重点讲解了多媒体的格式、浏览器对 HTML5 音视频的支持情况及在 HTML5 页面中嵌入音视频文件的方法。为了加深读者对网页多媒体标记的理解和运用，本节将通过案例的形式分步骤制作一个音乐播放界面，其效果如图 8-15 所示。

图 8-15 音乐播放界面效果图

8.7.1 分析效果图

1. 结构分析

观察效果图 8-15 容易看出音乐播放界面整体由背景图、左边的唱片以及右边的歌词三部分组成。其中背景图部分是插入的视频，可以通过 video 标签定义，唱片部分由两个盒子嵌套组成，可以通过两个 div 进行定义，而右边的歌词部分可以通过 h2 和 p 标记定义。效果图 8-15 对应的结构如图 8-16 所示。

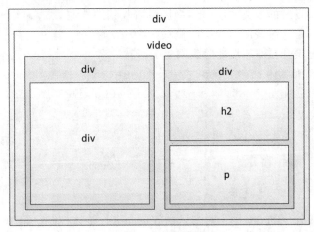

图 8-16　页面结构图

2. 样式分析

控制效果图 8-15 的样式主要分为以下几个部分。

（1）通过最外层的大盒子对页面进行整体控制，需要对其设置宽度、高度、绝对定位等样式。

（2）为大盒子添加视频作为页面背景，需要对其设置宽度、高度、绝对定位和外边距，使其始终显示在浏览器居中位置。

（3）为左边控制唱片部分的 div 添加样式，需要对其设置宽高、圆角边框、内阴影及背景图片。

（4）为右边歌词部分的 h2 和 p 标记添加样式，需要对其设置宽高、背景以及字体样式。其中歌曲标题使用特殊字体，因此需要运用@font-face 属性添加字体样式。

8.7.2 制作页面结构

根据上面的分析，使用相应的 HTML 标记来搭建网页结构，如例 8-4 所示。

例 8-4　example04tml

```
1   <!doctype html>
2   <html>
3   <head>
4   <meta charset="utf-8">
5   <title>音乐播放页面</title>
6   </head>
7   <body>
8   <div id="box-video">
```

```
9         <video src="video/mailang.webm"  autoplay="autoplay" loop=
"loop">浏览器不支持video标签</video>
10        <div class="cd">
11           <div class="center"></div>
12        </div>
13        <div class="song">
14           <h2>风中的麦浪</h2>
15           <p>爱过的地方<br/>当微风带着收获的味道<br/>吹向我脸庞<br/>想起
你轻柔的话语<br/>曾打湿我眼眶<br/>嗯……啦……嗯……啦……<br/>我们曾在田野里
歌唱<br/>在冬季盼望<br/>却没能等到阳光下</p>
16           <audio src="http://yinyueshiting.baidu.com/data2/music/
123303367/124143514481 5766164.mp3?xcode=040035f9879b39136f333bb99c6701d9"
autoplay="autoplay" loop="loop" ></audio>
17        </div>
18     </div>
19  </body>
20  </html>
```

在例8-4中，最外层的div用于对音乐播放页面进行整体控制，第10～12行代码用于控制页面唱片部分的结构，第13～17行代码用于控制页面歌词部分的结构。

运行例8-4，效果如图8-17所示。

图8-17 HTML页面效果图

8.7.3 定义CSS样式

搭建完页面的结构，接下来为页面添加CSS样式。本节采用从整体到局部的方式实现图8-15所示的效果，具体如下。

1. 定义基础样式

在定义CSS样式时，首先要清除浏览器默认样式，具体CSS代码如下。

```
*{margin:0; padding:0; }
```

2. 整体控制音乐播放界面

通过一个大的 div 对音乐播放界面进行整体控制,需要将其宽度设置为 100%,高度设置为 100%,使其自适应浏览器大小,具体代码如下。

```
#box-video{
    width:100%;
    height:100%;
    position:absolute;
    overflow:hidden;
}
```

在上面控制音乐播放界面的样式代码中,"overflow:hidden;"样式用于隐藏浏览器滚动条,使视频能够固定在浏览器界面中,不被拖动。

3. 设置视频文件样式

运用 video 标签在页面中嵌入视频。由于视频宽高远超出浏览器界面大小,因此在设置时要通过最小宽度和最大宽度将视频大小限制在一定范围内,使其自适应浏览器大小,具体代码如下。

```
/*插入视频*/
#box-video video{
    min-width:100%;
    min-height:100%;
    max-width:4000%;
    max-height:4000%;
    position:absolute;
    top:50%;
    left:50%;
    margin-left:-1350px;
    margin-top:-540px;
}
```

在上面控制视频的样式代码中,通过定位和 margin 属性将视频始终定位在浏览器界面中间位,这样无论浏览器界面放大或缩小,视频都将在浏览器界面居中显示。

4. 设置唱片部分样式

唱片部分,可以将两个圆看做成嵌套在一起的父子盒子,其中父盒子需要对其应用圆角边框样式和阴影样式,子盒子需要对其设置定位使其始终显示在父元素中心位置,具体代码如下。

```
/*唱片部分*/
.cd{
    width:422px;
    height:422px;
    position:absolute;
    top:25%;
    left:10%;
```

```css
    z-index:2;
    border-radius:50%;
    border:10px solid #FFF;
    box-shadow:5px 5px 15px #000;
    background:url(images/cd_img.jpg) no-repeat;
}
.center{
    width:100px;
    height:100px;
    background-color:#000;
    border-radius:50%;
    position:absolute;
    top:50%;
    left:50%;
    margin-left:-50px;
    margin-top:-50px;
    z-index:3;
    border:5px solid #FFF;
    background-image:url(images/yinfu.gif);
    background-position: center center;
    background-repeat:no-repeat;
}
```

在上面控制唱片样式的代码中，需要对父盒子应用 "z-index:2;" 样式，对子盒子应用 "z-index:3;" 样式，使父盒子显示在 video 元素上层、子盒子显示在父盒子上层。

5. 设置歌词部分样式

歌词部分可以看做是一个大的 div 内部嵌套一个 h2 标记和一个 p 标记，其中 p 标记的背景是一张渐变图片，需要让其沿 X 轴平铺，具体代码如下。

```css
/*歌词部分*/
.song{
    position:absolute;
    top:25%;
    left:50%;
}
@font-face{
    font-family:MD;
    src:url(font/MD.ttf);
}
h2{
    font-family:MD;
    font-size:110px;
```

```
    color:#913805;
    }
p{
    width:556px;
    height:300px;
    font-family:"微软雅黑";
    padding-left:30px;
    line-height:30px;
    background:url(images/bg.png) repeat-x;
    box-sizing:border-box;
    }
```

至此，我们就完成了效果图 8-15 所示音乐播放界面的 CSS 样式部分。将该样式应用于网页后，效果如图 8-18 所示。

图 8-18　页面最终效果图

本章小结

本章首先介绍了 HTML5 多媒体特性、多媒体的格式以及浏览器的支持情况，然后讲解了在 HTML5 页面中嵌套多媒体文件的方法，最后简单介绍了 HTML5 音频和视频的方法、事件以及发展趋势并运用所学知识制作了一个音乐播放页面。

通过本章的学习，读者应该能够了解 HTML5 多媒体文件的特性，熟悉常用的多媒体格式，掌握在页面中嵌入音视频文件的方法，并将其综合运用到页面的制作中。

动手实践

学习完前面的内容，下面来动手实践一下吧。

请结合前面所学的知识，运用 HTML5 多媒体技术及给出的素材制作一个视频播放页面，效果如图 8-19 所示。其中头部的导航栏需要添加超链接，当鼠标悬浮时，导航项的背景变为灰色；当页面加载完成后，视频文件会自动循环播放，如图 8-20 所示。

图 8-19　视频播放页面效果展示

图 8-20　鼠标移上"导航项"效果

扫描右方二维码，查看动手实践步骤！

第 9 章 CSS3 高级应用

学习目标

- 理解过渡属性，能够控制过渡时间、动画快慢等常见过渡效果。
- 掌握 CSS3 中的变形属性，能够制作 2D 转换、3D 转换效果。
- 掌握 CSS3 中的动画，能够熟练制作网页中常见的动画效果。

在传统的 Web 设计中，当网页中需要显示动画或特效时，需要使用 JavaScript 脚本或者 Flash 来实现。在 CSS3 中，提供了对动画的强大支持，可以实现旋转、缩放、移动和过渡等效果。本章将对 CSS3 中的过渡、变形和动画进行详细讲解。

9.1 过渡

CSS3 提供了强大的过渡属性，它可以在不使用 Flash 动画或者 JavaScript 脚本的情况下，为元素从一种样式转变为另一种样式时添加效果，如渐显、渐弱、动画快慢等。在 CSS3 中，过渡属性主要包括 transition-property、transition-duration、transition-timing-function、transition-delay，本节将分别对这些过渡属性进行详细讲解。

9.1.1 transition-property 属性

transition-property 属性用于指定应用过渡效果的 CSS 属性的名称，其过渡效果通常在用户将指针移动到元素上时发生。当指定的 CSS 属性改变时，过渡效果才开始。其基本语法格式如下。

```
transition-property: none | all | property;
```

在上面的语法格式中，transition-property 属性的取值包括 none、all 和 property 三个，具体说明如表 9-1 所示。

表 9-1 transition-property 属性值

属性值	描述
none	没有属性会获得过渡效果
all	所有属性都将获得过渡效果
property	定义应用过渡效果的 CSS 属性名称，多个名称之间以逗号分隔

下面通过一个案例来演示 transition-property 属性的用法，如例 9-1 所示。

例 9-1　example01.html

```
1   <!doctype html>
2   <html>
3   <head>
4   <meta charset="utf-8">
5   <title>transition-property 属性</title>
6   <style type="text/css">
7   div{
8       width:400px;
9       height:100px;
10      background-color:red;
11      font-weight:bold;
12      color:#FFF;
13      }
14  div:hover{
15      background-color:blue;
16      /*指定动画过渡的 CSS 属性*/
17      -webkit-transition-property:background-color;   /*Safari and Chrome 浏览器兼容代码*/
18      -moz-transition-property:background-color;   /*Firefox 浏览器兼容代码*/
19      -o-transition-property:background-color;/*Opera 浏览器兼容代码*/
20      }
21  </style>
22  </head>
23  <body>
24  <div>使用 transition-property 属性改变元素背景色</div>
25  </body>
26  </html>
```

在例 9-1 中，通过 transition-property 属性指定产生过渡效果的 CSS 属性为 background-color，并设置了鼠标移上时背景颜色变为蓝色，如第 14~15 行代码所示。另外，为了解决各类浏览器的兼容性问题，分别添加了-webkit-、-moz-、-o-等不同的浏览器前缀兼容代码。

运行例 9-1，默认效果如图 9-1 所示。

当鼠标指针悬浮到图 9-1 所示网页中的<div>区域时，背景色立刻由红色变为蓝色，如图 9-2 所示，而不会产生过渡。这是因为在设置"过渡"效果时，必须使用 transition-duration 属性设置过渡时间，否则不会产生过渡效果。

图 9-1　默认红色背景色效果

图 9-2　红色背景变为蓝色背景效果

9.1.2 transition-duration 属性

transition-duration 属性用于定义过渡效果花费的时间，默认值为 0，常用单位是秒（s）或者毫秒（ms），其基本语法格式如下。

```
transition-duration:time;
```

下面通过一个案例来演示 transition-duration 属性的用法，如例 9-2 所示。

例 9-2　example02.html

```
1   <!doctype html>
2   <html>
3   <head>
4   <meta charset="utf-8">
5   <title>transition-duration 属性</title>
6   <style type="text/css">
7   div{
8       width:150px;
9       height:150px;
10      margin:0 auto;
11      background-color:yellow;
12      border:2px solid #00F;
13      color:#000;
14      }
15  div:hover{
16      background-color:red;
17      /*指定动画过渡的 CSS 属性*/
18      -webkit-transition-property:background-color;   /*Safari and Chrome 浏览器兼容代码*/
19      -moz-transition-property:background-color;/*Firefox 浏览器兼容代码*/
20      -o-transition-property:background-color;/*Opera 浏览器兼容代码*/
21      /*指定动画过渡的时间*/
22      -webkit-transition-duration:5s;/*Safari and Chrome 浏览器兼容代码*/
23      -moz-transition-duration:5s;   /*Firefox 浏览器兼容代码*/
24      -o-transition-duration:5s;     /*Opera 浏览器兼容代码*/
25      }
26  </style>
27  </head>
28  <body>
29  <div>使用 transition-duration 属性设置过渡时间</div>
30  </body>
31  </html>
```

在例 9-2 中，通过 transition-property 属性指定产生过渡效果的 CSS 属性为 background-color，并设置了鼠标移上时背景颜色变为红色，如第 15~16 行代码所示。同时，使用 transition-duration 属性来定义过渡效果需要花费 5 秒的时间。运行例 9-2，当鼠标指针悬浮到网页中的 <div> 区域时，黄色背景将逐渐过渡为红色背景，效果如图 9-3 所示。

图 9-3　黄色背景过渡为红色背景效果

9.1.3　transition-timing-function 属性

transition-timing-function 属性规定过渡效果的速度曲线，默认值为"ease"，其基本语法格式如下。

```
transition-timing-function:linear|ease|ease-in|ease-out|ease-in-out|cubic-bezier(n,n,n,n);
```

从上述语法可以看出，transition-timing-function 属性的取值有很多，常见属性值及说明如表 9-2 所示。

表 9-2　transition-timing-function 属性值

属性值	描述
linear	指定以相同速度开始至结束的过渡效果，等同于 cubic-bezier(0,0,1,1)
ease	指定以慢速开始，然后加快，最后慢慢结束的过渡效果，等同于 cubic-bezier(0.25,0.1,0.25,1)
ease-in	指定以慢速开始，然后逐渐加快（淡入效果）的过渡效果，等同于 cubic-bezier(0.42,0,1,1)
ease-out	指定以慢速结束（淡出效果）的过渡效果，等同于 cubic-bezier(0,0,0.58,1)
ease-in-out	指定以慢速开始和结束的过渡效果，等同于 cubic-bezier(0.42,0,0.58,1)
cubic-bezier(n,n,n,n)	定义用于加速或者减速的贝塞尔曲线的形状，它们的值在 0~1

下面通过一个案例来演示 transition-timing-function 属性的用法，如例 9-3 所示。

例 9-3　example03.html

```
1   <!doctype html>
2   <html>
3   <head>
4   <meta charset="utf-8">
5   <title>transition-timing-function 属性</title>
6   <style type="text/css">
7   div{
8       width:200px;
9       height:200px;
```

```
10      margin:0 auto;
11      background-color:yellow;
12      border:5px solid red;
13      border-radius:0px;
14      }
15   div:hover{
16      border-radius:105px;
17      /*指定动画过渡的 CSS 属性*/
18      -webkit-transition-property:border-radius; /*Safari and Chrome 浏览器兼容代码*/
19      -moz-transition-property:border-radius; /*Firefox 浏览器兼容代码*/
20      -o-transition-property:border-radius; /*Opera 浏览器兼容代码*/
21      /*指定动画过渡的时间*/
22      -webkit-transition-duration:5s;/*Safari and Chrome 浏览器兼容代码*/
23      -moz-transition-duration:5s;       /*Firefox 浏览器兼容代码*/
24      -o-transition-duration:5s;         /*Opera 浏览器兼容代码*/
25      /*指定动画以慢速开始和结束的过渡效果*/
26      -webkit-transition-timing-function:ease-in-out; /*Safari and Chrome 浏览器兼容代码*/
27      -moz-transition-timing-function:ease-in-out;/*Firefox 浏览器兼容代码*/
28      -o-transition-timing-function:ease-in-out;/*Opera 浏览器兼容代码*/
29      }
30   </style>
31   </head>
32   <body>
33   <div></div>
34   </body>
35   </html>
```

在例 9-3 中，通过 transition-property 属性指定产生过渡效果的 CSS 属性为"border-radius"，并指定过渡动画由正方形变为正圆形。然后使用 transition-duration 属性定义过渡效果需要花费 5 秒的时间，同时使用 transition-timing-function 属性规定过渡效果以慢速开始和结束。

运行例 9-3，当鼠标指针悬浮到网页中的<div>区域时，过渡的动作将会被触发，正方形将慢速开始变化，然后逐渐加速，随后慢速变为正圆形，效果如图 9-4 所示。

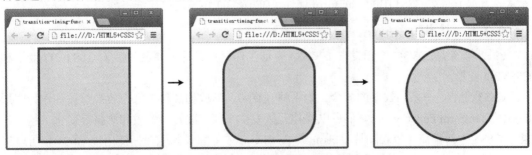

图 9-4 正方形逐渐过渡变为正圆形效果

9.1.4 transition-delay 属性

transition-delay 属性规定过渡效果何时开始，默认值为 0，常用单位是秒（s）或者毫秒（ms）。transition-delay 的属性值可以为正整数、负整数和 0。当设置为负数时，过渡动作会从该时间点开始，之前的动作被截断；设置为正数时，过渡动作会延迟触发。其基本语法格式如下。

```
transition-delay:time;
```

下面在例 9-3 的基础上演示 transition-delay 属性的用法，在第 28 行代码后增加如下样式。

```
/*指定动画延迟触发*/
    -webkit-transition-delay:2s;    /*Safari and Chrome 浏览器兼容代码*/
    -moz-transition-delay:2s;       /*Firefox 浏览器兼容代码*/
    -o-transition-delay:2s;         /*Opera 浏览器兼容代码*/
```

上述代码使用 transition-delay 属性指定过渡的动作会延迟 2s 触发。

保存例 9-3，刷新页面，当鼠标指针悬浮到网页中的 <div> 区域时，经过 2s 后过渡的动作会被触发，正方形慢速开始变化，然后逐渐加速，随后慢速变为正圆形。

9.1.5 transition 属性

transition 属性是一个复合属性，用于在一个属性中设置 transition-property、transition-duration、transition-timing-function、transition-delay 四个过渡属性。其基本语法格式如下。

```
transition: property duration timing-function delay;
```

在使用 transition 属性设置多个过渡效果时，它的各个参数必须按照顺序进行定义，不能颠倒。如例 9-3 中设置的四个过渡属性，可以直接通过如下代码实现。

```
transition:border-radius 5s ease-in-out 2s;
```

注意：

无论是单个属性还是简写属性，使用时都可以实现多个过渡效果。如果使用 transition 简写属性设置多种过渡效果，需要为每个过渡属性集中指定所有的值，并且使用逗号进行分隔。

9.2 变形

在 CSS3 之前，如果需要为页面设置变形效果，需要依赖于图片、Flash 或 JavaScript 才能完成。CSS3 出现后，通过 transform 属性就可以实现变形效果，如移动、倾斜、缩放以及翻转元素等。本节将对 CSS3 中的 transform 属性、2D 及 3D 转换进行详细讲解。

9.2.1 认识 transform

2012 年 9 月，W3C 组织发布了 CSS3 变形工作草案，这个草案包括了 CSS3 2D 变形和 CSS3 3D 变形。

CSS3 变形是一系列效果的集合，如平移、旋转、缩放和倾斜，每个效果都被称作为变形函数（Transform Function），它们可以操控元素发生平移、旋转、缩放和倾斜等变化。这些效果在 CSS3 之前都需要依赖图片、Flash 或 JavaScript 才能完成。现在，使用纯 CSS3 就可以实现这些变形效果，而无需加载额外的文件，这极大地提高了网页开发者的工作效率，提高了页面的执行速度。

CSS3 中的变形允许动态的控制元素，可以在网页中对元素进行移动、缩放、倾斜、旋转，或结合这些变形属性产生复杂的动画。通过 CSS3 中的变形操作，可以让元素生成静态视觉效果，也可以结合过渡和动画属性产生一些新的动画效果。

CSS3 的变形（transform）属性可以让元素在一个坐标系统中变形。这个属性包含一系列变形函数，可以进行元素的移动、旋转和缩放。transform 属性的基本语法如下。

```
transform: none | transform-functions;
```

在上面的语法格式中，transform 属性的默认值为 none，适用于内联元素和块元素，表示不进行变形。transform-function 用于设置变形函数，可以是一个或多个变形函数列表。transform-function 函数包括 matrix()、translate()、scale()、rotate()和 skew()等。具体说明如下。

- matrix()：定义矩形变换，即基于 X 和 Y 坐标重新定位元素的位置。
- translate()：移动元素对象，即基于 X 和 Y 坐标重新定位元素。
- scale()：缩放元素对象，可以使任意元素对象尺寸发生变化，取值包括正数、负数和小数。
- rotate()：旋转元素对象，取值为一个度数值。
- skew()：倾斜元素对象，取值为一个度数值。

9.2.2　2D 转换

在 CSS3 中，使用 transform 属性可以实现变形效果，主要包括 4 种变形效果，分别是：平移、缩放、倾斜和旋转。下面，将分别针对这些变形效果进行讲解。

1. 平移

使用 translate()方法能够重新定义元素的坐标，实现平移的效果。该函数包含两个参数值，分别用于定义 X 轴和 Y 轴坐标，其基本语法格式如下。

```
transform:translate (x-value,y-value);
```

在上述语法中，x-value 指元素在水平方向上移动的距离，y-value 指元素在垂直方向上移动的距离。如果省略了第二个参数，则取默认值 0。当值为负数时，表示反方向移动元素。

在使用 translate()方法移动元素时，基点默认为元素中心点，然后根据指定的 X 坐标和 Y 坐标进行移动，效果如图 9-5 所示。在该图中，实线表示平移前的元素，虚线表示平移后的元素。

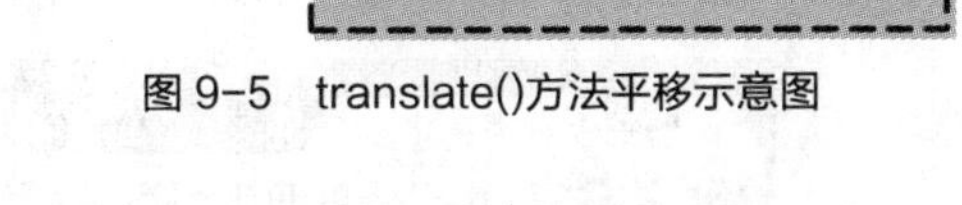

下面通过一个案例来演示 translate()方法的使用，如例 9-4 所示。

图 9-5　translate()方法平移示意图

例 9-4　example04.html

```
1  <!doctype html>
2  <html>
3  <head>
4  <meta charset="utf-8">
5  <title>translate ( )方法</title>
```

```
 6    <style type="text/css">
 7    div{
 8       width:100px;
 9       height:50px;
10       background-color:#FF0;
11       border:1px solid black;
12    }
13    #div2{
14       transform:translate(100px,30px);
15       -ms-transform:translate(100px,30px);   /* IE9 浏览器兼容代码 */
16       -webkit-transform:translate(100px,30px); /*Safari and Chrome 浏览器兼容代码*/
17       -moz-transform:translate(100px,30px);/*Firefox 浏览器兼容代码*/
18       -o-transform:translate(100px,30px);    /*Opera 浏览器兼容代码*/
19    }
20    </style>
21    </head>
22    <body>
23    <div>我是元素原来的位置</div>
24    <div id="div2">我是元素平移后的位置</div>
25    </body>
26    </html>
```

在例9-4中，使用<div>标记定义两个样式完全相同的盒子。然后，通过translate()方法将第二个<div>沿X坐标向右移动100像素，沿Y坐标向下移动30像素。

运行例9-4，效果如图9-6所示。

2. 缩放

scale()方法用于缩放元素大小，该函数包含两个参数值，分别用来定义宽度和高度的缩放比例。元素尺寸的增加或减少，由定义的宽度（X轴）和高度（Y轴）参数控制，其基本语法格式如下。

```
transform:scale(x-axis, y-axis);
```

在上述语法中，x-axis和y-axis参数值可以是正数、负数和小数。正数值表示基于指定的宽度和高度放大元素。负数值不会缩小元素，而是翻转元素（如文字被反转），然后再缩放元素。如果第二个参数省略，则第二个参数等于第一个参数值。另外，使用小于1的小数可以缩小元素。scale()方法缩放示意图如图9-7所示。其中，实线表示放大前的元素，虚线表示放大后的元素。

图9-6　translate()方法实现平移效果

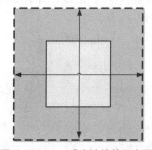

图9-7　scale()方法缩放示意图

下面通过一个案例来演示 scale() 方法的使用，如例 9-5 所示。

例 9-5　example05.html

```
1   <!doctype html>
2   <html>
3   <head>
4   <meta charset="utf-8">
5   <title>scale()方法</title>
6   <style type="text/css">
7   div{
8       width:100px;
9       height:50px;
10      background-color:#FF0;
11      border:1px solid black;
12  }
13  #div2{
14      margin:100px;
15      transform:scale(2,3);
16      -ms-transform:scale(2,3);       /* IE9 浏览器兼容代码 */
17      -webkit-transform:scale(2,3);/*Safari and Chrome 浏览器兼容代码*/
18      -moz-transform:scale(2,3);      /*Firefox 浏览器兼容代码*/
19      -o-transform:scale(2,3);        /*Opera 浏览器兼容代码*/
20  }
21  </style>
22  </head>
23  <body>
24  <div>我是原来的元素</div>
25  <div id="div2">我是放大后的元素</div>
26  </body>
27  </html>
```

在例 9-5 中，使用<div>标记定义两个样式相同的盒子。并且，通过 scale()方法将第二个<div>的宽度放大两倍，高度放大三倍。

运行例 9-5，效果如图 9-8 所示。

3. 倾斜

skew()方法能够让元素倾斜显示，该函数包含两个参数值，分别用来定义 X 轴和 Y 轴坐标倾斜的角度。skew()可以将一个对象围绕着 X 轴和 Y 轴按照一定的角度倾斜，其基本语法格式如下。

```
transform:skew(x-angle,y-angle);
```

在上述语法中，参数 x-angle 和 y-angle 表示角度值，第一个参数表示相对于 X 轴进行倾斜，第二个参数表示相对于 Y 轴进行倾斜，如果省略了第二个参数，则取默认值 0。skew()

方法倾斜示意图如图 9-9 所示。其中,实线表示倾斜前的元素,虚线表示倾斜后的元素。

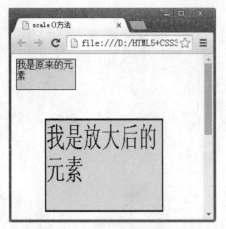

图 9-8 scale()方法实现缩放效果

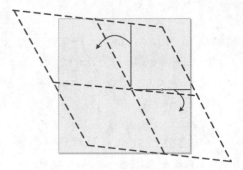

图 9-9 skew()方法倾斜示意图

下面通过一个案例来演示 skew()方法的使用,如例 9-6 所示。

例 9-6　example06.html

```
1   <!doctype html>
2   <html>
3   <head>
4   <meta charset="utf-8">
5   <title>skew()方法</title>
6   <style type="text/css">
7   div{
8       width:100px;
9       height:50px;
10      background-color:#FF0;
11      border:1px solid black;
12  }
13  #div2{
14      transform:skew(30deg,10deg);
15      -ms-transform:skew(30deg,10deg);       /* IE9 浏览器兼容代码 */
16      -webkit-transform:skew(30deg,10deg);   /*Safari and Chrome 浏览
器兼容代码*/
17      -moz-transform:skew(30deg,10deg);      /*Firefox浏览器兼容代码*/
18      -o-transform:skew(30deg,10deg);        /*Opera 浏览器兼容代码*/
19  }
20  </style>
21  </head>
22  <body>
23  <div>我是原来的元素</div>
24  <div id="div2">我是倾斜后的元素</div>
25  </body>
26  </html>
```

在例 9-6 中，使用<div>标记定义了两个样式相同的盒子。并且，通过 skew()方法将第二个<div>元素沿 X 轴倾斜 30°，沿 Y 轴倾斜 10°。

运行例 9-6，效果如图 9-10 所示。

4.旋转

rotate()方法能够旋转指定的元素对象，主要在二维空间内进行操作。该方法中的参数允许传入负值，这时元素将逆时针旋转。其基本语法格式如下。

```
transform:rotate(angle);
```

在上述语法中，参数 angle 表示要旋转的角度值。如果角度为正数值，则按照顺时针进行旋转，否则，按照逆时针旋转，rotate()方法旋转示意图如图 9-11 所示。其中，实线表示旋转前的元素，虚线表示旋转后的元素。

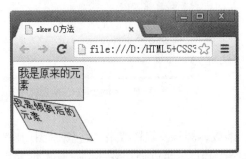

图 9-10 skew()方法实现倾斜效果

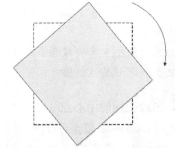

图 9-11 rotate()方法旋转示意图

下面通过一个案例来演示 rotate()方法的使用，如例 9-7 所示。

例 9-7   example07.html

```
1   <!doctype html>
2   <html>
3   <head>
4   <meta charset="utf-8">
5   <title>rotate（）方法</title>
6   <style type="text/css">
7   div{
8      width:100px;
9      height:50px;
10     background-color:#FF0;
11     border:1px solid black;
12  }
13  #div2{
14     transform:rotate(30deg);
15     -ms-transform:rotate(30deg);          /* IE9 浏览器兼容代码 */
16     -webkit-transform:rotate(30deg);/*Safari and Chrome 浏览器兼容代码*/
17     -moz-transform:rotate(30deg);         /*Firefox 浏览器兼容代码*/
18     -o-transform:rotate(30deg);           /*Opera 浏览器兼容代码*/
19  }
```

```
20    </style>
21   </head>
22   <body>
23   <div>我是元素原来的位置</div>
24   <div id="div2">我是元素旋转后的位置</div>
25   </body>
26   </html>
```

在例9-7中，使用<div>标记定义两个样式相同的盒子。并且，通过rotate()方法将第二个<div>元素沿顺时针方向旋转30°。

运行例9-7，效果如图9-12所示。

注意：

如果一个元素需要设置多种变形效果，可以使用空格把多个变形属性值隔开。

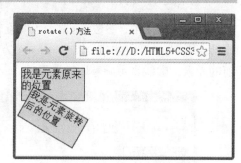

图9-12 rotate()方法实现旋转效果

5.更改变换的中心点

通过transform属性可以实现元素的平移、缩放、倾斜及旋转效果，这些变形操作都是以元素的中心点为基准进行的，如果需要改变这个中心点，可以使用transform-origin属性，其基本语法格式如下。

```
transform-origin: x-axis y-axis z-axis;
```

在上述语法中，transform-origin属性包含三个参数，其默认值分别为50% 50% 0，各参数的具体含义如表9-3所示。

表9-3 transform-origin 参数说明

参数	描述
x-axis	定义视图被置于X轴的何处。可能的值有： ● left ● center ● right ● length ● %
y-axis	定义视图被置于Y轴的何处。可能的值有： ● top ● center ● bottom ● length ● %
z-axis	定义视图被置于Z轴的何处。可能的值有： ● length

下面通过一个案例来演示 transform-origin 属性的使用，如例 9-8 所示。

例 9-8　example08.html

```
1   <!doctype html>
2   <html>
3   <head>
4   <meta charset="utf-8">
5   <title>transform-origin 属性</title>
6   <style>
7   #div1{
8       position:relative;
9       width: 200px;
10      height: 200px;
11      margin: 100px auto;
12      padding:10px;
13      border: 1px solid black;
14  }
15  #box02{
16      padding:20px;
17      position:absolute;
18      border:1px solid black;
19      background-color: red;
20      transform:rotate(45deg);           /*旋转 45°*/
21      -webkit-transform:rotate(45deg);/*Safari and Chrome 浏览器兼容代码*/
22      -ms-transform:rotate(45deg);    /*IE9 浏览器兼容代码 */
23      transform-origin:20% 40%;        /*更改原点坐标的位置*/
24      -webkit-transform-origin:20% 40%;/*Safari and Chrome 浏览器兼容代码*/
25      -ms-transform-origin:20% 40%;  /*IE9 浏览器兼容代码 */
26  }
27  #box03{
28      padding:20px;
29      position:absolute;
30      border:1px solid black;
31      background-color:#FF0;
32      transform:rotate(45deg);           /*旋转 45°*/
33      -webkit-transform:rotate(45deg);/*Safari and Chrome 浏览器兼容代码*/
34      -ms-transform:rotate(45deg);    /*IE9 浏览器兼容代码 */
35  }
36  </style>
37  </head>
38  <body>
```

```
39    <div id="div1">
40        <div id="box02">更改原点坐标位置</div>
41        <div id="box03">原来元素坐标位置</div>
42    </div>
43  </body>
44  </html>
```

在例 9-8 中,通过 transform 的 rotate()方法将 box02、box03 盒子分别旋转 45°。然后,通过 transform-origin 属性来更改 box02 盒子原点坐标的位置。

运行例 9-8,效果如图 9-13 所示。

图 9-13　transform-origin 属性的使用

通过图 9-13 可以看出,box02、box03 盒子的位置产生了错位。两个盒子的初始位置相同,旋转角度相同,发生错位的原因是 transform-origin 属性改变了 box02 盒子的旋转中心点。

9.2.3　3D 转换

在上一节中,我们已经学习了 2D 转换,主要包括如何让元素在平面上进行顺时针或逆时针旋转。其实,在 3D 变形中可以让元素围绕 X 轴、Y 轴、Z 轴进行旋转,下面将针对 CSS3 中的 rotateX()、rotateY()函数进行具体讲解。

1. rotateX()方法

rotateX()函数用于指定元素围绕 X 轴旋转,其基本语法格式如下。

```
transform:rotateX(a);
```

在上述语法格式中,参数 a 用于定义旋转的角度值,单位为 deg,其值可以是正数也可以是负数。如果值为正,元素将围绕 X 轴顺时针旋转;反之,如果值为负,元素围绕 X 轴逆时针旋转。

下面,通过一个案例来演示 rotateX()函数的使用,如例 9-9 所示。

例 9-9　example09.html

```
1   <!doctype html>
2   <html>
```

```
3    <head>
4    <meta charset="utf-8">
5    <title>rotateX()方法</title>
6    <style type="text/css">
7    div{
8        width:100px;
9        height:50px;
10       background-color:#FF0;
11       border:1px solid black;
12   }
13   #div2{
14       transform:rotateX(45deg);            /*元素围绕X轴旋转*/
15       -ms-transform:rotateX(45deg);         /* IE9 浏览器兼容代码 */
16       -webkit-transform:rotateX(45deg);  /* Safari and Chrome 浏览器兼容代码 */
17       -moz-transform:rotateX(45deg);        /* Firefox 览器兼容代码*/
18       -o-transform:rotateX(45deg);          /* Opera 浏览器兼容代码*/
19   }
20   </style>
21   </head>
22   <body>
23   <div>元素原来的位置</div>
24   <div id="div2">元素旋转后的位置</div>
25   </body>
26   </html>
```

运行例9-9，元素将围绕X轴顺时针旋转45°，效果如图9-14所示。

2. rotateY() 方法

rotateY()函数指定一个元素围绕Y轴旋转，其基本语法格式如下。

```
transform:rotateY(a);
```

在上述语法中，参数a与rotateX(a)中的a含义相同，用于定义旋转的角度。如果值为正，元素围绕Y轴顺时针旋转；反之，如果值为负，元素围绕Y轴逆时针旋转。

接下来，在例9-9的基础上演示元素围绕Y轴旋转的效果。将例9-9中的第14~18行代码更改为：

```
transform:rotateY(45deg);            /*元素围绕Y轴旋转*/
-ms-transform:rotateY(45deg);         /* IE9 浏览器兼容代码 */
-webkit-transform:rotateY(45deg);  /* Safari and Chrome浏览器兼容代码 */
-moz-transform:rotateY(45deg);        /* Firefox 览器兼容代码*/
-o-transform:rotateY(45deg);          /* Opera 浏览器兼容代码*/
```

此时，刷新浏览器页面，元素将围绕Y轴顺时针旋转45°，效果如图9-15所示。

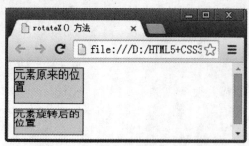
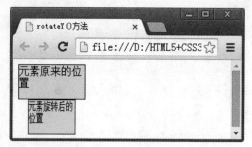

图 9-14　元素围绕 X 轴顺时针旋转　　　　图 9-15　元素围绕 Y 轴顺时针旋转

注意：

rotateZ()函数和 rotateX()函数、rotateY()函数功能一样，区别在于 rotateZ()函数用于指定一个元素围绕 Z 轴旋转。如果仅从视觉角度上看，rotateZ()函数让元素顺时针或逆时针旋转，与 rotate()效果等同，但它不是在 2D 平面上的旋转。

3. rotate3D() 方法

在三维空间里，除了 rotateX()、rotateY()和 rotateZ()函数可以让元素在三维空间中旋转之外，还有一个 rotate3d()函数。在 3D 空间，三个维度也就是三个坐标，即长、宽、高。轴的旋转是围绕一个[x,y,z]向量并经过元素原点。其基本语法如下。

```
rotate3d(x,y,z,angle);
```

在上述语法格式中，各参数属性值的取值说明如下。

- x：代表横向坐标位移向量的长度。
- y：代表纵向坐标位移向量的长度。
- z：代表 Z 轴位移向量的长度。此值不能是一个百分比值，否则将会视为无效值。
- angle：角度值，主要用来指定元素在 3D 空间旋转的角度，如果其值为正，元素顺时针旋转，反之元素逆时针旋转。

需要说明的是，在 CSS3 中包含很多转换的属性，通过这些属性可以设置不同的转换效果，具体属性如表 9-4 所示。

表 9-4　转换的属性

属性名称	描述
transform	向元素应用 2D 或 3D 转换
transform-origin	允许改变被转换元素的位置
transform-style	规定被嵌套元素如何在 3D 空间中显示
perspective	规定 3D 元素的透视效果
perspective-origin	规定 3D 元素的底部位置
backface-visibility	定义元素在不面对屏幕时是否可见

另外，CSS3 中还包含很多转换的方法，运用这些方法可以实现不同的转换效果，具体方法如表 9-5 所示。

表 9-5 转换的方法

方法名称	描述
matrix3d(n,n,n,n,n,n,n,n,n,n,n,n,n,n,n,n)	定义 3D 转换，使用 16 个值的 4×4 矩阵
translate3d(x,y,z)	定义 3D 转换
translateX(x)	定义 3D 转换，仅使用用于 X 轴的值
translateY(y)	定义 3D 转换，仅使用用于 Y 轴的值
translateZ(z)	定义 3D 转换，仅使用用于 Z 轴的值
scale3d(x,y,z)	定义 3D 缩放转换
scaleX(x)	定义 3D 缩放转换，通过给定一个 X 轴的值
scaleY(y)	定义 3D 缩放转换，通过给定一个 Y 轴的值
scaleZ(z)	定义 3D 缩放转换，通过给定一个 Z 轴的值
rotate3d(x,y,z,angle)	定义 3D 旋转
rotateX(angle)	定义沿 X 轴的 3D 旋转
rotateY(angle)	定义沿 Y 轴的 3D 旋转
rotateZ(angle)	定义沿 Z 轴的 3D 旋转
perspective(n)	定义 3D 转换元素的透视视图

下面，通过一个案例演示转换的属性和方法的使用，如例 9-10 所示。

例 9-10   example10.html

```
1   <!doctype html>
2   <html>
3   <head>
4   <meta charset="utf-8">
5   <title>translate3D () 方法</title>
6   <style type="text/css">
7   div{
8      width: 200px;
9      height: 200px;
10     margin: 50px auto;
11     border: 5px solid #000;
12     position: relative;
13     perspective:50000px;              /*规定 3D 元素的透视效果*/
14     -ms-perspective:50000px;          /* IE9 浏览器兼容代码 */
15     -webkit-perspective::50000px;/* Safari and Chrome 浏览器兼容代码 */
16     -moz-perspective::50000px;        /* Firefox 浏览器兼容代码*/
17     -o-perspective::50000px;          /*Opera 浏览器兼容代码*/
18     transform-style:preserve-3d;  /*规定被嵌套元素如何在 3D 空间中显示*/
19     -ms-transform-style:preserve-3d;  /* IE9 浏览器兼容代码 */
20     -webkit-transform-style:preserve-3d; /* Safari and Chrome 浏览器兼容代码 */
21     -moz-transform-style:preserve-3d;  /* Firefox 浏览器兼容代码*/
22     -o-transform-style:preserve-3d;    /*Opera 浏览器兼容代码*/
```

```css
23      transition:all 1s ease 0s;              /*设置过渡效果*/
24      -webkit-transition:all 1s ease 0s;  /*Safari and Chrome 浏览器兼容代码*/
25      -moz-transition:all 1s ease 0s;     /*Firefox 浏览器兼容代码*/
26      -o-transition:all 1s ease 0s;       /*Opera 浏览器兼容代码*/
27  }
28  div:hover{
29      transform:rotateX(-90deg);              /* 设置旋转角度*/
30      -ms-transform:rotateX(-90deg);          /* IE9 浏览器兼容代码 */
31      -webkit-transform:rotateX(-90deg);  /* Safari and Chrome 浏览器兼容代码 */
32      -moz-transform:rotateX(-90deg);         /* Firefox 浏览器兼容代码*/
33      -o-transform:rotateX(-90deg);           /*Opera 浏览器兼容代码*/
34  }
35  div img{
36      position: absolute;
37      top: 0;
38      left: 0;
39  }
40  div img.no1{
41      transform:translateZ(100px);            /* 设置旋转轴*/
42      -ms-transform:rotateZ(100px);           /* IE9 浏览器兼容代码 */
43      -webkit-transform:rotateZ(100px); /* Safari and Chrome 浏览器兼容代码 */
44      -moz-transform:rotateZ(100px);          /* Firefox 浏览器兼容代码*/
45      -o-transform:rotateZ(100px);            /*Opera 浏览器兼容代码*/
46      z-index: 2;
47  }
48  div img.no2{
49      transform:rotateX(90deg) translateZ(100px);       /* 设置旋转轴和旋转角度*/
50      -ms-transform:rotateX(90deg) translateZ(100px); /*IE9浏览器兼容代码 */
51      -webkit-transform:rotateX(90deg) translateZ(100px);   /* Safari and Chrome 浏览器兼容代码 */
52      -moz-transform:rotateX(90deg) translateZ(100px); /* Firefox 浏览器兼容代码*/
53      -o-transform:rotateX(90deg) translateZ(100px);   /*Opera 浏览器兼容代码*/
54  }
55  </style>
56  </head>
57  <body>
58  <div>
59      <img class="no1" src="images/1.png" alt="1">
60      <img class="no2" src="images/2.png" alt="2">
```

```
61    </div>
62  </body>
63  </html>
```

在例 9-10 中，通过 perspective 属性规定 3D 元素的透视效果，transform-style 属性规定元素在 3D 空间中的显示方式，并且分别针对<div>和<img>设置不同的旋转轴和旋转角度。

运行例 9-10，默认效果如图 9-16 所示。鼠标移上时，<div>将沿着 X 轴逆时针旋转 90°，旋转后的效果如图 9-17 所示。

图 9-16 元素默认效果

图 9-17 元素沿 X 轴逆时针旋转 90°效果

9.3 动画

CSS3 除了支持渐变、过渡和转换特效外，还可以实现强大的动画效果。在 CSS3 中，使用 animation 属性可以定义复杂的动画。本节将对动画中的@keyframes 关键帧以及 animation 相关属性进行详细讲解。

9.3.1 @keyframes

使用动画之前必须先定义关键帧，一个关键帧表示动画过程中的一个状态。在 CSS3 中，@keyframes 规则用于创建动画。在@keyframes 中规定某项 CSS 样式，就能创建由当前样式逐渐变为新样式的动画效果。@keyframes 属性的语法格式如下。

```
@keyframes animationname {
        keyframes-selector{css-styles;}
}
```

在上面的语法格式中，@keyframes 属性包含的参数具体含义如下。

- animationname：表示当前动画的名称，它将作为引用时的唯一标识，因此不能为空。
- keyframes-selector：关键帧选择器，即指定当前关键帧要应用到整个动画过程中的位置，值可以是一个百分比、from 或者 to。其中，from 和 0%效果相同表示动画的开始，to 和 100%效果相同表示动画的结束。
- css-styles：定义执行到当前关键帧时对应的动画状态，由 CSS 样式属性进行定义，多个属性之间用分号分隔，不能为空。

例如，使用@keyframes 属性可以定义一个淡入动画，示例代码如下。

```
@keyframes 'appear'
{
    0%{opacity:0;}        /*动画开始时的状态，完全透明*/
    100%{opacity:1;}      /*动画结束时的状态，完全不透明*/
}
```

上述代码创建了一个名为 apper 的动画，该动画在开始时 opacity 为 0（透明），动画结束时 opacity 为 1（不透明）。该动画效果还可以使用等效代码来实现，具体如下。

```
@keyframes 'appear'
{
    from{opacity:0;}      /*动画开始时的状态，完全透明*/
    to{opacity:1;}        /*动画结束时的状态，完全不透明*/
}
```

另外，如果需要创建一个淡入淡出的动画效果，可以通过如下代码实现，具体如下。

```
@keyframes 'appeardisappear'
{
    from,to{opacity:0;}   /*动画开始和结束时的状态，完全透明*/
    20%,80%{opacity:1;}   /*动画的中间状态，完全不透明*/
}
```

在上述代码中，为了实现淡入淡出的效果，需要定义动画开始和结束时元素不可见，然后渐渐淡出，在动画的 20%处变得可见，然后动画效果持续到 80%处，再慢慢淡出。

注意：

Internet Explorer 9，以及更早的版本，不支持@keyframe 规则或 animation 属性。Internet Explorer 10、Firefox 以及 Opera 支持@keyframes 规则和 animation 属性。

9.3.2 animation-name 属性

animation-name 属性用于定义要应用的动画名称，为@keyframes 动画规定名称。其基本语法格式如下。

```
animation-name: keyframename | none;
```

在上述语法中，animation-name 属性初始值为 none，适用于所有块元素和行内元素。keyframename 参数用于规定需要绑定到选择器的 keyframe 的名称，如果值为 none，则表示不应用任何动画，通常用于覆盖或者取消动画。

9.3.3 animation-duration 属性

animation-duration 属性用于定义整个动画效果完成所需要的时间，以秒或毫秒计，其基本语法格式如下。

```
animation-duration: time;
```

在上述语法中，animation-duration 属性初始值为 0，适用于所有块元素和行内元素。time 参数是以秒（s）或者毫秒（ms）为单位的时间，默认值为 0，表示没有任何动画效果。当值为负数时，则被视为 0。

下面通过一个案例来演示 animation-name 及 animation-duration 属性的用法，如例 9-11 所示。

例 9-11　example11.html

```
1   <!doctype html>
2   <html>
3   <head>
4   <meta charset="utf-8">
5   <title>animation-duration 属性</title>
6   <style type="text/css">
7   div{
8       width:100px;
9       height:100px;
10      background:red;
11      position:relative;
12      animation-name:mymove;            /*定义动画名称*/
13      animation-duration:5s;            /*定义动画时间*/
14      -webkit-animation-name:mymove;    /* Safari and Chrome 浏览器兼容代码 */
15      -webkit-animation-duration:5s;
16      }
17  @keyframes mymove{
18      from {left:0px;}
19      to {left:200px;}
20      }
21  @-webkit-keyframes mymove{            /* Safari and Chrome 浏览器兼容代码*/
22      from {left:0px;}                  /*动画开始和结束时的状态*/
23      to {left:200px;}                  /*动画中间时的状态*/
24  }
25  </style>
26  </head>
27  <body>
28  <div></div>
29  </body>
30  </html>
```

在例 9-11 中，分别使用 animation-name 属性定义要应用的动画名称，使用 animation-duration 属性定义整个动画效果完成所需要的时间。另外，使用 form 和 to 函数指定当前关键帧要应用动画过程中的位置。

运行例 9-11，动画开始时的效果如图 9-18 所示。首先，元素以低速开始，然后加快向右移动，当接近距离左边 200 像素的位置时速度减慢，直至移动到最右端，效果如图 9-19 所示。最后，元素迅速回到动画开始时的位置，效果如图 9-18 所示。

图 9-18 动画开始和结束时的状态

图 9-19 动画中间状态向右移动

9.3.4 animation-timing-function 属性

animation-timing-function 用来规定动画的速度曲线，可以定义使用哪种方式来执行动画效果。animation-timing-function 属性的语法格式为：

```
animation-timing-function:value;
```

在上述语法中，animation-timing-function 的默认属性值为 ease，适用于所有的块元素和行内元素。另外，animation-timing-function 还包括 linear、ease-in、ease-out、ease-in-out、cubic-bezier(n,n,n,n) 等常用属性值，具体如表 9-6 所示。

表 9-6 animation-timing-function 的常用属性值

属性值	描述
linear	动画从头到尾的速度是相同的
ease	默认。动画以低速开始，然后加快，在结束前变慢
ease-in	动画以低速开始
ease-out	动画以低速结束
ease-in-out	动画以低速开始和结束
cubic-bezier(n,n,n,n)	在 cubic-bezier 函数中自己的值。可能的值是从 0 到 1 的数值

下面在例 9-11 的基础上进行演示 animation-timing-function 属性的用法，如例 9-12 所示。

例 9-12 example12.html

```
1  <!doctype html>
2  <html>
3  <head>
4  <meta charset="utf-8">
5  <title>animation-timing-function 属性</title>
6  <style type="text/css">
7  div{
```

```
8        width:100px;
9        height:100px;
10       background:red;
11       position:relative;
12       animation-name:mymove;                    /*定义动画名称*/
13       animation-duration:5s;                    /*定义动画时间*/
14       animation-timing-function:linear;         /*定义动画速度曲线*/
15       /* Safari and Chrome 浏览器兼容代码 */
16       -webkit-animation-name:mymove;
17       -webkit-animation-duration:5s;
18       -webkit-animation-timing-function:linear;
19       }
20       @keyframes mymove{
21          from {left:0px;}
22          to {left:200px;}
23          }
24       @-webkit-keyframes mymove{     /* Safari and Chrome 浏览器兼容代码*/
25          from {left:0px;}            /*动画开始和结束时的状态*/
26          to {left:200px;}            /*动画中间时的状态*/
27       }
28       </style>
29       </head>
30       <body>
31       <div></div>
32       </body>
33       </html>
```

在例 9-12 中，分别使用 animation-name 属性定义要应用的动画名称，使用 animation-duration 属性定义整个动画效果需要 5 秒时间，使用 animation-timing-function 属性规定动画从头到尾的速度相同。

运行例 9-12，动画开始时的效果如图 9-20 所示，元素匀速向右移动，直至移动到距离左边 200 像素的位置，效果如图 9-21 所示。然后，元素迅速回到动画开始时的位置，效果如图 9-20 所示。

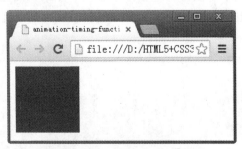

图 9-20　动画开始和结束时的状态

图 9-21　动画中间状态匀速向右移动

9.3.5 animation-delay 属性

animation-delay 属性用于定义执行动画效果之前延迟的时间，即规定动画什么时候开始。其基本语法格式为。

```
animation-delay:time;
```

在上述语法中，参数 time 用于定义动画开始前等待的时间，其单位是 s 或者 ms，默认属性值为 0。animation-delay 属性适用于所有的块元素和行内元素。

下面，在例 9-12 的基础上进行演示 animation-delay 属性的使用，在 CSS 中添加如下代码。

```
animation-delay:2s;
-webkit-animation-delay:2s;
```

此时，刷新浏览器页面，动画开始前将会延迟 2s 的时间，然后才开始执行动画。

9.3.6 animation-iteration-count 属性

animation-iteration-count 属性用于定义动画的播放次数，其基本语法如下。

```
animation-iteration-count: number | infinite;
```

在上述语法格式中，animation-iteration-count 属性初始值为 1，适用于所有的块元素和行内元素。如果属性值为 number，则用于定义播放动画的次数；如果是 infinite，则指定动画循环播放。

下面，继续在例 9-12 的基础上进行演示，在 CSS 中添加如下代码。

```
animation-iteration-count:3;
-webkit-animation-iteration-count:3;
```

在上面的代码中，使用 animation-iteration-count 属性定义动画效果需要播放 3 次。此时，刷新页面，动画效果将连续播放三次后停止。

9.3.7 animation-direction 属性

animation-direction 属性定义当前动画播放的方向，即动画播放完成后是否逆向交替循环。其基本语法如下。

```
animation-direction: normal | alternate;
```

在上述语法格式中，animation-direction 属性初始值为 normal，适用于所有的块元素和行内元素。该属性包括两个值，默认值 normal 表示动画每次都会正常显示。如果属性值是 "alternate"，则动画会在奇数次数（1、3、5 等）正常播放，而在偶数次数（2、4、6 等）逆向播放。

下面通过一个案例来演示 animation-direction 属性的用法，如例 9-13 所示。

例 9-13　example13.html

```
1    <!doctype html>
2    <html>
3    <head>
```

```
4   <meta charset="utf-8">
5   <title>animation-direction 属性</title>
6   <style type="text/css">
7   div{
8       width:100px;
9       height:100px;
10      background:red;
11      position:relative;
12      animation-name:mymove;                      /*定义动画名称*/
13      animation-duration:5s;                      /*定义动画时间*/
14      animation-timing-function:linear;           /*定义动画速度曲线*/
15      animation-delay:2s;                         /*定义动延迟时间*/
16      animation-iteration-count:3;                /*定义动画的播放次数*/
17      animation-direction:alternate;              /*定义动画播放的方向*/
18      /* Safari and Chrome 浏览器兼容代码 */
19      -webkit-animation-name:mymove;
20      -webkit-animation-duration:5s;
21      -webkit-animation-timing-function:linear;
22      -webkit-animation-delay:2s;
23      -webkit-animation-iteration-count:3;
24      -webkit-animation-direction:alternate;
25      }
26  @keyframes mymove{
27      from {left:0px;}
28      to {left:200px;}
29      }
30  @-webkit-keyframes mymove{          /* Safari and Chrome 浏览器兼容代码*/
31      from {left:0px;}                /*动画开始和结束时的状态*/
32      to {left:200px;}                /*动画中间时的状态*/
33  }
34  </style>
35  </head>
36  <body>
37  <div></div>
38  </body>
39  </html>
```

在例 9-13 中，设置 animation-direction 属性的属性值是"alternate"，则动画会在奇数次数正常播放，而在偶数次数逆向播放。

运行例 9-13，动画会在奇数次数正常播放，如图 9-22 所示。而在偶数次数逆向播放，如图 9-23 所示。

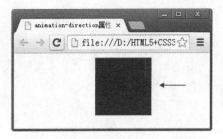

图 9-22　动画在奇数次数正常播放　　　　图 9-23　动画在偶数次数逆向播放

9.3.8　animation 属性

与 transition 属性一样，animation 属性也是一个简写属性，用于在一个属性中设置 animation-name、animation-duration、animation-timing-function、animation-delay、animation-iteration-count 和 animation-direction 六个动画属性。其基本语法格式如下。

```
animation: animation-name animation-duration animation-timing-function animation-delay animation-iteration-count animation-direction;
```

在上述语法中，使用 animation 属性时必须指定 animation-name 和 animation-duration 属性，否则持续的时间为 0，并且永远不会播放动画。

使用 animation 属性可以将例 9-13 中的第 12～17 行代码进行简写，具体如下。

```
animation: mymove 5s linear 2s 3 alternate;
```

9.4　阶段案例——制作工作日天气预报

本章前几节重点讲解了 CSS3 中的高级应用，包括过渡、变形及动画等。为了使读者更好地理解这些应用，并能够熟练运用相关属性实现元素的过渡、平移、缩放、倾斜、旋转及动画等特效，本节将通过案例的形式分步骤地制作工作日天气预报的主题页面，其默认效果如图 9-24 所示。

图 9-24　工作日天气预报效果图

当鼠标移动到网页中的圆形天气图标时，图标中的图片将会变亮，效果如图 9-25 所示。

图 9-25　鼠标移上时图标变亮

当鼠标单击网页中的天气图标时，网页中的背景图片将发生改变，且切换背景图片时会产生不同的动画效果。图 9-26 所示即为单击"周四冬日盼春来"图标时的网页效果。

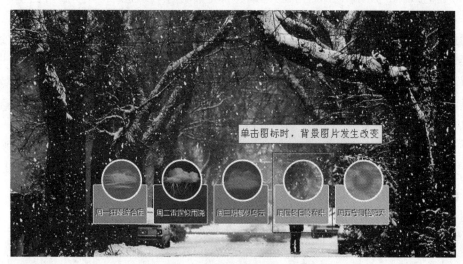

图 9-26　单击图标时背景图片发生改变

9.4.1　分析效果图

1. 结构分析

观察效果图 9-24 不难看出，整个页面可以分为背景图片和天气图标两部分，这两部分内容均嵌套在<section>标记内部，其中背景图片模块由<img>标记定义。天气图标模块整体上由无序列表<ul>布局，并由<li>标记嵌套<a>标记构成，每个<a>标记代表天气图标中的圆角矩形模块。效果图 9-24 对应的结构如图 9-27 所示。

2. 样式分析

控制效果图 9-24 的样式比较复杂，主要分为 6 个部分，具体如下。

（1）整体控制背景图片的样式，需要对其设置宽高 100%，固定定位、层叠性最低。

（2）整体控制<ul>元素，需要设置宽度 100%，绝对定位方式、文字居中及层叠性最高。

（3）控制每个<li>标记的样式，需要转化为行内块元素，并设置宽高、外边距样式。

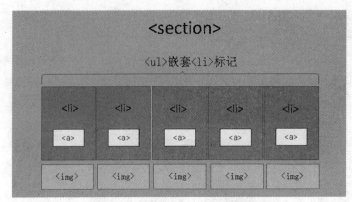

图 9-27　工作日天气预报页面结构图

（4）控制每个<a>标记的样式，需要设置文本及边框样式，并设置为相对定位。另外，需要单独控制每个<a>元素的背景色。

（5）通过:after 伪元素选择器在<a>标记之后插入五张不同的天气图片，设置为圆形图标。同时，使用绝对定位方式控制其位置、层叠性。

（6）通过:before 伪元素选择器为圆形图标添加不透明度并设置鼠标移上时的不透明度为 0。

3. 动画分析

通过案例演示可以看出，第一张背景图片的切换效果为从左向右移动；第二张背景图片的切换效果为从下向上移动；第三张背景图片的切换效果为由小变大展开；第四张背景图片的切换效果为由大变小缩放；第五张背景图片的切换效果为由小变大旋转。具体实现步骤如下。

（1）通过@keyframes 属性分别设置每一个背景图切换时的动画效果。并分别设置元素在 0%和 100%处的动画状态。

（2）通过使用:target 选择器控制 animation 属性来定义背景图切换动画播放的时间和次数。

9.4.2　制作页面结构

根据上面的分析，使用相应的 HTML 标记搭建网页结构，如例 9-14 所示。

例 9-14　example14.html

```
1   <!doctype html>
2   <html>
3   <head>
4   <meta charset="utf-8">
5   <title>工作日天气预报</title>
6   </head>
7   <body>
8   <section>
9     <ul class="slider">
10      <li><a href="#bg1">周一狂躁综合征</a></li>
11      <li><a href="#bg2">周二雷霆似雨浇</a></li>
12      <li><a href="#bg3">周三阴郁似乌云</a></li>
13      <li><a href="#bg4">周四冬日盼春来</a></li>
14      <li><a href="#bg5">周五守得艳阳天</a></li>
```

```
15      </ul>
16      <img src="images/bg1.jpg" alt="周一" class="bg slideLeft" id="bg1" />
17       <img src="images/bg2.jpg" alt="周二" class="bg slideBottom" id="bg2" />
18      <img src="images/bg3.jpg" alt="周三" class="bg zoomIn" id="bg3" />
19      <img src="images/bg4.jpg" alt="周四" class="bg zoomOut" id="bg4" />
20      <img src="images/bg5.jpg" alt="周五" class="bg rotate" id="bg5" />
21   </section>
22   </body>
23   </html>
```

在例 9-14 中，最外层使用<section>标记对页面进行整体控制。另外，分别定义 class 为 slider 的<ul>标记来搭建天气图标模块的结构。同时，通过<li>标记控制每一个具体的天气图标，并嵌套<a>标记来制作天气图标中的圆角矩形模块。此外，分别添加 5 个<img>标记来搭建背景图片的结构。

运行例 9-14，效果如图 9-28 所示。

图 9-28　HTML 页面结构效果

9.4.3　定义 CSS 样式

搭建完页面的结构，接下来为页面添加 CSS 样式。本节采用从整体到局部的方式实现图 9-24 所示的效果，具体如下。

1. 定义基础样式

首先定义页面的全局样式，具体 CSS 代码如下。

```
/*重置浏览器的默认样式*/
body, ul, li, p, h1, h2, h3,img {margin:0; padding:0; border:0;
list-style:none;}
/*全局控制*/
body{font-family:'微软雅黑';}
a:link,a:visited{text-decoration:none;}
```

2. 控制背景图片的样式

制作页面结构时，我们将五个<img>定义为同一个类名 bg 来实现对网页背景图片的统一控制。通过 CSS 样式设置其宽度和高度 100%显示，并设置"min-width"为 1024 像素。另外，设置背景图片依据浏览器窗口来定义自己的显示位置，同时定义层叠性为 1，具体 CSS 代码如下：

```css
img.bg {
  width: 100%;
  height: auto!important;
  min-width: 1024px;
  position: fixed;        /*固定定位*/
  z-index:1;              /*设置 z-index 层叠等级为 1;*/
}
```

3. 整体控制天气图标的大盒子

在制作天气图标之前，首先要整体控制天气图标的大盒子，对大盒子进行绝对定位使其固定在效果图的位置。具体 CSS 代码如下：

```css
.slider {
  position: absolute;
  bottom: 100px;
  width: 100%;
  text-align: center;
  z-index:9999;           /*设置 z-index 层叠等级为 9999;*/
}
```

4. 整体控制每个天气图标的样式

观察效果图 9-24 可以看出，页面上包含五个样式相同的天气图标，分别由五个<li>标记搭建结构。由于五个天气图标在一行内并列显示，需要将<li>标记转为行内块元素并设置宽高属性。另外，为了使各个天气图标间拉开一定的距离，需要设置合适的外边距，具体 CSS 代码如下：

```css
.slider li {
  display: inline-block;   /*将块元素转为行内块元素*/
  width: 170px;
  height: 130px;
  margin-right: 15px;
}
```

5. 绘制天气图标的圆角矩形

每个天气图标由一个圆形图标和一个圆角矩形组成。对于圆角矩形模块，可以将<a>元素转为行内块元素来设置宽度和不同的背景色，并且通过边框属性设置圆角效果。另外，由于每个圆角矩形模块中都包含说明性的文字，需要设置文本样式，并通过 text-shadow 属性设置文字阴影效果。此外，圆形图标需要依据圆角矩形进行定位，所以将圆角矩形设置为相对定位，具体 CSS 代码如下：

```css
.slider a {
  width: 170px;
  font-size:22px;
  color:#fff;
  display:inline-block;    /*将行内元素转为行内块元素*/
  padding-top:70px;
  padding-bottom:20px;
```

```css
    border:2px solid #fff;
    border-radius:5px;      /*设置圆角边框*/
    position:relative;       /*相对定位*/
    cursor:pointer;         /* 光标呈现为指示链接的手型指针*/
    text-shadow:-1px -1px 1px rgba(0, 0, 0, 0.8),-2px -2px 1px rgba(0, 0, 0, 0.3),-3px -3px 1px rgba(0, 0, 0, 0.3);
}
/*分别控制每个天气图标圆角矩形的背景色*/
.slider li:nth-of-type(1) a {background-color:#9d907f;}
.slider li:nth-of-type(2) a {background-color:#19425e;}
.slider li:nth-of-type(3) a {background-color:#58a180;}
.slider li:nth-of-type(4) a {background-color:#a1c64a;}
.slider li:nth-of-type(5) a {background-color: #ffc103;}
```

6. 设置天气图标的圆形图标

对于天气图标的圆形图标，是将天气图片设置为圆角效果形成的，所以需要在结构中插入天气图片。首先，使用 after 伪元素可以在<a>标记之后插入天气图片。然后，通过 CSS3 中的边框属性设置天气图片显示为圆形。最后，设置圆形天气图标相对于圆角矩形模块绝对定位，具体 CSS 代码如下。

```css
/* 设置 after 伪元素选择器的样式*/
.slider a::after {
    content:"";
    display: block;
    height: 120px;
    width: 120px;
    border: 5px solid #fff;
    border-radius: 50%;
    position: absolute;      /*相对与<a>元素绝对定位*/
    left: 50%;
    top: -80px;
    z-index: 9999;          /*设置 z-index 层叠等级为 9999;*/
    margin-left: -60px;
}
/* 使用 after 伪元素在<a>标记之后插入内容*/
.slider li:nth-of-type(1) a::after {
    background:url(images/sbg1.jpg) no-repeat center;
}
.slider li:nth-of-type(2) a::after {
    background:url(images/sbg2.jpg) no-repeat center;
}
.slider li:nth-of-type(3) a::after {
    background:url(images/sbg3.jpg) no-repeat center;
}
.slider li:nth-of-type(4) a::after {
    background:url(images/bg4.jpg) no-repeat center;
```

```
}
.slider li:nth-of-type(5) a::after {
  background:url(images/sbg5.jpg) no-repeat center;
}
```

7.设置圆形天气图标鼠标移上状态

当鼠标移上网页中的天气图标时，天气图标中的图片将会变亮，需要使用 before 伪元素在<a>标记之前插入一个和圆形天气图标大小、位置相同的盒子，并且设置其背景的不透明度为 0.3。当鼠标移上时，将其不透明度设置为 0，以实现图片变亮的效果，具体 CSS 代码如下。

```
/*设置 before 伪元素选择器的样式*/
.slider a::before {
  content:"";
  display: block;
  height: 120px;
  width: 120px;
  border: 5px solid #fff;
  border-radius: 50%;
  position: absolute;     /*相对与<a>元素绝对定位*/
  left: 50%;
  top: -80px;
  margin-left: -60px;
  z-index: 9999;          /*设置 z-index 层叠等级为 9999;*/
  background: rgba(0,0,0,0.3);
}
/*设置鼠标移上时 before 伪元素的样式*/
.slider a:hover::before {opacity:0;}
```

至此，我们完成了效果图 9-24 所示的工作日天气预报页面的 CSS 样式部分，将该样式应用于网页后，效果如图 9-29 所示。当鼠标移上网页中的圆形天气图标时，天气图标中的图片将会变亮。

图 9-29 工作日天气预报效果

9.4.4 制作 CSS3 动画

本节分步骤来实现效果图 9-24 中所示的各个背景图切换的动画效果，继续在 CSS 样式中添加代码，具体如下。

1. 设置第一个背景图切换的动画效果

通过案例演示可以看出，第一个背景图片切换效果为从左向右移动，可以通过@keyframes 属性设置元素在 0%和 100%处的 left 属性值，指定当前关键帧在应用动画过程中的位置。另外，使用:target 选择器控制 animation 属性定义单击链接时执行 1s 播放完成 1 次切换动画。同时，设置其 z-index 层叠性为 100，具体代码如下。

```css
@keyframes 'slideLeft' {
  0% { left: -500px; }
  100% { left: 0; }
}
@-webkit-keyframes 'slideLeft' {
  0% { left: -500px; }
  100% { left: 0; }
}
@-moz-keyframes 'slideLeft' {
  0% { left: -500px; }
  100% { left: 0; }
}
@-o-keyframes 'slideLeft' {
  0% { left: -500px; }
  100% { left: 0; }
}
@-ms-keyframes 'slideLeft' {
  0% { left: -500px; }
  100% { left: 0; }
}
/*当单击链接时，为所链接到的内容指定样式*/
.slideLeft:target {
  z-index: 100;
  animation: slideLeft 1s 1;
  -webkit-animation: slideLeft 1s 1;
  -moz-animation: slideLeft 1s 1;
  -ms-animation: slideLeft 1s 1;
  -o-animation: slideLeft 1s 1;
}
```

2. 设置第二个背景图切换的动画效果

第二个背景图片切换效果为从下向上移动，可以通过@keyframes 属性设置元素在 0%和

100%处的 top 属性值，指定当前关键帧在应用动画过程中的位置。另外，使用 :target 选择器控制 animation 属性来定义单击链接时切换动画播放的时间和次数，具体代码如下。

```css
@keyframes 'slideBottom' {
    0% { top: 350px; }
    100% { top: 0; }
}
@-webkit-keyframes 'slideBottom' {
    0% { top: 350px; }
    100% { top: 0; }
}
@-moz-keyframes 'slideBottom' {
    0% { top: 350px; }
    100% { top: 0; }
}
@-ms-keyframes 'slideBottom' {
    0% { top: 350px; }
    100% { top: 0; }
}
@-o-keyframes 'slideBottom' {
    0% { top: 350px; }
    100% { top: 0; }
}
/*当单击链接时，为所链接到的内容指定样式*/
.slideBottom:target {
    z-index: 100;                              /*设置 z-index 层叠等级 100;*/
    animation: slideBottom 1s 1;               /*定义动画播放时间和次数*/
    -webkit-animation: slideBottom 1s 1;
    -moz-animation: slideBottom 1s 1;
    -ms-animation: slideBottom 1s 1;
    -o-animation: slideBottom 1s 1;
}
```

3. 设置第三个背景图切换的动画效果

第三个背景图片切换效果为由小变大展开，需要通过 @keyframes 属性设置元素在 0%处的动画状态为元素缩小为 10%；100%处的动画状态为元素正常显示。并且，使用 animation 属性来定义单击链接时切换动画播放的时间和次数，具体代码如下。

```css
@keyframes 'zoomIn' {
    0% { -webkit-transform: scale(0.1); }
    100% { -webkit-transform: none; }
}
@-webkit-keyframes 'zoomIn' {
```

```css
   0% { -webkit-transform: scale(0.1); }
   100% { -webkit-transform: none; }
}
@-moz-keyframes 'zoomIn' {
   0% { -moz-transform: scale(0.1); }
   100% { -moz-transform: none; }
}
@-ms-keyframes 'zoomIn' {
   0% { -ms-transform: scale(0.1); }
   100% { -ms-transform: none; }
}
@-o-keyframes 'zoomIn' {
   0% { -o-transform: scale(0.1); }
   100% { -o-transform: none; }
}
.zoomIn:target {            /*当单击链接时，为所链接到的内容指定样式*/
   z-index: 100;            /*设置 z-index 层叠等级为 100;*/
   animation: zoomIn 1s 1;
   -webkit-animation: zoomIn 1s 1;
   -moz-animation: zoomIn 1s 1;
   -ms-animation: zoomIn 1s 1;
   -o-animation: zoomIn 1s 1;
   }
```

4. 设置第四个背景图切换的动画效果

第四个背景图片切换效果为由大变小缩放，需要通过@keyframes 属性设置元素在 0%处的动画状态为元素放大两倍，100%处的动画状态为元素正常显示，具体代码如下。

```css
@keyframes 'zoomOut' {
   0% { -webkit-transform: scale(2); }
   100% { -webkit-transform: none; }
}
@-webkit-keyframes 'zoomOut' {
   0% { -webkit-transform: scale(2); }
   100% { -webkit-transform: none; }
}
@-moz-keyframes 'zoomOut' {
   0% { -moz-transform: scale(2); }
   100% { -moz-transform: none; }
}
@-ms-keyframes 'zoomOut' {
   0% { -ms-transform: scale(2); }
```

```
    100% { -ms-transform: none; }
}
@-o-keyframes 'zoomOut' {
    0% { -o-transform: scale(2); }
    100% { -o-transform: none; }
}
.zoomOut:target {            /*当单击链接时，为所链接到的内容指定样式*/
    z-index: 100;            /*设置 z-index 层叠等级 100;*/
    animation: zoomOut 1s 1;
    -webkit-animation: zoomOut 1s 1;
    -moz-animation: zoomOut 1s 1;
    -ms-animation: zoomOut 1s 1;
    -o-animation: zoomOut 1s 1;
}
```

5. 设置第五个背景图切换的动画效果

第五个背景图片切换效果为由小变大旋转。通过@keyframes 属性设置元素在 0%处的动画状态为逆时针旋转 360°，元素缩小为 10%；100%处的动画状态为元素正常显示。并且，使用 animation 属性定义单击链接时 1s 播放完成 1 次切换动画，具体代码如下。

```
@keyframes 'rotate' {
    0% { -webkit-transform: rotate(-360deg) scale(0.1); }
    100% { -webkit-transform: none; }
}
@-webkit-keyframes 'rotate' {
    0% { -webkit-transform: rotate(-360deg) scale(0.1); }
    100% { -webkit-transform: none; }
}
@-moz-keyframes 'rotate' {
    0% { -moz-transform: rotate(-360deg) scale(0.1); }
    100% { -moz-transform: none; }
}
@-ms-keyframes 'rotate' {
    0% { -ms-transform: rotate(-360deg) scale(0.1); }
    100% { -ms-transform: none; }
}
@-o-keyframes 'rotate' {
    0% { -o-transform: rotate(-360deg) scale(0.1); }
    100% { -o-transform: none; }
}
.rotate:target {             /*当单击链接时，为所链接到的内容指定样式*/
```

```
    z-index: 100;              /*设置 z-index 层叠等级为 100;*/
    animation: rotate 1s 1;
    -webkit-animation: rotate 1s 1;
    -moz-animation: rotate 1s 1;
    -ms-animation: rotate 1s 1;
    -o-animation: rotate 1s 1;
}
```

6. 实现背景图交互性切换效果

为了使背景图可以有序地进行切换，需要排除当前单击链接时的元素，并为其他元素执行 1s 播放完成 1 次的背景切换动画。另外，通过@keyframes 属性定义元素在 0%和 100%处的层叠性，设置单击链接后的背景图处于当前背景图片的下一层，实现背景图交互性切换效果，具体代码如下。

```
@keyframes 'notTarget' {
  0% { z-index: 75; }         /*动画开始时的状态*/
  100% { z-index: 75; }       /*动画结束时的状态*/
}
@-webkit-keyframes 'notTarget' {
  0% { z-index: 75; }
  100% { z-index: 75; }
}
@-moz-keyframes 'notTarget' {
  0% { z-index: 75; }
  100% { z-index: 75; }
}
@-ms-keyframes 'notTarget' {
  0% { z-index: 75; }
  100% { z-index: 75; }
}
@-o-keyframes 'notTarget' {
  0% { z-index: 75; }
  100% { z-index: 75; }
}
.bg:not(:target) {     /*排除当前单击链接时的 target 元素，为其他 target 元素指定动画样式*/
    animation: notTarget 1s 1;
    -webkit-animation: notTarget 1s 1;
    -moz-animation: notTarget 1s 1;
    -ms-animation: notTarget 1s 1;
```

```
    -o-animation: notTarget 1s 1;
}
```

保存 CSS 样式文件，刷新页面，单击天气图标时，背景图片发生改变，效果如图 9-30 所示。

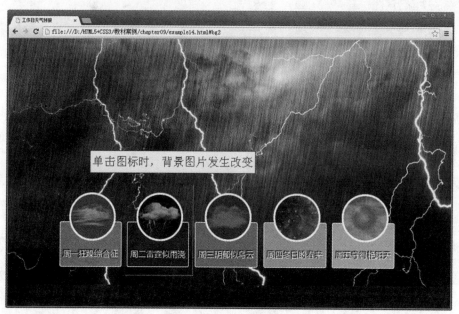

图 9-30　CSS3 动画效果

至此，工作日天气预报主题页面的 HTML 结构、CSS 样式以及动画特效已经全部制作完成。通过本案例的制作，相信读者已经对 CSS3 中的过渡和动画有了更深的认识，并能够在实际项目开发中熟练运用。

本章小结

本章首先介绍了 CSS3 中的过渡和变形，重点讲解了过渡属性及 2D 转换和 3D 转换。然后，讲解了 CSS3 中的动画特效，主要包括 animation 的相关属性。最后，通过 CSS3 中的过渡、变形和动画，制作出了一个工作日天气预报页面。

通过本章的学习，读者应该能够掌握 CSS3 中的过渡、转换和动画，并能够熟练地使用相关属性实现元素的过渡、平移、缩放、倾斜、旋转及动画等特效。

动手实践

学习完前面的内容，下面来动手实践一下吧。

请结合前面所学知识，运用 CSS3 中的动画和变形及给出的素材制作一个唱片播放模块，效果如图 9-31 所示。当页面加载完成后，唱片会循环旋转。

图 9-31 唱片播放效果展示

扫描右方二维码,查看动手实践步骤!

PART 10 第 10 章 实战开发——制作电商网站首页

学习目标

- 掌握站点的建立，能够建立规范的站点。
- 完成首页面的制作，并能够实现简单的 CSS3 动画效果。

在深入学习了前面 9 章的知识后，相信读者已经熟练掌握了 HTML 相关标记、CSS 样式属性、布局和排版，以及一些简单的 CSS3 动画特效技巧。为了及时有效地巩固所学的知识，本章将运用前 9 章所学的基础知识开发一个网站项目——电商网站首页，其效果如图 10-1 所示。

图 10-1 首页效果展示

图 10-1 首页效果展示（续）

10.1 准备工作

作为一个专业的网页制作人员，当拿到一个页面的效果图时，首先要做的就是准备工作，主要包括建站、效果图的分析等。接下来，本节将针对网页制作的相关准备工作进行详细讲解。

1. 建立站点

"站点"对于制作维护一个网站很重要，它能够帮助我们系统地管理网站文件。一个网站，通常由 HTML 网页文件、图片、CSS 样式表等构成。简单地说，建立站点就是定义一个存放网站中零散文件的文件夹。这样，可以形成明晰的站点组织结构图，方便增减站内文件夹及文档等，这对于网站本身的上传维护、内容的扩充和移植都有着重要的影响。下面将详细讲解建立站点的步骤。

（1）创建网站根目录

在电脑本地磁盘任意盘符下创建网站根目录。这里在 D 盘 "HTML5+CSS3" 文件夹下的

"教材案例"文件夹内,新建一个文件夹作为网站根目录,命名为 chapter10,如图 10-2 所示。

(2)在根目录下新建文件

打开网站根目录 chapter10,在根目录下新建 css、images 文件夹,分别用于存放网站所需的 CSS 样式表和图像文件,如图 10-3 所示。

图 10-2　建立根目录　　　　　　　　图 10-3　样式表和图片所在的文件夹

(3)新建站点

打开 Dreamweaver 工具,在菜单栏中选择【站点】→【新建站点】选项,在弹出的窗口中输入站点名称。然后,浏览并选择站点根目录的存储位置,如图 10-4 所示。

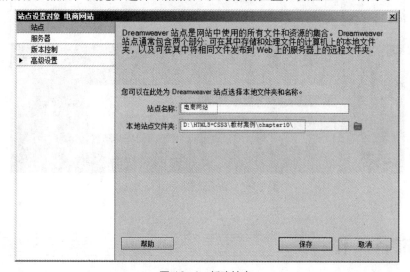

图 10-4　新建站点

值得注意的是,站点名称既可以使用中文也可以使用英文,但名称一定要有很高的辨识度。例如,本项目开发的是"电商网站首页面",所以最好将站点名称设为"电商网站"。

(4)站点建立完成

单击图 10-4 所示界面中的"保存"按钮,这时,在 Dreamweaver 工具面板组中可查看到站点的信息,表示站点创建成功,如图 10-5 所示。

2.站点初始化设置

接下来,我们开始创建网站页面。首先,在网站根目录文件夹下创建 HTML 文件,命名为 index.html。然后,在 CSS 文件夹内创建对应的样式表文件,命名为 index.css。

页面创建完成后,网站形成了明晰的组织结构关系,站点根目录文件夹结构如图 10-6 所示。

图 10-5　站点信息

图 10-6　站点根目录文件夹结构图

3.效果图分析

只有熟悉页面的结构及版式，才能更加高效地完成网页的布局和排版。下面对首页效果图的 HTML 结构和 CSS 样式进行分析，具体如下。

（1）HTML 结构分析

观察效果图 10-1，不难看出，可以将头部、导航和视频内容嵌套在一个大盒子里，内容部分可以根据信息的不同划分为三部分，通过三个独立的大盒子构成，脚部和版权信息为独立的两部分，则整个页面大致可以分为六个模块，具体结构如图 10-7 所示。

图 10-7　首页面效果图分析

（2）CSS 样式分析

仔细观察页面的各个模块，可以看出，背景颜色均为通栏显示，则各个模块的宽度都可设置为 100%。精细地分析页面，不难发现大部分字体大小为 14px，样式为微软雅黑。头部和版权信息部分链接文字均显示为#999，当鼠标移上时变为#fff，页面中所有 input 表单和 textarea 文本域外的蓝边框均删除。这些共同的样式可以提前定义，以减少代码冗余。关于页面中的 CSS3 动画效果，将会再单独讲解每一个模块时做详细分析。

4. 页面布局

页面布局对于改善网站的外观非常重要，是为了使网站页面结构更加清晰、有条理，而对页面进行的"排版"。接下来，将对电商网站首页面进行整体布局，具体代码如下。

```
1   <!doctype html>
2   <html>
3   <head>
4   <meta charset="utf-8">
5   <title>电商网站</title>
6   </head>
7   <body>
8   <!-- videobox begin -->
9   <div class="videobox"></div>
10  <!-- videobox end -->
11  <!-- new begin -->
12  <div class="new"></div>
13  <!-- new end -->
14  <!-- try begin -->
15  <div class="try"></div>
16  <!-- try end -->
17  <!-- text begin -->
18  <div class="text"></div>
19  <!-- text end -->
20  <!-- footer begin -->
21  <footer></footer>
22  <!-- footer end -->
23  <!-- banquan begin -->
24  <div class="banquan"></div>
25  <!-- banquan end -->
26  </body>
27  </html>
```

5. 定义公共样式

为了清除各浏览器的默认样式，使得网页在各浏览器中显示的效果一致，在完成页面布局后，首先要做的就是对 CSS 样式进行初始化并声明一些通用的样式。打开样式文件 index.css，编写通用样式，具体如下。

```
/*重置浏览器的默认样式*/
body, ul, li, ol, dl, dd, dt, p, h1, h2, h3, h4, h5, h6, form, img
{margin:0; padding:0; border:0; list-style:none;}
/*全局控制*/
body{ font-family:"微软雅黑",Arial, Helvetica, sans-serif; font-size:14px;}
/*未单击和单击后的样式*/
a:link,a:visited{ color:#999;text-decoration: none;}
/*鼠标移上时的样式*/
a:hover{color:#fff;}
input,textarea{outline: none;}
```

10.2 首页面详细制作

在上一节中，我们完成了制作网页所需的相关准备工作，接下来，本节将带领大家完成首页面的制作。同前面章节的案例一样，首页面也要分为几个部分进行制作。

1. 制作头部、导航及视频内容

（1）分析效果图

观察效果图 10-7 不难看出，存放视频的大盒子包含头部、导航、音视频和按钮等。其中，网页的头部可以分为左（Logo）、右（登录注册）两部分，导航菜单结构清晰，分为左、中、右三部分，基本结构如图 10-8 所示。

图 10-8 头部、导航及视频内容分析图

当鼠标悬浮于导航栏的左侧部分时效果如图 10-9 所示。

观察效果图 10-9，不难发现，在导航栏左下方出现侧边栏，因此，在导航栏左侧的结构中还需添加侧边栏部分。

（2）准备图片及音、视频素材

准备各个模块所需的图片，包括头部的 Logo，导航模块左、中两部分的小图标，侧边栏的广告图(需要说明的是,导航模块右侧部分的小图标和按钮上的小箭头是通过引入字体实现的)和 PIC 及按钮部分大的 Logo 图。

图 10-9 侧边栏效果展示

准备音、视频素材,本案例提供下载好的音、视频素材文件。在 chapter10 文件夹内新建 audio 和 video 文件夹,分别用于存放音频和视频文件。

(3)搭建结构

准备工作完成后,接下来开始搭建网页头部、导航及视频内容部分的结构。打开 index.html 文件,在 index.html 文件内书写头部、导航及视频内容部分的 HTML 结构代码,具体如下。

```
1   <!doctype html>
2   <html>
3   <head>
4   <meta charset="utf-8">
5   <title>Document</title>
6   <link rel="stylesheet" type="text/css" href="css/index.css">
7   </head>
8   <body>
9   <!-- videobox begin -->
10  <div class="videobox">
11      <header>
12          <div class="con">
13              <section class="left"></section>
14              <section class="right">
15                  <a href="#">登录</a>
16                  <a href="#">注册</a>
```

```html
17      </section>
18    </div>
19  </header>
20  <nav>
21    <ul>
22      <li class="left">
23        <a class="one" href="#">
24          <img src="images/sanxian.png" alt="">
25          <span>选项</span>
26          <img src="images/sanjiao.png" alt="">
27        </a>
28        <aside>
29          <span></span>
30          <ol class="zuo">
31            <li class="con">护肤</li>
32            <li>>洁面</li>
33            <li>>爽肤水</li>
34            <li>>精华</li>
35            <li>>乳液</li>
36            <li class="con">彩妆</li>
37            <li>>BB霜</li>
38            <li>>卸妆</li>
39            <li>>粉底液</li>
40            <li class="con">香氛</li>
41            <li>>女士香水</li>
42            <li>>男士香水</li>
43            <li>>中性香水</li>
44          </ol>
45          <ol class="you">
46            <li class="con">男士专区</li>
47            <li>>爽肤水</li>
48            <li>>洁面</li>
49            <li>>面霜</li>
50            <li>>精华</li>
51            <li class="con">热门搜索</li>
52            <li>>洗面奶</li>
53            <li>>去黑头</li>
54            <li>>隔离</li>
55            <li>>面膜</li>
```

```html
56                </ol>
57                <img src="images/tu1.jpg" alt="">
58             </aside>
59          </li>
60          <li class="center">
61             <form>
62                <input type="text" value="请输入商品名称、品牌或编号">
63             </form>
64          </li>
65          <li class="right">
66             <a href="#"></a>
67             <a href="#"></a>
68             <a href="#"></a>
69             <a href="#"></a>
70          </li>
71       </ul>
72    </nav>
73    <video src="video/home_loop_720p.mp4" autoplay="ture" loop="ture"></video>
74    <audio src="audio/home.ogg" autoplay="ture" loop="ture"></audio>
75    <div class="pic">
76       <p>Select the right resolution for your PC and dive in! （请为您的电脑选择正确的分辨率）</p>
77       <ul>
78          <li class="one"><span></span>STANDARD 标准</li>
79          <li class="two"><span></span>HD 高清</li>
80       </ul>
81    </div>
82 </div>
83 <!-- videobox end -->
84 </body>
85 </html>
```

在上面的代码中，通过 section 元素定义头部的左右两部分内容，第 28～58 行代码，用来定义导航栏左侧的侧边栏。第 65～70 行代码，为添加导航栏右侧的文字小图标搭建结构。第 73 行和第 74 行代码，分别用来为网页添加视频与音频效果，通过 autoplay 属性和 loop 属性设置音视频在页面完成加载后自动播放且循环播放。第 77～80 行代码，用来添加两个视频切换按钮，按钮上的文字小图标由 span 标记定义。

运行代码，效果如图 10-10 所示。

图 10-10 头部、导航及视频内容页面布局图

（4）控制样式

在图 10-10 中可以看出头部、导航和视频内容的结构已搭建完成，接下来在样式表 index.css 中书写对应的 CSS 样式代码，具体如下。

```
1    /* videobox */
2    .videobox{width:100%;height:680px;overflow: hidden;position: relative;}
3    .videobox video{width:100%;min-width: 1280px; position: absolute;top:50%;left:50%;trans- form:translate(-50%,-50%);}
4    .videobox header{width:100%;height:40px;background: #333;z-index: 999;position: absolute;}
5    .videobox header .con{width:1030px;height:40px;margin:0 auto;}
6    .videobox header .left{width:75px;height:20px;background:url(../images/logo.png) 0 0 no-repeat; margin-top: 10px;float: left;}
7    .videobox header .right{margin-top: 10px;float: right;}
```

```
8    .videobox header .right a{margin-right: 10px;}
9    .videobox nav{width:100%;height:90px;background: rgba(0,0,0,0.
2);z-index: 1000;position: absolute;top:40px;border-bottom: 1px solid #fff;}
10   .videobox nav ul{width:1030px;height:90px;margin:0 auto;position:
relative;}
11   .videobox nav ul li{float: left;margin-right: 19%;}
12   .videobox nav ul .left a{display: block;height:90px;line-height:
90px;font-size: 20px;color:#fff;}
13   .videobox nav ul .left a img{vertical-align: middle;}
14   .videobox nav ul .left a span{margin:0 10px;}
15   .videobox aside{display: none;width:380px;height:560px;background:
rgba(0,0,0,0.3);position: absolute;left:0;top:90px;color:#fff;}
16   .videobox nav ul .left:hover aside{display: block;}
17   .videobox aside span{width:20px;height:14px;background:url(../
images/liebiao.png) 0 0 no- repeat;position: absolute;left:50px;top:0;}
18   .videobox aside ol{width:155px;float: left;}
19   .videobox aside ol li{width:155px;height:25px;line-height:25px;
cursor: pointer;font-family: "宋体";}
20   .videobox aside ol li.con{font-size: 16px;text-indent: 0;font-family:
"微软雅黑";padding: 10px 0;}
21   .videobox aside ol li:hover{color:#fff;}
22   .videobox aside .zuo{margin:35px 0 0 68px;}
23   .videobox aside .you{margin-top: 35px;}
24   .videobox aside img{margin:10px 0 0 13px;}
25   .videobox nav ul .center{margin-top: 32px;}
26   .videobox nav ul .center input{width:240px;height:30px;border:1px
solid #fff;border-radius: 15px; color:#fff;line-height: 32px;background:
rgba(0,0,0,0);padding-left: 30px;box-sizing:border-box; background:url
(../images/search.png) no-repeat 3px 3px;}
27   .videobox nav ul .right{margin-top: 32px;width:280px;height:32px;
margin-right:0; text-align: center;line-height: 32px;font-size: 16px;}
28   .videobox nav ul .right a{display: inline-block;width:32px;height:
32px;color:#fff;box- shadow: 0 0 0 1px #fff inset;transition:box-shadow
0.3s ease 0s; border-radius: 16px; margin-left: 30px;}
29   .videobox nav ul .right a:hover{box-shadow: 0 0 0 16px #fff inset;
color:#C1DCC5;}
30   .videobox .pic{width:570px;height:210px;position: absolute;left:
50%;top:50%;transform:translate (-50%,-50%);background: url(../images/
wenzi.png) no-repeat;text-align: center;}
31   .videobox .pic p{margin-top: 240px;color:#4c8174;}
32   .videobox .pic ul{position: absolute;color:#999;}
33   .videobox .pic ul li{width:180px;height:56px;border-radius: 28px;
background: #fff;text- align: left;}
34   .videobox .pic ul .one{line-height: 56px;position: absolute;left:
-1920px;top:40px;opacity: 0;transition:all 2s ease-in 0s;}
35   .videobox .pic ul .two{line-height: 56px;position: absolute;left:
1920px;top:40px;opacity: 0;transition:all 2s ease-in 0s;}
```

```
36    body:hover .videobox .pic ul .one{position: absolute;left:100px;
top:40px;opacity:0.8;}
37    body:hover .videobox .pic ul .two{position: absolute;left:300px;
top:40px;opacity:0.8;}
38    .videobox .pic ul .one span,.videobox .pic ul .two span{float:left;
width:40px;height: 40px; text-align: center;line-height: 40px;border-
radius: 20px;margin:8px 10px 0 10px;box-shadow: 0 0 0 1px #90c197 inset;
transition:box-shadow 0.3s ease 0s;font-weight: bold;color:#90c197;}
39    .videobox .pic ul .two span{margin:8px 30px 0 10px;}
40    .videobox .pic ul .one:hover span,.videobox .pic ul .two:hover
span{box-shadow: 0 0 0 20px #90c197 inset;color:#fff;}
41    /* videobox */
```

在上面的CSS代码中，第3行代码将存放视频的盒子相对于最外层大盒子做绝对定位用于定义视频在屏幕中水平垂直居中显示。第4行和第9行中的z-index属性，用于设置头部和导航的堆叠顺序，使其不至于被视频所覆盖住。第15行代码设置页面加载完成时侧边栏的显示效果为隐藏，并相对于导航栏做绝对定位，通过background属性，设置背景颜色为半透明效果。第16行代码，用于设置鼠标移到导航栏的左盒子时，侧边栏的显示效果由隐藏变为显示。第26行代码中，通过应用box-sizing属性，将盒子设置为内减模式，使外边框和内边距均包含在盒子的宽度以内。第28行和第29行代码，用于设置导航栏右侧四个文字图标小按钮，当鼠标移上移下时边框的过渡样式。第30行代码，将页面中间存放Logo的盒子相对于最外层的大盒子做绝对定位，使Logo图片作为背景显示在页面正中间。第34~37行代码，先将两个视频按钮定位在屏幕以外，当鼠标移动到文档的主题内容部分时，将两个按钮重新定位到Logo图片下方。

保存index.css样式文件，并在index.html静态文件中链入外部CSS样式文件，具体代码如下。

```
<link rel="stylesheet" type="text/css" href="css/index.css">
```

保存index.html文件，刷新页面，效果如图10-11所示。

图10-11　头部、导航及视频内容效果1

当鼠标移动到页面上时，效果如图10-12所示。

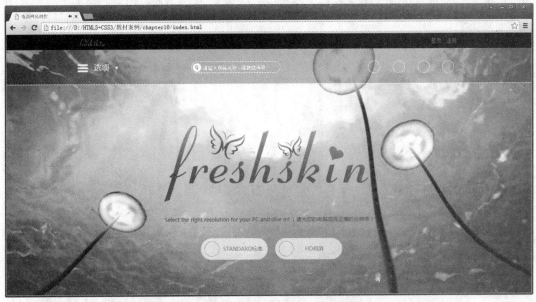

图10-12　头部、导航及视频内容效果2

从图10-12中可以看出，两个视频按钮由屏幕以外移动到了屏幕中间位置。

当鼠标移动到两个视频按钮上时，效果如图10-13所示。

图10-13　头部、导航及视频内容效果3

当鼠标移动到导航栏左侧部分时，效果如图10-14所示。

当鼠标移动到导航栏右侧的文字小图标上时，效果如图10-15所示。

图 10-14 头部、导航及视频内容效果 4

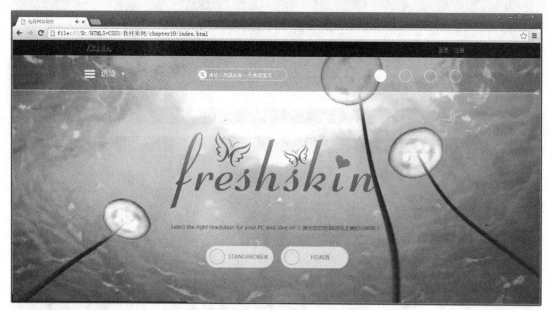

图 10-15 头部、导航及视频内容效果 5

截止到这里,头部、导航及视频内容部分的样式已基本定义完成,接下来通过引入 @font-face 属性为导航栏右侧 4 个文字图标及 2 个视频按钮添加文字样式,具体步骤如下。

STEP 1 下载字体,在 index.html 所在的文件夹内新建 fonts 文件夹,用于存储所下载的字体文件。

STEP 2 在 CSS 样式文件夹内定义 @font-face 属性。具体代码如下。

```
@font-face {font-family: 'freshskin';src:url('../fonts/iconfont.ttf');}
```

STEP 3 为 CSS 样式中第 27 行和第 38 行添加如下代码。

```
font-family: "freshskin";
```

由于本案例引入的是图片文字,在所下载的字体库中,每一个图片对应有一个编号,将此编号写入结构中即可实现最终的图片文字效果。打开所下载的字体库中的 html 文件,如图 10-16 所示。

图 10-16　字体库图标及编号

在图 10-16 中,方框所标注的即为图片编号。

STEP 4 在 HTML 结构中插入字体编号。

修改 html 文件中第 66~69 行代码,具体如下。

```
<a href="#">&#xe65e;</a>
<a href="#">&#xe608;</a>
<a href="#">&#xf012a;</a>
<a href="#">&#xe68e;</a>
```

修改 html 文件中第 78~79 行代码,具体如下。

```
<li class="one"><span>&#xe662;</span>STANDARD 标准</li>
<li class="two"><span>&#xe662;</span>HD 高清</li>
```

保存 HTML 及 CSS 样式文件后,刷新页面,效果如图 10-17 所示。

图 10-17　添加图片字体效果展示

当鼠标移动到导航栏右侧的小图标和视频按钮时效果如图 10-18 和图 10-19 所示。

图 10-18　鼠标悬浮时小图标字体效果展示

图 10-19　鼠标悬浮时视频按钮字体效果展示

2. 制作内容部分（新品）

（1）分析效果图

仔细观察效果图 10-7，可以看出内容部分（新品）模块分为标题和产品两部分，具体结构如图 10-20 所示。

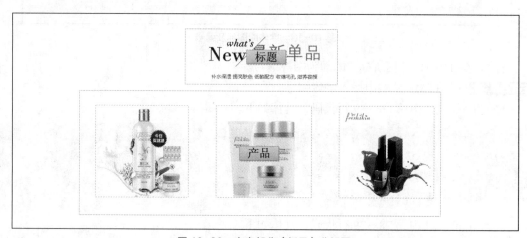

图 10-20　内容部分（新品）分析图

当鼠标悬浮于产品部分的任何一款产品上时，会出现该产品的相关介绍，效果如图 10-21 所示。

图 10-21　产品介绍效果展示

（2）准备图片及音、视频素材

准备各个模块所需的图片，包括标题图片、产品图片及产品介绍中的相关小图标。

（3）搭建结构

准备工作完成后，接下来开始搭建内容部分（新品）的结构。打开 index.html 文件，在 index.html 文件内书写内容部分（新品）的 HTML 结构代码，具体如下。

```html
<!-- new begin -->
<div class="new">
    <header>
        <img src="images/new.jpg" alt="">
    </header>
    <p>补水保湿 提亮肤色 低敏配方 收缩毛孔 滋养容颜</p>
    <ul>
        <li>
            <hgroup>
                <h2>fresh skin 薏仁水</h2>
                <h2>化妆水/爽肤水单品</h2>
                <h2></h2>
                <h2></h2>
            </hgroup>
        </li>
        <li>
            <hgroup>
                <h2>蜂蜜原液天然滋养</h2>
                <h2>美白护肤套装</h2>
                <h2></h2>
                <h2></h2>
            </hgroup>
        </li>
        <li>
            <hgroup>
                <h2>纯情诱惑一抹惊艳</h2>
                <h2>告别暗淡唇</h2>
                <h2></h2>
                <h2></h2>
            </hgroup>
        </li>
    </ul>
</div>
<!-- new end -->
```

在上面的代码中，header 元素用于添加标题图片，无序列表 ul 用于定义产品部分，其中 hgroup 元素内为产品内容介绍。

运行代码，效果如图 10-22 所示。

图 10-22　内容部分（新品）页面布局图

（4）控制样式

在图 10-22 中可以看出内容部分（新品）的结构已搭建完成，接下来在样式表 index.css 中书写对应的 CSS 样式代码，具体如下。

```
1   /* new */
2   .new{width:100%;height:530px;background: #fff;}
3   .new header{width:385px;height: 95px;background: #f7f7f7;border-radius: 48px;margin: 70px auto 0;box-sizing:border-box;padding:2px 0 0 35px;}
4   .new p{margin-top: 10px;text-align: center;color: #db0067;}
5   .new ul{margin:70px auto 0;width: 960px;}
6    .new ul li{width:266px;height:250px;border:1px solid #ccc;background:url(../images/pic1.jpg) 0 0 no-repeat;float: left;margin-right:8%;margin-bottom: 40px;position: relative;}
7   .new ul li:nth-child(2){background-image: url(../images/pic2.jpg);}
8   .new ul li:nth-child(3){margin-right: 0;background-image: url(../images/pic3.jpg);}
9    .new ul li hgroup{position:absolute;left:0;top:-250px;width:266px;height:250px;background: rgba(0, 0,0,0.5);transition:all 0.5s ease-in 0s;}
10  .new ul li:hover hgroup{position: absolute;left:0;top:0;}
11  .new ul li hgroup h2:nth-child(1){font-size: 22px;text-align:center;color:#fff;font-weight: normal;margin-top: 58px;}
12  .new ul li hgroup h2:nth-child(2){font-size: 14px;text-align:center;color:#fff;font-weight: normal;margin-top: 15px;}
13  .new ul li hgroup h2:nth-child(3){width:26px;height: 26px;margin-left: 120px;margin-top: 15px;background:url(../images/jiantou.png) 0 0 no-repeat;}
14  .new ul li hgroup h2:nth-child(4){width:75px;height: 22px;margin-left: 95px;margin-top: 25px;background:url(../images/anniu.png) 0 0 no-repeat;}
15  /* new */
```

在上面的 CSS 代码中，第 3 行代码用于为标题设置背景，通过 border-radius 属性将背景设置为圆角矩形。第 6 行代码，将存放产品图的盒子左浮动，且每一个盒子均设置相对定位。第 7、8 行代码用于设置中间和右边盒子所显示的产品图。第 9 行代码，将产品介绍所在的盒子相对于产品图片所在的盒子做绝对定位，先定位到产品图以外。第 10 行代码用于设置当鼠标悬浮到某一款产品时，所对应的产品介绍盒子定位到与图片重叠的位置。

保存 index.css 样式文件，刷新页面，效果如图 10-23 所示。

图 10-23　内容部分（新品）效果图展示 1

从图 10-23 中可以看出，有关产品介绍的三个盒子均定位到了产品图的上方，此时需为 CSS 样式中第 6 行代码添加如下代码，隐藏掉三个产品介绍相关的盒子。

```
overflow:hidden
```

保存后刷新页面，效果如图 10-24 所示。

图 10-24　内容部分（新品）效果图展示 2

当鼠标悬浮于产品图片上时,效果如图 10-25 所示。

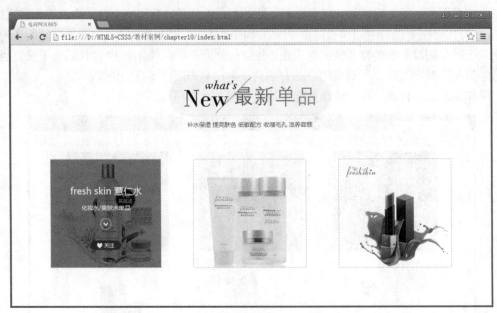

图 10-25　内容部分(新品)效果图展示 3

3.制作内容部分(试妆)

(1)分析效果图

仔细观察效果图 10-7,可以看出内容部分(试妆)模块同样分为标题和产品两部分,具体结构如图 10-26 所示。

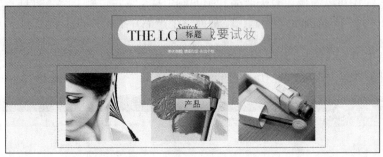

图 10-26　内容部分(试妆)分析图

当鼠标悬浮于产品部分的任何一款产品上时,会出现该产品的相关介绍,效果如图 10-27 所示。

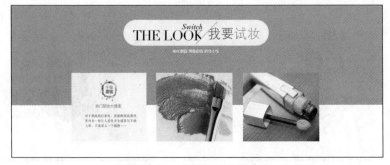

图 10-27　产品介绍效果展示

该效果是通过 3D 转换实现的，在后面将会做详细讲解。

（2）准备图片及音视频素材

准备各个模块所需的图片，包括标题图片、产品图片及产品介绍图。

（3）搭建结构

准备工作完成后，接下来开始搭建内容部分（新品）的结构。打开 index.html 文件，在 index.html 文件内书写内容部分（新品）的 HTML 结构代码，具体如下。

```html
1   <!-- try begin-->
2   <div class="try">
3     <header>
4       <img src="images/shizhuang.jpg" alt="">
5     </header>
6     <p>美化容貌 增添自信 突出个性 </p>
7     <ul>
8       <li>
9         <img class="zheng" src="images/try1.jpg" alt="">
10        <img class="fan" src="images/try4.jpg" alt="">
11      </li>
12      <li>
13        <img class="zheng" src="images/try2.jpg" alt="">
14        <img class="fan" src="images/try5.jpg" alt="">
15      </li>
16      <li>
17        <img class="zheng" src="images/try3.jpg" alt="">
18        <img class="fan" src="images/try6.jpg" alt="">
19      </li>
20    </ul>
21  </div>
22  <!-- try end -->
```

在上面的代码中，header 元素用于添加标题图片，无序列表 ul 用于定义产品部分，且在 li 内储存两张图片，一张为产品图，另一张为产品介绍图。

运行代码，效果如图 10-28 所示。

（4）控制样式

在图 10-28 中可以看出内容部分（试妆）的结构已搭建完成，接下来在样式表 index.css 中书写对应的 CSS 样式代码，具体如下。

```css
1   /* try */
2   .try{width:100%;height:312px;background: #83ba8b;padding-top: 70px;}
3   .try header{width:555px;height: 95px;background: #f7f7f7;border-radius: 48px;margin:0 auto;box-sizing:border-box;padding:7px 0 0 35px;}
4   .try p{margin-top: 10px;text-align: center;color: #fff;}
5   .try ul{margin:70px auto 0;width: 960px;}
```

```
6    .try ul li{width:291px;height:251px;float: left;margin-right:4%;
margin-bottom: 40px;position: relative;-webkit-perspective:230px;}
7    .try ul li:last-child{margin-right: 0;}
8    .try ul li img{position: absolute;left:0;top:0;-webkit-backface-
visibility:hidden;transition: all 0.5s ease-in 0s;}
9    .try ul li img.fan{-webkit-transform:rotateX(-180deg);}
10   .try ul li:hover img.fan{-webkit-transform:rotateX(0deg);}
11   .try ul li:hover img.zheng{-webkit-transform:rotateX(180deg);}
12   /* try */
```

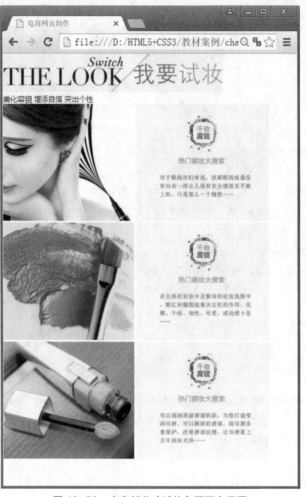

图 10-28 内容部分（试妆）页面布局图

在上面的 CSS 代码中，第 3 行代码用于为标题设置背景，通过 border-radius 属性将背景设置为圆角矩形。第 6 行代码，将存放产品图的盒子左浮动，且每一个盒子均设置相对定位，perspective 属性用于指定 3D 元素的透视效果，当为元素定义 perspective 属性时，其子元素会获得透视效果，而不是元素本身。第 8 行代码中的 backface-visibility 属性用于定义元素在不面对屏幕时是否可见。第 9 行代码将类名为 fan 的图片沿 X 轴反向旋转 180°，第 10、11 行代码分别设置了鼠标悬浮于存放图片的盒子上时，类名为 fan 的图片复位，类名为 zheng 的图片沿 X 轴旋转 180°。

保存 index.css 样式文件，刷新页面，效果如图 10-29 所示。

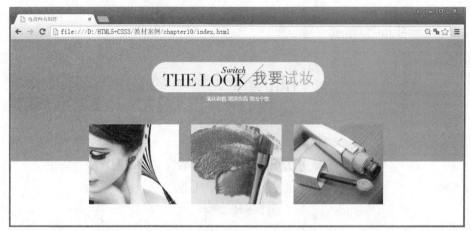

图 10-29　内容部分（试妆）效果图展示 1

当鼠标悬浮于第一张图片上时，变换过程中效果如图 10-30 所示。

图 10-30　内容部分（试妆）效果图展示 2

变换后的最终效果如图 10-31 所示。

图 10-31　内容部分（试妆）效果图展示 3

4. 制作内容部分（评测）

（1）分析效果图

仔细观察效果图 10-7，可以看出内容部分（评测）模块分为标题和评测公司 Logo 两部分，具体结构如图 10-32 所示。

图 10-32　内容部分（评测）分析图

当鼠标悬浮于任何评测公司的 Logo 上时，Logo 图片会发生变化，例如，悬浮于第一个 Logo 上时，将会有另一张图片替换掉当前的 Logo 图片，效果如图 10-33 所示。

图 10-33　Logo 替换效果展示

（2）准备图片及音、视频素材

准备各个模块所需的图片，包括标题图片及评测公司 Logo 图。

（3）搭建结构

准备工作完成后，接下来开始搭建内容部分（评测）的结构。打开 index.html 文件，在 index.html 文件内书写内容部分（评测）的 HTML 结构代码，具体如下：

```
1    <!-- text begin -->
2    <div class="text">
```

```html
3    <header>
4        <img src="images/cp.jpg" alt="">
5    </header>
6    <p>评测 我们更专业 用户更放心</p>
7    <ul>
8        <li>
9            <img class="tu" src="images/cp1.jpg" alt="">
10           <img class="tihuan" src="images/th1.png" alt="">
11       </li>
12       <li>
13           <img class="tu" src="images/cp2.jpg" alt="">
14           <img class="tihuan" src="images/th2.png" alt="">
15       </li>
16       <li>
17           <img class="tu" src="images/cp3.jpg" alt="">
18           <img class="tihuan" src="images/th3.png" alt="">
19       </li>
20       <li>
21           <img class="tu" src="images/cp4.jpg" alt="">
22           <img class="tihuan" src="images/th4.png" alt="">
23       </li>
24       <li>
25           <img class="tu" src="images/cp5.jpg" alt="">
26           <img class="tihuan" src="images/th5.png" alt="">
27       </li>
28       <li>
29           <img class="tu" src="images/cp6.jpg" alt="">
30           <img class="tihuan" src="images/th6.png" alt="">
31       </li>
32       <li>
33           <img class="tu" src="images/cp7.jpg" alt="">
34           <img class="tihuan" src="images/th7.png" alt="">
35       </li>
36       <li>
37           <img class="tu" src="images/cp8.jpg" alt="">
38           <img class="tihuan" src="images/th8.png" alt="">
39       </li>
40   </ul>
41 </div>
42 <!-- text end -->
```

在上面的代码中，header 元素用于添加标题图片，无序列表 ul 用于定义公司 Logo 部分，且在 li 内存储两张图片，一张为页面加载完成时所显示的图片，另一张为鼠标悬浮时变换到的图片。

运行代码，效果如图 10-34 所示。

图 10-34　内容部分（评测）页面布局图

（4）控制样式

在图 10-34 中可以看出内容部分（评测）的结构已搭建完成，接下来在样式表 index.css 中书写对应的 CSS 样式代码，具体如下。

```
1    /* text */
2    .text{width:100%;height:700px;background: #fff;}
3    .text header{width:508px;height: 95px;background: #f7f7f7;border-radius: 48px;margin: 220px auto 0;box-sizing:border-box;padding:7px 0 0 35px;}
4    .text p{margin-top: 10px;text-align: center;color: #db0067;}
5    .text ul{margin:70px auto 0;width: 960px;}
6    .text ul li{width:195px;height:195px;border:1px solid #ccc;border-radius: 50%;float: left; margin-right:5%;margin-bottom: 40px;position: relative;}
7    .text ul li img{position: absolute;top:50%;left:50%;transform: translate(-50%,-50%);}
8    .text ul li:nth-child(4),.text ul li:nth-child(8){margin-right:0;}
```

```
 9   .text ul li .tihuan{opacity: 0;transition:all 0.4s ease-in 0.2s;}
 10  .text ul li:hover .tihuan{opacity: 1;transform:translate(-50%,
-50%) scale(0.75);}
 11  .text ul li .tu{transition:all 0.4s ease-in 0s;}
 12  .text ul li:hover .tu{opacity: 0;transform:translate(-50%,-50%)
scale(0.5);}
 13  /* text */
```

在上面的 CSS 代码中，第 3 行代码用于为标题设置背景，通过 border-radius 属性将背景设置为圆角矩形。第 6 行代码，将存放 Logo 图片的盒子左浮动，且每一个盒子均设置相对定位。第 7 行代码将所有的图片在 li 内水平垂直居中显示。第 9、10 行代码将用于替换的图片不透明度设置为 0，加载页面完成时处于隐藏状态，当鼠标悬浮于 li 上时，不透明度变为 1，且大小变为原图的 0.75 倍。第 12 行代码用于设置当鼠标悬浮于 li 上时，将变换前的 Logo 图大小调整为原来的一半，不透明度设置为 0。

保存 index.css 样式文件，刷新页面，效果如图 10-35 所示。

图 10-35　内容部分（评测）效果图展示 1

当鼠标悬浮于任何评测公司的 Logo 上时，Logo 图片会发生变化，例如，悬浮于第一个 Logo 上时效果如图 10-36 所示。

5. 制作脚部（信息注册）及版权信息部分

（1）分析效果图

仔细观察效果图 10-7，可以看出脚部（信息注册）模块分为 Logo 和用户信息两部分，版权信息独立作为一部分，具体结构如图 10-32 所示。

（2）准备图片及音、视频素材

准备各个模块所需的图片，包括 Logo 图片及注册按钮图片。

图10-36 内容部分(评测)效果图展示2

图10-37 脚部和版权信息模块分析图

(3)搭建结构

准备工作完成后,接下来开始搭建脚部和版权信息部分的结构。打开 index.html 文件,在 index.html 文件内书写脚部和版权信息部分的 HTML 结构代码,具体如下。

```
1    <!-- footer begin -->
2    <footer>
3      <div class="logo"></div>
4      <div class="message">
5        <form>
6          <ul class="left">
7            <li>
8              <p><label for="">姓名:</label></p>
9              <input type="text">
10           </li>
```

```
11              <li>
12                  <p>邮箱：</p>
13                  <input type="email">
14              </li>
15              <li>
16                  <p>电话：</p>
17                  <input type="tel" pattern="^\d{11}$" title="请输入11位数字">
18              </li>
19              <li>
20                  <p>密码：</p>
21                  <input type="password">
22              </li>
23              <li>
24                  <input class="but" type="submit" value="">
25              </li>
26          </ul>
27          <div class="right">
28              <p>留言：</p>
29              <textarea></textarea>
30          </div>
31      </form>
32   </div>
33 </footer>
34 <!-- footer end -->
35 <!-- banquan begin -->
36 <div class="banquan">
37   <a href="#">fresh skin 美肤科技有限公司</a>
38 </div>
39 <!-- banquan end -->
```

在上面的代码中，类名为 logo 的 div 用于添加 Logo 图片，将用户信息分为左右两部分，左边通过无序列表 ul 用于搭建用户注册信息结构，内部嵌套 input 表单控件，根据表单控件所输入的内容的不同分别设置相对应的 type 值，右边的留言框通过文本域 textarea 定义。最后的版权信息部分通过类名为 banquan 的 div 定义。

运行代码，效果如图 10-38 所示。

（4）控制样式

在图 10-38 中可以看出脚部和版权信息部分的结构已搭建完成，接下来在样式表 index.css 中书写对应的 CSS 样式代码，具体如下。

```
1  /* footer */
2  footer{width:100%;height:400px;background: #545861;border- bottom:1px solid #fff;}
3  footer .logo{width:1000px;height:100px;margin:0 auto;background:url(../images/logo1.jpg)
```

```
no-repeat center center;border-bottom: 1px solid #8c9299;}
4    footer .message{width:1000px;margin:20px auto 0;color:#fffada;}
5    footer .message .left{width:525px;float: left;padding-left: 30px;
box-sizing:border-box;}
6    footer .message .left li{float: left;margin-right: 30px;}
7    footer .message .left li input{width:215px;height:32px;border-
radius: 5px;margin:10px 0 15px 0;padding-left: 10px;box-sizing:border-
box;border:none;}
8    footer .message .left li:last-child input{width:120px;height:
39px;padding-left: 0;border:none; background: url(../images/but.jpg)
no-repeat;}
9    footer .message .right{float: left;}
10    footer .message .right p{margin-bottom: 10px;}
11    footer .message .right textarea{width:400px;height:172px;padding:
10px;box-sizing:border- box; resize:none;}
12    /* footer */
13    /* banquan */
14    .banquan{width:100%;height:60px;background: #333333;text-align:
center;}
15    .banquan a{line-height: 60px;}
16    /* banquan */
```

图 10-38　脚部和版权信息部分页面布局图

在上面的代码中，第 3 行代码用于插入 Logo 图片，并且设置其水平垂直居中显示。第 5 行和第 9 行代码，分别设置用户信息部分左右两侧的盒子左浮动和右浮动。第 8 行代码用于为"用户注册"按钮添加背景图片并设置相关样式。第 11 行代码中的 resize 属性用于固定留言框的大小，使其不被调整。

保存 index.css 样式文件，刷新页面，效果如图 10-39 所示。

当在邮箱文本输入框中输入一个不符合 E-mail 邮件地址的格式时，例如，输入"12345"，单击"提交"按钮,效果如图 10-40 所示。

图 10-39　脚部和版权信息部分效果图展示 1

图 10-40　脚部和版权信息部分效果图展示 2

从图 10-40 中可以看出,邮箱输入框得到了验证。

当在电话文本输入框中输入一个不符合移动电话号码的格式时,例如,输入"6666",单击"提交"按钮,效果如图 10-41 所示。

图 10-41　脚部和版权信息部分效果图展示 3

从图 10-41 中可以看出,电话文本输入框得到了验证。

当在密码框中输入文字或字母时，其内容将以圆点的形式显示，效果如图 10-42 所示。

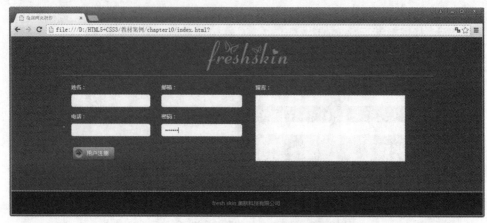

图 10-42　脚部和版权信息部分效果图展示 4

截至到这里，电商网站首页面已经制作完成。通过本页面的制作，相信读者已经能够对网页制作有了进一步的理解和把握，能够熟练运用 HTML5+CSS3 实现网页的布局及美化，并运用 CSS3 为网页添加动态效果。

本章小结

本章首先介绍了 Dreamweaver 模板的作用、如何建立及引用模板。然后分步骤分析了电商网站首页面的制作思路及流程，最后完成了页面的制作。

通过本章的学习，读者应该能够灵活地进行页面布局，并能够熟练地运用 Dreamweaver 模板创建网页。本教程有助于读者循序渐进学习 HTML5+CSS3 的相关知识，帮助读者轻松入门，快速提升，解决项目开发过程中的实际问题。

动手实践

学习完前面的内容，下面来动手实践一下吧。

请结合前面所学知识，运用 Dreamweaver 及给出的网站页面素材制作一个图 10-43 所示的网站欢迎页。

图 10-43　网站欢迎页

页面中各部分 CSS 样式要求如下。

1. 引导栏部分的"登录"和"注册"部分需添加超链接，且当鼠标悬浮时，其文本颜色发生变化，如图 10-44 所示。

图 10-44 "登录"鼠标悬浮效果

2. 导航部分需添加超链接，且当鼠标悬浮时，导航项样式发生变化，如图 10-45 所示。

图 10-45 "导航"鼠标悬浮效果

3. 当鼠标移动到页面上时，会从网站两边飞入"网站类型选项"，效果如图 10-46 所示，当鼠标离开页面，"网站类型选项"会飞出页面。

图 10-46 网站类型选项

4. 每个"网站类型选项"均是一个可以单击的超链接，鼠标悬浮时，它们的样式会发生变化，如图 10-47 所示为鼠标悬浮在"HTML5 网站"按钮上时的效果。

图 10-47 网站类型选项鼠标悬浮效果

5. 页面的背景是一个循环播放的视频，需要铺满浏览器屏幕。
6. 为页面添加一个循环播放的背景音乐。

扫描右方二维码，查看动手实践步骤！